U0181075

海洋深水油气田开发工程技术丛书

丛书主编　　　曾恒一

丛书副主编　　谢　彬　李清平

海洋深水油气田开发
工程技术总论

谢　彬　喻西崇　等

著

上海科学技术出版社

图书在版编目（CIP）数据

海洋深水油气田开发工程技术总论 / 谢彬等著. --
上海 : 上海科学技术出版社，2021.3
（海洋深水油气田开发工程技术丛书）
ISBN 978-7-5478-5252-1

Ⅰ. ①海… Ⅱ. ①谢… Ⅲ. ①海上油气田－油田开发
②海上油气田－气田开发 Ⅳ. ①TE5

中国版本图书馆CIP数据核字(2021)第046400号

本书出版由上海科技专著出版资金资助

海洋深水油气田开发工程技术总论
谢　彬　喻西崇　等　著

上海世纪出版(集团)有限公司
上海科学技术出版社　出版、发行
(上海钦州南路 71 号　邮政编码 200235　www.sstp.cn)
上海雅昌艺术印刷有限公司印刷
开本 787×1092　1/16　印张 19
字数 415 千字
2021 年 3 月第 1 版　2021 年 3 月第 1 次印刷
ISBN 978－7－5478－5252－1/TE·4
定价：158.00 元

内 容 提 要

　　本专著通过介绍世界和我国深水油气田开发工程装备和技术现状，以及我国深水油气田开发工程装备和技术发展历程，结合我国南海及海外深水油气田开发的实际需求，分析了我国南海深水油气田开发面临的挑战，基于我国南海深水油气田开发工程模式所需的关键装备和技术，结合深水油气田开发工程的特点，从深水钻完井、深水平台、水下生产系统、深水流动安全保障、深水海底管道和立管、浮式钻井生产储油卸油装置、深水油气田开发应急救援等方面，分别介绍每种关键装备和技术的组成、特点、选用原则、设计/实验技术等相关内容。

　　本专著可为从事海洋深水油气田开发工程研发、设计以及现场操作等领域的专业工作人员提供指导与借鉴，也可供海洋油气工程专业高年级本科生和研究生学习参考。

丛书编委会

主　编　曾恒一

副主编　谢　彬　李清平

编　委　（按姓氏笔画排序）

马　强	王　宇	王　玮	王　清	王世圣
王君傲	王金龙	尹　丰	邓小康	冯加果
朱小松	朱军龙	朱海山	伍　壮	刘　健
刘永飞	刘团结	刘华清	闫嘉钰	安维峥
许亮斌	孙　钦	杜宝银	李　阳	李　博
李　焱	李丽玮	李峰飞	李梦博	李朝玮
杨　博	肖凯文	吴　露	何玉发	宋本健
宋平娜	张　迪	张　雷	张晓灵	张恩勇
陈海宏	呼文佳	罗洪斌	周云健	周巍伟
庞维新	郑利军	赵晶瑞	郝希宁	侯广信
洪　毅	姚海元	秦　蕊	袁俊亮	殷志明
郭　宏	郭江艳	曹　静	盛磊祥	韩旭亮
喻西崇	程　兵	谢文会	路　宏	裴晓梅

专家委员会

丛书序

目前,海洋能源资源已成为全球可持续发展主流能源体系的重要组成部分。海洋蕴藏了全球超过70%的油气资源,全球深水区最终潜在石油储量高达1 000亿桶,深水是世界油气的重要接替区。近10年来,人们新发现的探明储量在1亿t以上的油气田70%在海上,其中一半以上又位于深海,深水区一直是全球能源勘探的前沿区和热点区,深水油气资源成为支撑世界石油公司未来发展的新领域。

当前我国能源供需矛盾突出,原油、天然气对外依存度逐年攀升,原油对外依存度已经超过70%,天然气的对外依存度已经超过45%。加大油气勘探开发力度,强化油气供应保障能力,构建全面开放条件下的油气安全保障体系,成为当务之急。党的十九大报告提出"加快建设海洋强国"战略部署,实现海洋油气资源的有效开发是"加快建设海洋强国"战略目标的重要组成部分。习近平总书记在全国科技"三会"上提出"深海蕴藏着地球上远未认知和开发的宝藏,但要得到这些宝藏,就必须在深海进入、深海探测、深海开发方面掌握关键技术"。加快发展深水油气资源开发装备和技术不仅是国家能源开发的现实需求,而且是建设海洋强国的重要内容,也是维护我国领海主权的重要抓手,更是国家综合实力的象征。党的十九届五中全会指出,"坚持创新在我国现代化建设全局中的核心地位,把科技自立自强作为国家发展的战略支撑",是以习近平同志为核心的党中央把握大势、立足当前、着眼长远作出的战略布局,对于我国关键核心技术实现重大突破、促进创新能力显著提升、进入创新型国家前列具有重大意义。

我国深海油气资源主要集中在南海,而南海属于世界四大海洋油气聚集中心之一,有"第二个波斯湾"之称。南海海域水深在500 m以上区域约占海域总面积的75%,已发现含油气构造200多个、油气田180多个,初步估计油气地质储量约为230亿~300亿t,约占我国油气资源总量的1/3,同时南海深水盆地的地质条件优越,因此南海深水区油气资源开发已成为中国石油工业的必然选择,是我国油气资源接替的重要远景区。

深水油气田的开发需要深水油气开发工程装备和技术作为支撑和保障。我国海洋石油经过近50年的发展,海洋工程实践经验仅在300 m水深之内,但已经具备了300 m以内水深油气田的勘探、开发和生产的全套能力,在300 m水深的工程设计、建造、安装、运行和维护等方面与国外同步。在深水油气开发方面,我国起步较晚,与欧美发达国家还存在较大差距。当前面临的主要问题是海洋环境及地质调查数据不足,工程设计、建造和施工技术匮乏,安装资源不足,缺少工程经验,难以满足深水油气开发需求,所以迫切需要加强对海洋环境和工程地质技术、深水平台工程设计及施工技术、水下生产系统工程技术、深水流动安全保障控制技术、海底管道和立管工程设计及施工技术、新型开发装置工程技术等关键技术研究,加强对深水施工作业装备的研制。

2008 年,国家科技重大专项启动了"海洋深水油气田开发工程技术"项目研究。该项目由中海油研究总院有限责任公司牵头,联合国内海洋工程领域 48 家企业和科研院所组成了 1 200 人的产学研用一体化研发团队,围绕南海深水油气田开发工程亟待解决的六大技术方向开展技术攻关,在深水油气田开发工程设计技术、深海工程实验系统和实验模拟技术、深水工程关键装置/设备国产化、深水工程关键材料和产品国产化以及深水工程设施监测系统等方面取得标志性成果。如围绕我国南海荔湾 3-1 深水气田群、南海流花深水油田群及陵水 17-2 深水气田开发过程中遇到的关键技术问题进行攻关,针对我国深水油气田开发面临的诸多挑战问题和主要差距(缺乏自主知识产权的船型设计,核心技术和关键设备仍掌握在国外公司手中;深水关键设备全部依赖进口;同时我国海上复杂的油气藏特性以及恶劣的环境条件等),在涵盖水面、水中和海底等深水油气田开发工程关键设施、关键技术方面取得突破,构建了深水油气田开发工程设计技术体系,形成了 1 500 m 深水油气田开发工程设计能力;突破了深水工程实验技术,建成了一批深水工程实验系统,形成国内深水工程实验技术及实验体系,为深水工程技术研究、设计、设备及产品研发等提供实验手段;完成智能完井、水下多相流量计、保温输送软管、水下多相流量计等一批具有自主知识产权的深水工程装置/设备样机和产品研制,部分关键装置/设备已经得到工程应用,打破国外垄断,国产化进程取得实质性突破;智能完井系统、水下多相流量计、水下虚拟计量系统、保温输油软管等获得国际权威机构第三方认证;成功研制四类深水工程设施监测系统,并成功实施现场监测。这些研究成果成功应用于我国荔湾周边气田群、流花油田群和陵水 17-2 深水气田工程项目等南海以及国外深水油气田开发工程项目,支持了我国南海 1 500 m 深水油气田开发工程项目的自主设计和开发,引领国内深水工程技术发展,带动了我国海洋高端产品制造能力的快速发展,支撑了国家建设海洋强国发展战略。

"海洋深水油气田开发工程技术丛书"由国家科技重大专项"海洋深水油气田开发工程技术(一期)"项目组长曾恒一院士和"海洋深水油气田开发工程技术(二期、三期)"项目组长谢彬作为主编和副主编,由"深水钻完井工程技术""深水平台技术""水下生产技术""深水流动安全保障技术"和"深水海底管道和立管工程技术"5 个课题组长作为分册主编,是我国首套全面、系统反映国内深水油气田开发工程装备和高技术领域前沿研究和先进技术成果的专业图书。丛书集中体现海洋深水油气田开发工程领域自"十一五"到"十三五"国家科技重大专项研究所获得的研究成果,关键技术来源于工程项目需求,研究成果成功应用于工程项目,创新性研究成果涉及设计技术、实验技术、关键装备/设备、智能化监测等领域,是产学研用一体化研究成果的体现,契合国家海洋强国发展战略和创新驱动发展战略,对于我国自主开发利用海洋、提升海洋探测及研究应用能力、提高海洋产业综合竞争力、推进国民经济转型升级具有重要的战略意义。

中国科协副主席
中国工程院院士

丛书前言

加快我国深水油气田开发的步伐,不仅是我国石油工业自身发展的现实需要,也是全力保障国家能源安全的战略需求。中海油研究总院有限责任公司经过30多年的发展,特别是近10年,已经建成了以"奋进号""海洋石油201"为代表的"五型六船"深水作业船队,初步具备深水油气勘探和开发的能力。国内荔湾3-1深水气田群和流花油田群的成功投产以及即将投产的陵水17-2深水气田,拉开了我国深水油气田开发的序幕。但应该看到,我国在深水油气田开发工程技术方面的研究起步较晚,深水油气田开发处于初期阶段,国外采油树最大作业水深2 934 m,国内最大作业水深仅1 480 m;国外浮式生产装置最大作业水深2 895.5 m,国内最大作业水深330 m;国外气田最长回接海底管道距离149.7 km,国内仅80 km;国外有各种类型的深水浮式生产设施300多艘,国内仅有在役13艘浮式生产储油卸油装置和1艘半潜式平台。此表明无论在深水油气田开发工程技术还是装备方面,我国均与国外领先水平存在巨大差距。

我国南海深水油气田开发面临着比其他海域更大的挑战,如海洋环境条件恶劣(内波和台风)、海底地形和工程地质条件复杂(大高差)、离岸距离远(远距离控制和供电)、油气藏特性复杂(高温、高压)、海上突发事故应急救援能力薄弱以及南海中南部油气开发远程补给问题等,均需要通过系统而深入的技术研究逐一解决。2008年,国家科技重大专项"海洋深水油气田开发工程技术"项目启动。项目分成3期,共涉及7个方向:深水钻完井工程技术、深水平台工程技术、水下生产技术、深水流动安全保障技术、深水海底管道和立管工程技术、大型FLNG/FDPSO关键技术、深水半潜式起重铺管船及配套工程技术。在"十一五"期间,主要开展了深水钻完井、深水平台、水下生产系统、深水流动安全保障、深水海底管道和立管等工程核心技术攻关,建立深水工程相关的实验手段,具备深水油气田开发工程总体方案设计和概念设计能力;在"十二五"期间,持续开展深水工程核心技术研究,开展水下阀门、水下连接器、水下管汇及水下控制系统等关键设备,以及保温输送软管、湿式保温管、国产PVDF材料等产品国产化研发,具备深水油气田开发工程基本设计能力;在"十三五"期间,完成了深水油气田开发工程应用技术攻关,深化关键设备和产品国产化研发,建立深水油气田开发工程技术体系,基本实现了深水工程关键技术的体系化、设计技术的标准化、关键设备和产品的国产化、科研成果的工程化。

为了配合和支持国家海洋强国发展战略和创新驱动发展战略,国家科技重大专项"海洋深水油气田开发工程技术"项目组与上海科学技术出版社积极策划"海洋深水油气田开发工程技术丛书",共 6 分册,由国家科技重大专项"海洋深水油气田开发工程技术(一期)"项目组长曾恒一院士和"海洋深水油气田开发工程技术(二期、三期)"项目组长谢彬作为主编和副主编,由"深水钻完井工程技术""深水平台技术""水下生产技术""深水流动安全保障技术"和"深水海底管道和立管工程技术"5 个课题组长作为分册主编,由相关课题技术专家、技术骨干执笔,历时 2 年完成。

"海洋深水油气田开发工程技术丛书"重点介绍深水钻完井、深水平台、水下生产系统、深水流动安全保障、深水海底管道和立管等工程核心技术攻关成果,以集中体现海洋深水油气田开发工程领域自"十一五"到"十三五"国家科技重大专项研究所获得的研究成果,编写材料来源于国家科技重大专项课题研究报告、论文等,内容丰富,从整体上反映了我国海洋深水油气田开发工程领域的关键技术,但个别章节可能存在深度不够,不免会有一些局限性。另外,研究内容涉及的专业面广、专业性强,在文字编写、书面表达方面难免会有疏漏或不足之处,敬请读者批评指正。

中国工程院院士 曾恒一

致 谢 单 位

中海油研究总院有限责任公司

中海石油深海开发有限公司

中海石油(中国)有限公司湛江分公司

海洋石油工程股份有限公司

海洋石油工程(青岛)有限公司

中海油田服务股份有限公司

中海石油气电集团有限责任公司

中海油能源发展股份有限公司工程技术分公司

中海油能源发展股份有限公司管道工程分公司

湛江南海西部石油勘察设计有限公司

中国石油大学(华东)

中国石油大学(北京)

大连理工大学

上海交通大学

天津市海王星海上工程技术股份有限公司

西安交通大学

天津大学

西南石油大学

深圳市远东石油钻采工程有限公司

吴忠仪表有限责任公司

南阳二机石油装备集团股份有限公司

北京科技大学

华南理工大学

西安石油大学

中国科学院力学研究所

中国科学院海洋研究所

长江大学

中国船舶工业集团公司第七〇八研究所

大连船舶重工集团有限公司

深圳市行健自动化股份有限公司

兰州海默科技股份有限公司

中船重工第七一九研究所

浙江巨化技术中心有限公司

中船重工(昆明)灵湖科技发展有限公司

中石化集团胜利石油管理局钻井工艺研究院

浙江大学

华北电力大学

中国科学院金属研究所

西北工业大学

上海利策科技有限公司

中国船级社

宁波威瑞泰默赛多相流仪器设备有限公司

本书编委会

主　编　谢　彬

副主编　喻西崇

编　委　（按姓氏笔画排序）

王　清　王世圣　邓小康　冯加果　刘　健

闫嘉钰　许亮斌　李　焱　李清平　何玉发

张恩勇　罗洪斌　庞维新　郑利军　赵晶瑞

洪　毅　姚海元　秦　蕊　袁俊亮　殷志明

郭　宏　曹　静　盛磊祥　韩旭亮　程　兵

谢文会

前　言

　　近年来,我国油气消费持续刚性增长,油气生产供应保障能力不足,石油和天然气对外依存度逐年攀升,2019 年分别达到 70.8% 和 45.2%,能源安全形势日趋严峻。随着我国陆上油气资源开发程度的逐步提高,向深层、深水和非常规等领域拓展成为推进油气增储上产、增强能源安全的必然选择。

　　我国南海资源丰富,是世界四大油气聚集地之一,石油地质储量约 350 亿 t(占全国 1/3),其中 70% 蕴藏于水深大于 300 m 的深水区。南海深水油气资源已成为我国油气储量和产量的主要接替区,加快我国南海深水油气田开发的步伐对保障国家能源安全、发展海洋经济、建设海洋强国和维护海洋权益具有重要意义。

　　习近平总书记在全国科技"三会"上提出"深海蕴藏着地球上远未认知和开发的宝藏,但要得到这些宝藏,就必须在深海进入、深海探测、深海开发方面掌握关键技术",因此有必要加快南海深水能源资源开发。"十五"以来,在科技部、发改委和工信部等持续支持下,我国深水油气资源勘探开发重大装备和技术实现了零的突破;在深水油气方面建立了以"奋进号""海洋石油 201"为代表的"五型六船"深水工程作业船队。目前南海深水油气勘探开发主要集中在南海北部,且勘探开发程度不到 10%,而南海中南部油气资源量为北部的 3～4 倍,我国至今还没打出一口井。我国的深水油气田开发工程技术与国外先进水平相比,仍存在较大差距。为缩短差距,我国自 2008 年启动了国家科技重大专项"海洋深水油气田开发工程技术"项目,该项目由中海油研究总院有限责任公司(简称"中国海油")牵头,联合国内海洋工程领域知名的 48 多家企业和科研院所组成了 1 200 人的产学研用一体化研发团队,开展海洋深水油气田开发工程关键技术的系统性研究。"海洋深水油气田开发工程技术"项目历经"十一五"到"十三五"科技攻关,取得了海洋深水油气田开发工程关键技术的突破,构建了具有自主知识产权的深水油气田开发工程设计技术体系,建成了一批深水工程实验系统并形成实验技术,研制出一批具有自主知识产权的深水工程水下设备及产品,研制了四类深水工程设施监测系统并成功实施现场监测,基本实现了深水工程关键技术的体系化、设计技术的标准化、关键设备和产品的国产化、科研成果的工程化等"四化"目标,培养和建立了一支引领国内深水工程技术发展的研发队伍,使我国初步具备了自主开发 1 500 m 深水大型油气田的工程技术能力,为我国深水油气田的开发和安全运行提供了技术支撑和保障。

目前,国内虽然有海洋工程领域相关专业技术书籍,但尚没有系统介绍深水油气田开发工程关键系统的专业著作。本书基于我国南海深水油气田开发工程模式所需的关键装备和技术,结合深水油气田开发工程的特点,从深水钻完井、深水平台、水下生产系统、深水流动安全保障、深水海底管道和立管、浮式钻井生产储油卸油装置、深水油气田开发应急救援等方面,分别介绍每种关键装备和技术的组成、特点、选用原则、设计/实验技术等相关内容。

本书内容基于中国海洋石油集团有限公司深水工程重点实验室自 2004 年成立以来以及国家能源深水油气工程技术研发中心自 2013 年成立以来依托各类科研生产项目取得的成果,这些成果得到了"十一五"国家科技重大专项"海洋深水油气田开发工程技术(一期)"项目(2008ZX05026)和课题(2008ZX05026-1、2008ZX05026-2、2008ZX05026-3、2008ZX05026-4、2008ZX05026-5、2008ZX05026-6)、"十二五"国家科技重大专项"海洋深水油气田开发工程技术(二期)"项目(2011ZX05026)和课题(2011ZX05026-1、2011ZX05026-2、2011ZX05026-3、2011ZX05026-4、2011ZX05026-5、2011ZX05026-6)、"十三五"国家科技重大专项"海洋深水油气田开发工程技术(三期)"项目(2016ZX05028)和课题(2016ZX05028-1、2016ZX05028-2、2016ZX05028-3、2016ZX05028-4、2016ZX05028-5、2016ZX05028-7)等项目的资助支持。

本书由谢彬和喻西崇主编并统稿;喻西崇负责编写第 1 章和第 2 章,袁俊亮负责编写第 3 章,韩旭亮负责编写第 4 章,闫嘉钰负责编写第 5 章,姚海元负责编写第 6 章,张恩勇负责编写第 7 章,刘健负责编写第 8 章,殷志明和冯加果负责编写第 9 章;谢彬、洪毅、郭宏、曹静、李清平、许亮斌、谢文会、王世圣等负责校对工作。

由于作者水平有限,书中不妥之处恳请读者和专家批评指正。

作　者

2020 年 10 月

目 录

海洋深水油气田开发工程技术总论

第1章　深水油气田开发工程技术概述

近年来,我国在海洋工程装备设计建造方面取得了一些新突破,取得了与全球技术水平相当的成果。但是,我国海洋工程装备技术水平和研发能力还远不能适应国内国际深水油气开发的需要,与国外先进水平相比仍存在较大差距,特别是基础共性技术整体薄弱,仍然处于技术的研究开发阶段。

本章对世界和我国深水油气资源开发现状、油气田开发工程装备和技术的情况,以及我国南海深水油气田开发面临的挑战进行了总体论述。

1.1 世界深水油气资源开发现状

按照美国《海洋》杂志对深水定义,小于 300 m 的水深为浅水,超过 300 m 的水深为深水,大于 1 500 m 的水深称为超深水。海洋蕴藏着极其丰富的油气资源,其量约占全球油气资源总量的 34%。目前世界陆上及浅海油气资源日益枯竭,深水已成为油气储量和产量的主要接替区,深水区一直是全球能源勘探的前沿区和热点区,深水油气资源成为支撑世界石油公司未来发展的新领域。据报道,全球海洋石油资源的 44% 分布在深水区,已发现 29 个超过 5 亿桶的深水大型油气田(水深>300 m),近 10 年来亿吨级油田 50% 来自深水。就资源分布而言,深水油气资源分布十分不均,近年来世界重大油气发现 70% 来自大西洋两侧深水领域,主要分布在巴西、墨西哥湾、西非三大热点地区,三大区域的深水油气可采资源量占全球深水油气可采资源总量的 40%~50%。近 20 年来世界范围的深水油气田勘探开发成果层出不穷,深水油气田的开发规模不断增大和水深不断增加,深水海洋工程装备和技术飞速发展,人类开发海洋资源的进程不断加快,深水已经成为世界石油工业的主要增长点。各国石油公司已把目光投向了 3 000 m 水深,深水及超深水正在成为 21 世纪重要的能源基地和科技创新的前沿。

在深水油气开发方式上,国际石油公司近年来在参与深水油气勘探开发相关活动时,更加重视通过公司间的合作来降低潜在风险。如为获得巴西 Norte de Carcara 区块的经营权,挪威国家石油公司与埃克森美孚公司、葡萄牙国家石油公司展开合作,最终分别获得了 40%、40% 和 20% 的项目权益;而必和必拓公司为降低参与深水油气经营的风险,于 2017 年斥资 22 亿美元参股英国石油公司作业的墨西哥湾 Mad Dog 项目,并承担该项目新一轮扩建全部费用。

在深水油气开发技术方面,为了提高经济效益、降低经营风险,国际石油巨头普遍优化了深水油气勘探开发项目的技术水平:一是通过提高地震普查资料质量和增加钻井作业时间等措施,大幅压缩了深水油气项目的钻井周期;二是通过增加地下作业量等措施优化油藏波及面积,减少了有效开发所需的钻井数量;三是通过合理减少钻头和泥浆等钻井作业耗材的使用,提升了钻井效率;四是能够在部分深水区块实现开发项目设计标准化;五是通过采用模块化概念,使生产设备的占地面积更小,同时也更加灵活。通过上述技术手段及作业经验的积累,国际石油巨头参与全球深水油气资源勘探开发也就拥有了可靠的保障。

1.2　我国深水油气资源开发现状

我国内海和边海水域面积约 470 多万 km^2,专属经济区的海域面积达 300×10^4 km^2,是名副其实的海洋大国。目前为止,我国深水油气资源主要在南海,我国南海属于世界四大海洋油气聚集中心之一,有"第二个波斯湾"之称。我国南海海域水深在 500 m 以上的深水区域约占海域总面积的 75%,南海北部陆坡区的盆地和南沙海域 13 个新生代沉积盆地位于深水区,深水油气开发前景广阔。

在南海,与我国传统疆界线相关的新生代沉积盆地主要有 18 个,初步估计石油地质储量约为 230 亿~300 亿 t(其中天然气占 83%)。同时,我国南海拥有丰富的天然气水合物资源,初步圈定南海 11 个潜在水合物赋存区域,远景资源约 800 亿 t。总之,南海深水油气资源约占我国油气资源总量的三分之一,是未来油气资源的重要增长点。

我国不仅是世界油气资源大国,也是世界能源消耗大国,随着我国经济保持持续高质量发展,石油和天然气对外依存度屡创新高。2019 年我国原油对外依存度超过 70%,天然气对外依存度超过 45%。党的十九大报告中指出"坚持陆海统筹,加快建设海洋强国",可见我国目前油气资源供给和需求矛盾非常突出,加大海洋油气资源开发已经成为国家战略的重要组成部分。近年来我国南海深水勘探主要集中在珠江口盆地-琼东南盆地深水区,水深介于 300~3 000 m,面积约 10×10^4 km^2;我国南海深水油气勘探取得了一系列重大突破,荔湾 3-1 深水气田群、流花深水油田群、陵水深水气田群等被陆续发现。荔湾 3-1 气田及周边的流花 34-2 气田已经投产运营,周边油气的滚动开发正在稳步推进;2020 年 10 月,南海流花 16-2 深水油田投产,陵水 17-2 深水气田也已进入工程实施阶段,预计 2021 年将投产运行。目前我国南海深海区勘探发现率较低,多数集中在南海北部区域,占比不足 1%,在南海中南部我国九段线内目前仅进行二维勘探,还没有进行实质性钻井,更没有一座生产平台。

1.3　世界深水油气田开发工程
装备和技术现状

20 世纪 80 年代以来世界各国制定了深水技术中长期发展规划,持续开展了深水工程技术及装备的系统研究,如巴西的 PROCAP1000、PROCAP2000、PROCAP3000 系列研究计划,欧洲的海神计划,美国的海王星计划。根据深水油气田开发的特点,深水油气田开发工程技术主要包括深水钻完井、深水平台、水下生产系统、深水海底管道和立管、深水流动安全保障及控制等关键技术,深水油气田开发工程装备主要包括深水勘探装备、深水钻井装备、深水施工装备、深水生产装备、深水应急救援装备。根据 OTC Deepwater 2018 Poster,截至 2018 年 3 月,世界最大钻井深度达 3 400 m(道达尔公司在乌拉圭海域的 Raya - 1 勘探井),国内最大钻井深度为 2 454.4 m(南海荔湾 21 - 1 气田);世界上采油树最大作业水深 2 934 m(壳牌公司作为作业者在墨西哥湾的 Tobago 油田),国内荔湾 3 - 1 气田为 1 480 m;世界上浮式生产设施最大作业水深 2 895.5 m(壳牌公司作为作业者在墨西哥湾的 Stones 油田),国内最大水深为 330 m;世界上油田最大回接距离为 69.8 km(壳牌公司作为作业者在墨西哥湾的 Penguin 油田),国内已投产最大回接距离约为 15 km(南海流花 4 - 1 油田);世界气田最大回接距离为 149.7 km(诺贝尔能源公司作为作业者在地中海的 Tamar 气田),国内已投产最大回接距离约为 100 km(荔湾 3 - 1 周边的流花 34 - 2 气田)。

国外已投产各类深水油气田开发工程设施类型主要包括:深水固定平台、顺应塔平台(compliant tower platform,CPT)、浮式生产储油卸油装置(floating production storage and offloading,FPSO)、浮式生产液化装置(floating liquid natural gas,FLNG)、张力腿平台(tension leg platform,TLP)、半潜式平台(SEMI - FPS)、深吃水立柱式平台(SPAR)以及水下生产设备等,各类工程设施类型如图 1 - 1 所示。

截至 2018 年 3 月底,世界上共有 329 座浮式生产设施,具体如表 1 - 1 所示。

TLP/SPAR 主要集中在墨西哥湾,FPSO 主要集中在巴西和西非海域,SEMI - FPU 主要在巴西和北海。

截至 2018 年 3 月底,中国浮式生产设施现状如表 1 - 2 所示,东南亚浮式生产设施现状如表 1 - 3 所示,澳大利亚浮式生产设施现状如表 1 - 4 所示。

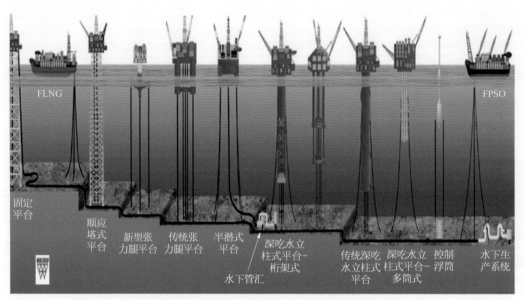

图1-1 已投产深水浮式生产设施类型

表1-1 世界浮式生产设施现状　　　　　　　　　　　单位：座

现状	FPSO	SEMI-FPS	TLP	SPAR	CT	FLNG	合计
在建	22	3	1	1	0	3	30
运行	195	43	27	21	5	4	295
弃置	0	1	2	1	0	0	4
总数	217	47	30	23	5	7	329

表1-2 中国浮式生产设施现状　　　　　　　　　　　单位：座

现状	FPSO	SEMI-FPS	TLP	SPAR	CT	FLNG	合计
在建	0	0	0	0	0	0	0
运行	14	1	0	0	0	0	15
弃置	0	0	0	0	0	0	0
总数	14	1	0	0	0	0	15

表1-3 东南亚浮式生产设施现状　　　　　　　　　　单位：座

现状	FPSO	SEMI-FPS	TLP	SPAR	CT	FLNG	合计
在建	2	0	1	0	0	1	4
运行	28	2	2	1	0	1	34
弃置	0	0	0	0	0	0	0
总数	30	2	3	1	0	2	38

表 1-4　澳大利亚浮式生产设施现状　　　　　　单位：座

现状	FPSO	SEMI-FPS	TLP	SPAR	CT	FLNG	合计
在建	0	0	0	0	0	0	0
运行	15	2	0	0	0	1	18
弃置	0	0	0	0	0	0	0
总数	15	2	0	0	0	1	18

截至 2018 年 3 月底,世界上最大作业水深的 TLP 位于墨西哥湾的 Big Foot TLP,水深 1 581 m,2018 年投产;世界上最大作业水深的 SPAR 是位于墨西哥湾 Perdido SPAR,水深为 2 383 m,2010 年投产;世界上最大作业水深的 SEMI-FPS 是位于墨西哥湾 Independence Hub 平台,水深为 2 414 m,2007 年投产。

1.4　我国深水油气田开发工程装备、技术发展历程和现状分析

深水油气田的开发需要深水油气开发工程装备和技术作为支撑和保障。我国海洋石油经过近 50 年的发展,海洋工程实践经验仅在 300 m 水深之内,已经具备了 300 m 以内水深油气田的勘探、开发和生产的全套能力,在 300 m 水深的工程设计、建造、安装、运行和维护等方面与国外同步。但在深水油气开发方面,我国起步相对欧美发达国家较晚,与国外还存在较大差距。当前面临的主要问题是海洋环境及地质调查数据不足,工程设计、建造和施工技术匮乏,安装资源不足,缺少工程经验,难以满足深水油气开发需求,所以迫切需要加强对海洋环境和工程地质技术、深水平台工程设计及施工技术、水下生产系统工程技术、深水流动安全保障控制技术、海底管道及立管工程设计及施工技术、新型开发装置工程技术等关键技术研究,加强对深水施工作业装备的研制。

目前国内深水海洋工程重大装备主要包括深水物探船、深水工程勘探装备、半潜式钻井装备、深水作业施工装备、生产装备和应急救援装备等类型,这些深水大型工程装备均已投入到实际工程应用。中国海洋石油经过 30 多年的发展,虽然已经建成了以"奋进号""海洋石油 201"为代表的"五型六船"深水作业船队,已经初步具备深水油气勘探和开发的能力,特别是随着荔湾 3-1 深水气田的成功投产、陵水 17-2 区域 1 000 亿 m³ 储量深水气田的重大发现,以及参与巴西 Libra 深水油田、墨西哥湾深水油

气田、刚果和加蓬深水油气田等为代表的海外深水油气田项目,全面开启了我国深水油气田开发的序幕。但也应该看到,我国在深水油气田开发工程装备和技术方面起步较晚,与国外先进水平相比仍存在较大差距,主要表现在作业装备类型单一,没有深水浮式生产平台,大量船型、关键设备专利掌握在国外公司手中,关键设备配套能力不足,具体见表1-5、表1-6。

表1-5 国内外深水油气田开发技术差距分析表

关键技术	国外发展现状	国内发展现状
深水钻完井工程技术	最大钻井作业水深为3 400 m;同时具备勘探井和开发井能力,控压钻井、高温高压深水钻井装备和技术能力较强	最大钻井作业水深为2 619 m;多为常规深水勘探井,复杂深水井作业装备和能力不足
深水平台工程技术	已投产各类深水生产设施329座;最大水深2 896 m;具备各类平台设计、采购、安装、施工能力	仅具备FPSO的设计、采购、安装、施工能力,具备各类平台的概念设计能力
水下生产技术	水下井口6 000多套,最大水深2 934 m	水下井口60多套,作业水深1 480 m
深水流动安全技术	气田最大回接距离约为149.7 km;油田最大回接距离为69.8 km	气田水下井口最大回接距离约为100 km(流花34-2气田);油田水下井口最大回接距离为15 km(流花4-1油田)
深水海底管道和立管技术	已有顶张紧式立管、钢悬链式立管、塔式立管等工程应用;具备2 500 m保温输油软管工程能力	无顶张紧式立管、钢悬链式立管、塔式立管等工程应用;具备300 m保温输油软管国产化能力

表1-6 国内外深水勘探开发装备差距分析表

装备类型	国外发展现状	国内发展现状
深水勘探装备	物探装备:三维物探船为主流,已达24缆	物探装备:国内最大为12缆
	工程勘察装备:最大工作水深达4 000 m	工程勘察装备:最大工作水深达3 000 m
钻井装备	半潜式钻井平台213艘,钻井船170艘,最大作业水深达3 600 m,最大钻深超过15 000 m	半潜式钻井平台11艘,无钻井船,最大作业水深3 600 m,最大钻深超过15 000 m
生产装备	329座深水生产设施(SPAR 22座,TLP 30座,SEMI 47座,FPSO 194艘,1座FLNG,最大水深2 496 m)	1座SEMI(钻井平台改造),14艘FPSO,最大水深330 m
水下生产系统	最大作业水深2 900 m	最大作业水深1 480 m,主要设备均为进口

（续表）

装 备 类 型	国 外 发 展 现 状	国 内 发 展 现 状
作业施工装备	铺管船作业水深达 3 000 m,浮吊起重能力超过 14 000 t	最大铺管水深为 1 480 m,浮吊起重能力超过 12 000 t
潜水器	大型 ROV 500 多套,最大潜深达 10 909 m	ROV 最大作业水深 3 500 m,大部分为进口
	HOV 的最大工作深度 11 000 m	"蛟龙号"最大下潜深度 7 000 m
	AUV 最大潜深达 11 000 m	AUV 最大作业水深 6 000 m
水下应急封井回收系统	目前世界上有 7 个应急救援组织,17 套水下封井回收系统	国内没有水下封井回收系统,加入国外应急救援组织
应急救援船	已建多艘功能完备的应急响应救援船(ERRV)和多功能工程船(MSV)以及溢油环保船,成立了应急响应救援船协会,制定了相关标准	有应急工作船、溢油环保船,但功能不全面
远程补给基地	日本提出了油气开发保障平台概念,国外设计建造多座半潜式生活服务平台	正在开展相关研究,处于概念设计阶段

注：ROV—无人遥控潜水器；HOV—载人潜水器；AUV—自主式水下机器人。

1.4.1　深水勘探装备和技术

1）电磁勘探全海深探测装备

海洋蕴藏着丰富的资源和矿藏,随着勘探难度的进一步加大,仅仅依靠地震勘探这一种手段进行资源和矿藏勘探往往不能奏效,我国目前还未真正建立起一套针对海洋矿藏的勘探开发技术。借鉴国外的经验,多种勘探技术的结合是有效勘探开发海洋矿藏的有效手段之一,所以我国应该大力发展海洋可控源电磁法(controlled-source electromagnetic method,CSEM),并逐步加强其和 ROV 的结合,提高海洋 CSEM 的精度,达到降低勘探风险和提高成功率的目的。

在向深水进军的进程中,现有的地震勘探技术已经在大陆架、大陆坡等区域遇到了诸多的困难,随着水深的加大,这种困难将更加制约海上油气资源探测的发展,具体表现为：

① 勘探区域地质条件更趋于复杂化,现有的地震勘探技术在海底油气储层、碳酸盐礁脉、盐丘、火山岩覆盖带、海底永久冻土带等区域应用效果很不理想,投入巨大而收效甚微。

② 目前,拖缆采集还是一种常用的技术手段,海平面巨大海水涌动噪声以及 1 000 m 以上的海水吸收衰减致使接收器接收到的来自海底地层的有效信号十分微弱,经过处理很难对地下真实情况进行成像。

③ 目前地震勘探能够探测到潜在的油气圈闭,但是还没有有效的方法区分圈闭内

是含油的、含气的还是含水的。

海洋 CSEM 作为一种海洋油气探测新技术,深水区为其提供了应用的有利条件:

① 深水区较厚的海水是一个天然的良好电磁屏蔽层,这样就基本避免了海洋表面的电磁干扰和空气波的影响。

② 较厚的海水层也使得空气波与经海底油气层反射、折射的电磁波容易分离,直接显示高阻油气的曲线异常。

可见,单纯依靠地震勘探在深水区进行油气资源探测是行不通的,需要联合重力、电磁勘探等多项探测技术。目前,国外石油公司,比如艾克森美孚公司,已经将海洋 CSEM 作为海洋资源探测的常规技术之一,并取得了巨大的成功。

另外,深水勘探一个重大的风险来自钻井成功率,海洋 CSEM 可以缩短勘探开发周期,提高经济效益。纵观油气勘探的历史,工业界野猫井的商业成功率在长时期内一直保持在 25% 左右。据不完全统计,对于深水海域,石油行业每年在钻井作业方面要花费 200 亿美元以上,如何提高深水区域钻探成功率,不论对油气资源勘探阶段,还是后期油气藏开发阶段,都具有十分重要的意义。

海洋 CSEM 出现以来,业内第一次关于其应用效果的报道出现于 2004 年,《华尔街日报》报道了艾克森美孚公司在墨西哥湾用海洋电磁评价地震圈闭部署的 13 口探井全都出油的消息。2008 年,国际最大海洋电磁服务公司 EMGS 总裁 Eidesmo 在总结他们 350 多个项目后,宣称海洋电磁在识别预探目标的成功率为 90%。最为权威的统计数据来自 2010 年 *The Leading Edge*,其上发表了由 EMGS 公司员工撰写的文章"CSEM Performance in Light of Well Results"。该文章统计了不同区块 86 口井的钻井结果和海洋 CSEM 数据异常情况,包括 36 个刻度区块井的 CSEM 数据,另外 50 口井是在做了海洋 CSEM 数据采集之后的区块上钻探的。36 口刻度区块井中的 22 口油气显示井,有 19 口(86%)存在 CSEM 异常,其余 14 口干井中有 13 口(93%)无 CSEM 异常;50 口勘探区块井,30 口存在 CSEM 异常的区域钻井有 21 口井(70%)发现了油气,而 20 口无 CSEM 异常的区域钻井仅有 7 口井(35%)发现了异常。可见,油气显示和 CSEM 异常具有很强的关联性,这种关联不是偶然的,而是必然的。如果考虑商业宣传及统计数据的局限性,盲目给出结论"考虑 CSEM 钻井成功率可以达到 70%"似乎不合情理,但考虑 CSEM 异常的钻井成功率提升了一倍(35%→70%),已足以让业内欢欣鼓舞了。

在深水区,钻一口探井或生产井都要冒很大的风险,成功率基本在 25% 左右,主要原因是常规地震勘探只是为我们提供了找到有利圈闭的手段,但不能告知其中具体含有的是什么。海洋 CSEM 弥补了常规地震勘探的不足,使得寻找油气资源的性质发生根本改变,由寻找油气有利圈闭转变为直接找油气。这种转变意味着钻井成功率的大幅提高(如果按上述统计成功率提高 2 倍来计算,那么 25% 的钻井成功率将提高到 50%)和勘探开发周期的缩短,从而大大提高了企业的经济效益。

国外已经开始利用海洋 CSEM 和 ROV(AUV)结合进行油气勘探的尝试。不久的将来,海洋 CSEM 和 ROV(AUV)结合将成为深水油气勘探开发的一种必备手段。

从国内情况来看,我们在 CSEM 装备方面还处于跟跑阶段。2015 年前,我国在该领域还基本处于空白。可喜的是,2015 年 11 月 11 日,在青岛海域,我国自主研发的融合了 1 000 A 级大功率水下电流发射系统和 4 000 m 水深电磁采集站的"海洋可控源电磁勘探系统"浅海联调测试获得成功。中国成为继挪威之后,世界上第二个拥有最大输出功率为 1 000 A 级海洋可控源电磁勘探系统的国家,这也标志着我国的海洋电磁探测技术研究已经达到世界领先水平,该成果入选"2015 年中国海洋与湖沼十大科技进展"。2017 年 3 月 21 日,以"863"计划深水可控源电磁勘探系统开发课题海试首席科学家、中国海洋大学李予国教授团队为主研发的大功率深海海洋电磁勘探系统于中国南海北部海域成功完成我国首条深海可控源电磁探测剖面。本次探测共投放 14 台海洋电磁接收站(ocean bottom electromagnetic meter, OBEM),最大水深 1 150 m,并全部成功回收。大功率水下电流发射系统连续正常工作约 20 h,其输出电流达 750 A,使中国成为继美国、挪威之后具备研发大电流水下逆变系统能力的国家。

在欢欣鼓舞的同时,我们还是应该保持清醒的头脑:同样技术标准的设备在国外已经商业应用了 10 年之久,有些关键部件还存在较大差距,逐步缩小差距是近 5 年的重要任务。

　　2) 海洋油气地震勘探全海深探测装备

由于深水区钻探费用极其昂贵,海洋作业环境恶劣,油藏流体复杂,存在高温高压、盐岩屏蔽等一系列难题,海洋油气地震勘探对新技术的要求越来越高。深水油气勘探开发中,高分辨率三维地震成像、多波/多分量勘探、四维地震、海底节点(ocean bottom node, OBN)技术、电磁勘探等多种勘探技术都已得到应用。海底地震数据采集方法相较于传统拖缆采集具有优势(多分量采集、有效鬼波压制等)。目前,海底地震数据采集主要有海底电缆(ocean bottom cable, OBC)采集和 OBN 采集两种。OBN 采集相比 OBC 采集,具有较高的灵活性,系统布放、回收更加方便的特性,能够获得全方位保真数据,提高地震成像质量,提高四维勘探的可重复性,改善油藏监测结果。

OBN 地震观测方法就是将地震仪通过 ROV 直接布放在海底,地震仪自备电池供电,震源船单独承担震源激发任务。当震源船完成所有震源点激发后,ROV 回收海底地震仪,下载数据并进行处理与解释。深海 OBN 采集时,ROV 替代水下人员进行海底极端环境下的观察、取样、搜索定位,以及 OBN 安放和回收等海洋油气地震勘探作业,发挥着重要作用。

AUV 主要用于近海及远海专属经济区和大陆架深水海域的测深、海底地形地貌调查、浅地层地质结构调查,并能够进行海底底质类型和水下目标物的判断和识别;也可用于海床调查和钻探支持,为海洋石油地震勘探,如 OBN 采集,提供必要的资料,能为合理制定观测系统提供有力支持。

我国南海是今后油气资源勘探的重点区域。南海浅层沉积环境复杂,地形地貌多样。AUV 具有作业效率高、数据资料准确性高、受海底地形及作业天气影响小的特点，随着南海深水井场勘察及深水开发项目不断增加、AUV 作业技术日趋成熟，AUV 必将在以后的生产作业中被逐步推广应用。

随着油气地震勘探走向深海，海底 OBN 采集的优势将进一步彰显，而 AUV 的作用将日益明显，对 AUV 的需求也将日益增大。

1.4.2　深水钻井装备和技术

我国目前有 15 座半潜式钻井平台，包括国内建造的"勘探三号"（工作水深仅为 200 m）、"COSL Pioneer""COSL Innovator""COSL Promoter""兴旺号""奋进号""海洋石油 982""蓝鲸 1 号"；从国外进口 7 艘："南海二号""南海五号""南海六号""南海七号""南海八号""南海九号"和"勘探四号"。其中，"勘探三号""南海二号""南海五号""南海六号""南海七号"作业水深小于 500 m，其余均为深水半潜式钻井平台。我国建造的第六代超深水半潜式钻井平台"奋进号"的作业水深达 3 000 m。

（1）"奋进号"

2011 年 5 月，3 000 m 深水半潜式钻井平台"奋进号"（图 1-2）建成并正式起航，"奋进号"的建成标示着我国该型装备的建造能力跨入了世界先进行列。目前我国已经具备深水半潜式钻井平台的设计、建造、调试和运营能力。

图 1-2　"奋进号"深水半潜式钻井平台

"奋进号"的各项技术指标均达到国际上最先进的第六代钻井平台标准,平台长114 m、宽90 m、高度为137 m。该平台拥有多项自主创新设计,平台稳性和强度按照南海恶劣海况设计,能抵御200年一遇的台风;选用大功率推进器及DP3动力定位系统,在1 500 m水深内可使用锚泊定位,甲板最大可变载荷达9 000 t。

(2)"蓝鲸1号"

2017年2月13日,由中集来福士海洋工程有限公司(简称"中集来福士")建造的半潜式钻井平台"蓝鲸1号"(图1-3)命名交付。该平台长117 m、宽92.7 m、高118 m,最大作业水深3 658 m,最大钻井深度15 240 m,适用于全球深海作业。"蓝鲸1号"配置了液压缸起升型的双井架,配置DP3闭环动力管理系统。

图1-3　"蓝鲸1号"深水半潜式钻井平台

(3)"南海九号"

"南海九号"(图1-4)是中海油田服务股份有限公司(简称"中海油服")拥有的深水半潜式钻井平台,长期作业于北海海域和西非海域。"南海九号"投入使用后,成为国内作业能力仅次于"奋进号"的第四代深水半潜式钻井平台。

"南海九号"平台长99 m、宽88 m、高116 m,主甲板面积大于一个标准足球场,最大作业水深1 524 m,最大钻井深度7 620 m,最大可变甲板载荷4 065 t,额定居住人员160人,采用锚链加锚缆组合式锚泊定位系统,入中国船级社和挪威船级社双船级。

图 1-4 "南海九号"深水半潜式钻井平台

(4)"兴旺号"

中海油服"兴旺号"(图 1-5)长 104.5 m、宽 70.5 m、高 37.55 m,最大工作水深 1 500 m,最大钻井深度 7 600 m,平台定员 130 人,可变甲板载荷 5 000 t,配备了世界最

图 1-5 "兴旺号"深水半潜式钻井平台

先进的钻井系统和 DP3 动力定位系统,配置了 6 台 5 500 kW 柴油发电机和 6 台 3 800 kW 定距可变速推进器,设计环境温度为 −20℃,入挪威船级社和中国船级社双船级,满足全球最严格的挪威石油管理局(PSA)和挪威石油工业技术法规(NORSOK)要求。该平台配有 10 000 多个控制和报警点,自动化程度高,在驾驶室和机控室可以实现远程监控。

(5)"海洋石油 982"

"海洋石油 982"(图 1-6)深水半潜式钻井平台是中海油服投资建造的深水半潜式钻井平台,由大连船舶重工集团海洋工程有限公司建造。"海洋石油 982"平台作业水深 1 500 m,最大钻井深度 9 144 m,平台长 104.5 m,宽 70.5 m。"海洋石油 982"平台采用 A5000 船型,主体为双浮箱、四立柱、箱型结构,甲板可变载荷 5 000 t,采用 DP3 定位方式,是国内最先进的第六代钻井平台之一,具备水下设备、采油树操作和服务能力。

图 1-6 "海洋石油 982"深水半潜式钻井平台

我国通过"奋进号"半潜式钻井平台的设计建造,全面掌握了深水半潜式钻井平台设计和建造技术,但是钻井系统、动力定位系统等关键设备依赖进口。国外在深水钻井平台及生产平台钻井系统设计、配套、设备制造技术方面已经比较成熟,国民油井华高和 MH 两家公司占据了深水钻井系统成套设备的绝大部分市场,深水钻机的大部分关键技术、专利均由这两家公司掌握,形成了从技术到产品、服务的垄断。目前,国内宝鸡石油机械责任有限公司、四川宏华集团、兰石机械集团等钻机生产厂家也在积极开展深水钻机的设计和制造,并且已有部分深水钻机设备(泥浆泵、井架等)得到应用,但是总体技术水平与国外还有较大差距。

国内目前深水钻井装置仅有半潜式钻井平台,没有深水钻井船、深水修井船/平台、Tender Rig 等形式的深水钻完井作业装置。我国在钻"荔湾 6-1-1"井之前,海洋钻井作业的最大水深为 540 m,我国南海海域作业水深超过 1 000 m 的深水井作业者都是国外公司,且都租用国外深水钻井平台/钻井船。国内建造"奋进号"之后,深水钻井作业水平大幅增长,其中自营井荔湾 21-1-1 井最大作业水深达 2 547 m,进入国际先进行列。但是在深水钻完井配套技术方面,国内与国外先进水平仍有较大差距。

1.4.3 深水施工作业装备和技术

经过多年油气开采作业,目前我国深水油气施工作业装备涉及多个种类,包括起重船、浮托驳船、下水驳船、运输驳船、铺管船、深水工程船、拖轮。我国深水施工作业主要装备如表 1-7 所示。

表 1-7 我国常用油气施工作业装备

类　别	船　舶　名　称			
起重船	蓝鲸号	海洋石油 201	蓝疆号	滨海 108
	华西 5000	华天龙	四航奋进	大力号
	德瀛	南天龙	振华 30	
浮托驳船	海洋石油 221	海洋石油 228	海洋石油 278	海洋石油 229
	重任 1501	康盛口/泰安口	祥云口/祥瑞口	重任 3
	Intermac650	H-851		
下水驳船	海洋石油 221	海洋石油 228	海洋石油 229	Intermac650
	H-851	S44		
运输驳船	海洋石油 278	海洋石油 221	梦娜公主号	海洋石油 225/226
	重任 1501	滨海 308	粤神州 8/9	粤神州 5
	粤神州 99	粤神州 69	海洋石油 222/223	滨海 306/307
铺管船	滨海 106	滨海 109	海洋石油 202	蓝疆号
	海隆 106	海洋石油 201	DPV7500	Global1200
	Global1201	Saipem7000	SEMAC1	Castoro Sei
	Saipem FDS	Saipem FDS2	Hyundai-289	Hyundai-423
	Hyundai-2500	海恩 302	海恩 322/海顺 5	
深水工程船	海洋石油 286	海洋石油 289	海洋石油 291	
常用拖轮	德惠	德进	德鲲	德鹏
	德意	德远	德宏	北海救 101
	北海救 111	北海救 112	北海救 113	北海救 115
	北海救 117	汉力士 1 号	华勇拖 10 号	中油海 281/282
	中油海 251/252	民龙 1201/1202		

具有代表性的施工船舶介绍如下。

1）深水铺管起重船

深水铺管起重船是深水油气田建设重要的工程作业船舶。国外的深水铺管船在向大型化、专业化发展，特别是一些发达国家，铺管能力已经达到 3 000 m。我国铺管作业船与发达国家相比仍存在不小的差距。

2011 年 5 月，中国海油投资建设的 3 000 m 级深水铺管起重船"海洋石油 201"在江苏南通熔盛重工正式建成，如图 1-7 所示。

图 1-7 "海洋石油 201"深水铺管起重船

"海洋石油 201"是世界上第一艘同时具备 3 000 米级（6 in 管，S 形铺设）深水铺管能力、4 000 吨级重型起重能力和 DP 3 动力定位能力的深水铺管起重船。

"海洋石油 201"船体长 204 m、宽 39.2 m、高 14 m，吃水深度 7～10.8 m，作业管径 15.24～152.4 cm（6～60 in），航速 12 kn，最大作业水深可达 3 000 m，铺管速度 5 km/d，海上最大起重能力达 4 000 t，能在除北极外的全球无限航区作业，入中国船级社和美国船级社双船级。

"海洋石油 201"总体技术水平和作业能力在国际同类工程船舶中处于领先地位，是亚洲首艘具备 3 000 米级深水作业能力的海洋工程船舶，是中国自主进行详细设计和建造的第一艘具有自航能力、满足 DP 3 动力定位要求的深水铺管起重船。全船设计耗时 2 年，采用了包括全电力推进、DP 3 动力定位、4 000 t 重型海洋工程起重机、自动铺管作业线等一系列国际最先进的装备和技术,填补了国内在深水铺管船设计领域的空白。

"海洋石油 201"的建成并投入运行,为南海深水油气田开发过程中海底管道的铺设提供了重要保障,为南海海域深水油气田建设提供了重要的装备支持。

2)半潜式自航工程船

2012 年 3 月 15 日,目前世界上首艘带有动力定位 2 级能力的 5 万 t 半潜式自航工程船"海洋石油 278"在深圳交船,如图 1-8 所示。

图 1-8　"海洋石油 278"半潜式自航工程船

"海洋石油 278"由海洋石油工程股份有限公司全额投资,招商局重工(深圳)有限公司承建,中国船舶工业集团第 708 研究所担任设计方。该船船体长 221.6 m、宽 42.0 m、高13.3 m,半潜吃水深度 26.8 m,含压载水的装载量为 50 424 t,总载重量 53 500 t。

"海洋石油 278"甲板面积 7 500 m²,可用于大型组块的浮托法安装、装卸,运输钻井平台以及其他大型钢结构物;其 14 kn 的自航行速度,比常规拖带运输模式提速 2 倍。"海洋石油 278"可作为浮船坞,承担特种工程船舶坞修;可以运输目前国际上最先进的第六代钻井平台"奋进号";还能兼做深水工程支持船,其先进强大的动力定位系统和自航能力,能与深水铺管船"海洋石油 201"同步航行,保障海管等大型工程物料供应,服务于无限航区。

3)深水多功能工程船

目前国内深水多功能工程船包括"海洋石油 286""海洋石油 289""海洋石油 291"三艘。

(1)"海洋石油 286"(图 1-9)

该船最大作业水深 3 000 m,定位准确,在业内有"定海神针"美誉,抗风能力不低于

12 级,深海作业时遇到风大浪急的恶劣海况依然能保持很强的稳定性,位移误差不超过 0.5 m。

图 1-9　"海洋石油 286"

（2）"海洋石油 289"（图 1-10）

图 1-10　"海洋石油 289"

该船于 2013 年 6 月在挪威建造完成,船长 120.8 m、宽 22 m、高 9.0 m,总重 8 922 t,净重 2 677 t,主要用于海洋石油深水水下设施安装、深水柔性管线铺设、锚系处理等工作。

(3)"海洋石油 291"(图 1-11)

该船属于深水挖沟多功能工程船,是从国外引进的第一艘大型锚系安装作业支持船舶,投资总额约 14.17 亿元人民币,由深圳海油工程水下技术有限公司负责管理使用。"海洋石油 291"船总长 109.8 m、宽 24 m、吃水深度 7.8 m、系柱拖力 361 t、主吊 250 t,配备两台 3 000 米级工作型 ROV,可支持大型犁式挖沟机挖沟作业。该船能够满足中国东海和南海深水海管挖沟、系泊安装的工程要求,快速形成深水开发作业船队配套能力,扭转长期靠外租此类船舶的被动局面,填补国内高效犁式挖沟船的空白。

图 1-11 "海洋石油 281"

1.4.4 深水油气田生产装备和技术

随着我国深水油气开发的推进,SEMI-FPS、SPAR、TLP 等常规浮式生产平台逐步走向工程应用;中海油研究总院有限责任公司依托国家科技重大专项项目,在国内率先开展了新型浮式装置,如 FLNG、浮式钻井生产储油卸油装置(floating drilling production storage and offloading, FDPSO)、半潜式干树采油平台等工程技术研究,引领和带动了国内相关单位开展深水生产装备和技术的研究,具有自主知识产权的海上浮式生产装置和新概念不断涌现,深水作业装备的作业水深越来越深,作业能力越来越强。

1) 浮式生产设施

(1) FPSO

FPSO 是对开采的石油进行油气分离、处理含油污水、动力发电、供热、原油产品的储存和运输,集人员居住与生产指挥系统于一体的综合性大型海上石油生产设施。与其他形式石油生产平台相比,FPSO 具有抗风浪能力强、适应水深范围广、储/卸油能力大,以及可迁移、重复使用的优点,广泛适合于远离海岸的深海、浅海海域及边际油田的开发,已成为海上油气田开发的主流生产方式。FPSO 一般由船体、系泊系统、上部组块等构成。

中国目前只有一艘深水 FPSO——"南海胜利号",作业水深约 330 m。目前 FPSO 已可以实现国内设计、建造与安装,但单点系泊系统等关键核心设备仍需要国外公司提供。随着中国海洋石油开发向深水推进,深水 FPSO 将是我国开发深水油田的首选装备。

（2）SEMI - FPS

SEMI - FPS 由上部组块、浮体、系泊系统、悬链式立管（外输/输入）系统构成。浮体的作用是保持足够的浮力以支撑上部组块、系泊系统和立管的重量。系泊系统是把浮式平台锚泊在海底的桩基础或锚上,使平台在环境力作用下的运动控制在允许的范围内。

中国目前只有一座深水 SEMI - FPS——"南海挑战号",作业水深约 330 m。目前国内具备设计、建造、安装深水 SEMI - FPS 的能力,但部分核心设备仍需要从国外公司进口。

（3）TLP

TLP 是各类深水平台中具有独特性质的一类。TLP 由上部设施、甲板、柱形船体、浮筒、张力腿构成,船体通过由高强钢管组成的张力腿与固定于海底的桩相连,张力腿分为 3、4 组布置在船体的角点上。TLP 船体和张力腿（钢管束）的剩余浮力与张力腿产生的拉力相平衡,并使得张力腿处于恒定的张紧状态,从而保持平台在垂直方向和水平方向的稳定。TLP 一般采用干式采油方式,采油树位于平台的上面,上部甲板可放置生产设施、钻井设备以及生活楼等。

目前,国内油田尚没有建成的 TLP,但对于 TLP 设计、建造、安装等技术开展了大量研究工作。TLP 可以实现国内建造,并依靠国内安装船舶资源进行安装,但张力腿系统等关键核心部件仍需进口。

（4）SPAR

SPAR 技术应用于海洋开发已经超过 30 年的历史,但在 1987 年以前,SPAR 平台主要是作为辅助系统而不是直接的生产系统。目前,SPAR 主要是作为深水油气田开发工程设施。第一代传统型 SPAR(classic SPAR)的主要特点是主体为封闭式单柱圆筒结构,结构外形巨大。世界上第一座传统型 SPAR 是于 1996 年建成的 Neptune 平台。第二代桁架型 SPAR 平台(truss SPAR)解决了传统型 SPAR 主体尺寸较大、有效载荷能力不高、平台建造成本较大等问题。与传统型 SPAR 相比,桁架型 SPAR 的最大优势在于其钢材用量大大减少,从而能有效控制建造费用,因此桁架型 SPAR 得到广泛应用。世界上第一座桁架型 SPAR 是 2001 年建成的 Nansen 平台,是目前建成使用最多、应用最为广泛的 SPAR 类型。由于第一代和第二代 SPAR 体积庞大、造价昂贵,实际工程要求降低造价、减小体积和提高平台的承载效率。第三代蜂巢型 SPAR 平台(cell SPAR)采用组合式主体结构以取代传统的单圆柱主体结构,组装时以一个小型圆柱为中心,将其他的圆柱体环绕捆绑在该中心圆柱体上,形成一个蜂巢型的主体结构。世界上唯一一座蜂巢型 SPAR 是 2004 年建成的 Red Hawk 平台。

目前国内油田尚没有建成的 SPAR,但对于 SPAR 设计、建造、安装等技术开展了大量研究工作。SPAR 可以实现国内建造,但详细设计与安装、部分关键核心部件需要借助国外资源。

(5) FLNG

FLNG 是近年海洋工程界提出的,集海上天然气/石油气的液化、储存和装卸为一体的新型 FPSO 装置,具有开采周期短、开采灵活、可独立开发、可回收和可运移等特点,可适用于小型、中型和大型气田开发。FLNG 的概念类似于 FPSO,存储介质为液化天然气(liquefied natural gas,LNG)。由于 LNG 的物理特性,FLNG 的设计远比FPSO 复杂,主要包括船体系统、单点系泊系统(多点系泊系统)、液舱维护系统、外输系统、油气处理系统、生活楼和直升机平台等,见图 1-12。目前 FLNG 装置的研发已经成为世界上众多石油公司关注的焦点,被列为 2013 年国际石油十大科技进展之一。目前,世界上处在工程实施阶段的 FLNG 工程项目共有 20 多艘,其中 4 艘已经投产、5 艘在建。世界上第一艘 FLNG 2017 年 1 月在我国南海九段线内 Kanowit 气田正式投产。

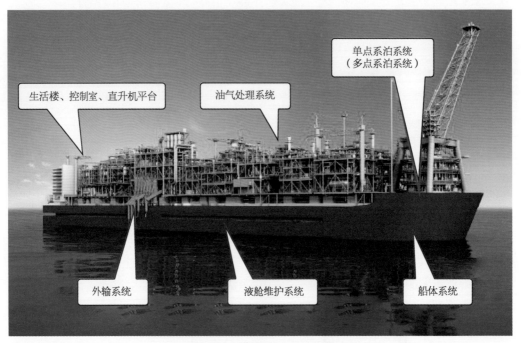

图 1-12 典型 FLNG 示意图

我国从 2008 年开始就设立了国家科技重大专项"大型 FLNG/FLPG、FDPSO 关键技术"课题,该课题由中海油研究总院有限责任公司牵头,联合国内著名科研院所组成的产学研用一体化的研发团队,使我国 FLNG 研究步伐基本与国际同步,通过技术攻关实现了一批关键技术的突破和跨越。通过"十一五"和"十二五"国家科技重大专项的攻关,研发团队提出了具有自主知识产权、适应南海的 FLNG 船型方案,使我国具备了中等规模 FLNG 装置船型开发和概念设计能力,建立了 FLNG 中试试验基地,验证了我国自主知识产权的丙烷预冷加双氮膨胀液化新工艺和船型方案在我国南海深远海气田开发时具有较好的适应性,为我国南海乃至海外深水油气田开发提供了新型的海上气田开发工程模式。2013 年开始,国家工信部也设立了适应 LNG 处理年规模为 200 万～300 万 t 的 FLNG 关键设备(预处理塔器、换热器、低温冷剂压缩机、低温膨胀机、液力透平等)国产化研究课题,为 FLNG 关键设备国产化奠定了基础。2013 年,中国海油牵头将重大专项的科研成果应用于陵水 22-1 深水气田开发前期方案比选的可研方案之一,通过科研成果与工程项目的结合发现,FLNG 要真正在南海进行工程应用还面临诸多挑战,如 FLNG 在南海频繁的台风条件下的操作模式(包括取水系统等)、FLNG 系列化技术(不同海域、不同规模、不同工程开发模式等)、FLNG 关键设备和产品国产化(如燃气透平、低温压缩机、低温膨胀机、液舱围护系统和装卸系统等)。

2) 水下生产系统

在深海油气田开发中,水下生产系统以其显著的技术优势、可观的经济效益得到各大石油公司的广泛关注和应用。使用水下生产技术可以避免建造昂贵的海上采油平台,从而节省大量建设投资。此外,水下生产系统受灾害天气影响较小,因此成为开采深水油气田的关键设施之一,在世界各地的深水油气田开发中得到了广泛应用。

典型的水下生产系统包括水下井口、水下处理设施、海底管道、水下控制和水上主控站等,一个典型的水下生产系统如图 1-13 所示。

(1) 水下井口

水下井口是水下油井海床上的终端部分,其主要作用是支撑管套和生产管道。油管悬挂器在井口头上部,是生产油管的悬挂装置。在油管悬挂器顶部安装采油树。套管悬挂器支撑着不同的套管,不同套管悬挂器间的阀门控制环空压力,例如气举。

随着海洋油气开发向更深的水域进发,作为采油树接口的水下井口头应能克服深水难题,包括疲劳、扭转、高弯矩、高温高压等,这些因素影响了水下采油树的设计和油田开发的经济性。将创新设计和新性能整合到水下井口头的设计中,以上由深水产生的问题都可以得到有效解决。

(2) 水下采油树

水下采油树的作用是防止油井中的油或气泄漏到环境中,也可引导和控制从油井流出的井流物。国内已经使用水下采油树的油田包括流花 11-1(25 口井)、陆丰 22-1(5 口)、惠州 26-1、惠州 32-5(3 口)、崖城 13-4(3 口)、荔湾 4-1(8 口)、流花 19-5(1

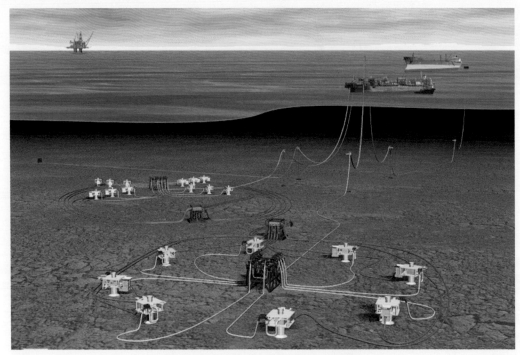

图 1-13　典型的水下生产系统示意图

口)、荔湾 3-1(9 口)、荔湾 34-2(1 口)等。1996 年阿莫科东方石油公司在流花 11-1 油田安装了我国第一套水下生产系统,随后 CACT 作业集团在惠州 26-1、惠州 32-5 油田,Statoil 公司在陆丰 22-1 油田分别安装水下生产系统。2012 年,中国海油第一次以作业者身份在流花 4-1 油田和崖城 13-4 气田分别安装了 8 个 FMC 水下卧式采油树和 3 个 Aker 水下卧式采油树;同时,哈斯基也在荔湾 3-1 深水气田安装了 9 个 Cameron 水下卧式采油树。

我国第一次使用水下采油树至今已经超过 20 年,但是直到 2012 年国内才第一次作为作业者使用水下采油树,国内水下采油树的发展较为滞后。随着我国深水油气田的全面开发,未来水下生产系统的开发模式将逐步增加,水下采油树的用量必然大大增加。

虽然国内生产陆地井口装置和采油树的厂家超过 100 家,包括上海美钻、重庆前卫,宝鸡石油机械有限责任公司、江汉石油钻头股份有限公司等,这些公司仅限于本体机械部分,与之配套的控制系统只能依靠进口;部分厂商也代工生产某些水下高端产品的关键设备,但仍然缺少水下采油树的独立设计能力。通过国家级、省部级和中国海油科研项目支持,上海美钻、重庆前卫、宝鸡石油机械有限责任公司、江汉石油钻头股份有限公司都已经生产出水下采油树样机,但是离实际工程应用还有一段距离。

(3) 水下管汇

水下管汇是水下处理分配的中心设施,从只有几个出口的简单集成组件,到包括整合阀门和电源通信接口的多组件流体控制单元。水下管汇的类型主要为基盘式管汇和海管终端管汇等。

典型的水下管汇如图 1-14 所示。

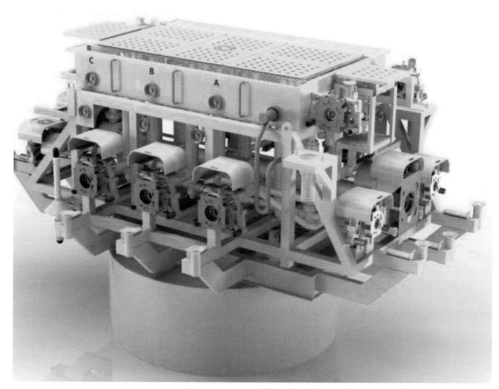

图 1-14　水下管汇示意图

1995 年中国海洋石油集团有限公司(简称"中国海油")与阿莫科东方石油公司采用水下生产技术联合开发流花 11-1 水下油田以来,已经相继开发了陆丰 22-1、惠州 32-5、惠州 26-1N 水下油田,为今后深水油气田的成功开发提供了宝贵经验。2006年,我国第一口水深接近 1 500 m 的荔湾 3-1-1 井成功钻探,标志着中国海油实现了勘探领域由浅水向深水的历史性跨越。2009 年 2 月 25 日,备受业界关注的荔湾 3-1含气构造上的第一口评价井荔湾 3-1-2 成功完井,进一步证实了这一海域深水天然气的重大发现。

近年来,我国也开展了水下管汇样机工程应用方面的尝试,流花 4-1 桥接管汇由FMC 公司进行设计,由深圳巨涛海洋石油服务有限公司建造完成;崖城 13-4 简易管汇由深圳海油工程水下技术有限公司设计并建造完成,该简易管汇首次使用了国产水下连接器,这些都为我国自主进行管汇设计与建造奠定了良好的基础。目前,管汇上的关键部件如阀门、连接器、传感器、控制模块等依托"十三五"国家科技重大专项等科研项目进行产品研发。

（4）水下控制系统

水下控制系统是水下生产系统的关键部分，主要用来监控水下设备。水下控制系统控制管汇、采油树等水下设备上的阀门，采集温度、压力、流量等数据。除了满足基本操作功能外，在设备及控制信号失效或其他安全隐患发生的情况下，控制系统还必须具备自动安全关断的功能，例如在阀门关闭后出现液压压力损失，需要安全关断。

在海底被执行的各种控制指令来自上部设备（平台或浮式系统），所以合适的响应时间对控制系统是非常重要的，它会动态影响操作的安全性和可靠性。

为了确保水下系统的安全可靠，控制系统的设计、操作、测试等必须遵循业界、国家及国际标准，接受严格的质量审查，例如失效模式、影响及危害性分析、工厂验收测试、可靠性及可维护性等。

水下控制系统类型有直接液压系统、先导液压系统、复合电液控制系统和全电控制系统。从宏观上讲，水下控制系统的主要设备有水面设备和水下控制模块。水面设备包括主控站、电力单元和液压动力单元；水下控制模块是水下生产系统的水下控制中心，承上接收水面主控站的命令，启下采集水下传感器数据和执行控制命令。

目前，我国海上油气田开发过程中所用的水下控制系统主要依赖于国外 OneSubsea、TechnipFMC、Aker Solutions 和 BHGE 等公司提供的设备。国内相关企业和科研院所也正在利用各类科研项目开展水下控制系统关键技术和样机研制。

（5）脐带缆

脐带缆作为水下生产系统的主要设备之一，是连接上部设施和水下生产系统之间的"神经、生命线"，在两者之间传递液压、电力、控制信号、化学药剂等，目前已经被成功地应用于浅水、深水和超深水领域，为水下油气资源开发和生产提供支持。根据油气田工程实际需求、已有依托设施及装置预留情况、外部管径条件及用户要求，脐带缆包含的单元类型、每个单元的具体数量存在较大差异。因此，脐带缆产品是典型的单件定制产品。根据内部含有单元类型不同，脐带缆可分为电缆脐带缆、液压脐带缆、光纤脐带缆、电液复合脐带缆、电光复合脐带缆、液压光纤复合脐带缆、光电液复合脐带缆、集成应用脐带缆（除包含光电液单元外，还包含油气通道）。根据脐带缆应用工况不同，可以分为静态脐带缆和动态脐带缆。

当前国外脐带缆设计与制造具有代表性的公司主要有 Nexans、Aker Solutions、JDR、TechnipFMC、Oceaneering 等，这些大型公司较为全面地掌握了脐带缆的设计理论和设计方法。国内脐带缆的生产严重滞后于国际发展及国内实际需求，直到"十一五"期间才开展了脐带缆生产关键技术攻关研究。

（6）水下阀门及执行机构

水下阀门是安装在海底管道及水下结构物内管道（包括油气管道及化学药剂注入管、液压管等）上的流体控制部件。水下阀门能够实现的功能包括：导通、截断物流（开关阀);调节物流流量、压力(调节阀,如油嘴);在多路分支之间进行切换(多路选择阀)。

水下阀门工作环境苛刻,且可靠性要求高(15~25 年免维护),属于附加技术含量较高的产品。目前全球海底管道应用的水下阀门市场多被 Cameron(OneSubsea)、ATV、PetroValve、Magnum 等公司占领,国内还没有成熟的生产商。"十二五"以来,随着国家海洋战略的提出以及国内海上油气开发由浅海向深海的跨越,依托各类科研项目,已经有多家公司开展了水下阀门产品的研发。虽然有部分产品即将应用于我国南海某水深150 米级工程项目,但适用于 500 m 及以上水深、带液压及 ROV 执行机构的国产化水下阀门仍没有成熟产品,需要继续进行技术攻关,以及在国内建立相关毛坯、零部件供应链。

目前油气输送管道应用最为广泛的是水下闸阀和水下球阀,典型的水下闸阀、水下球阀如图 1 - 15 所示。

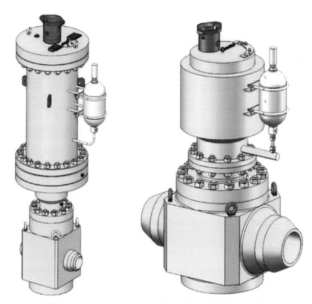

图 1‒15　水下闸阀及水下球阀(带执行机构)

3) 深水流动安全保障技术

随着深水油气田开发水深增加,水下回接距离不断延长,国外已投产深水气田远距离回接距离约 150 km,深水油田回接距离约为 70 km;深水恶劣自然环境、低温高压的流体介质特性,使油藏、井筒、水下设施、海底管道和下游设施等油气集输系统和高黏、含蜡原油带来的流动安全问题成为世界深水油气田开发流动保障技术瓶颈。由于多相流自身组成、海底地势起伏、运行操作等带来的一系列问题如固相生成(水合物、析蜡)、段塞流、多相流腐蚀、固体颗粒冲蚀等已经严重威胁到生产的正常进行和海底生产系统和混输管线的安全运行,由此引起的险情频频发生。固相生成不仅使原有的多相流动更加复杂,而且可能造成管线部分堵塞,目前技术发展阶段阻塞点定位和处理都很困难,其带来的后果严重,维修费用也相当惊人。通常发生海底混输管线立管段的严重段塞流不仅使上下游设备处于非稳定工作状态,而且还容易引发管线、连接部件的不规则振动,甚至发生严重的流固耦合问题,直接威胁中心平台或油轮的安全。随着水深增加,深水立管长度的增加,回接管道距离增加,不平整海床引起的起伏段塞以及清管和停输再启段塞都将是制约深水流动体系安全运行的主要因素;而海底混输管道输送的多是未经净化处理的多相井流,即含有 H_2S、CO_2 等酸性介质的多相流引起的冲刷腐蚀成为一种涉及面广且危害很大的腐蚀类型,近年来已经逐步成为腐蚀和多相流科学中的研究热点。

由于水下生产系统水下井口压力的限制以及水下系统回接时输送的生产流体介质是没有经过处理的多相混合物(含天然气、原油、水,以及沙、沥青和胶质等固相沉积物),而且在生产的不同阶段,多相混合物的组成也各有不同,使得水下系统直接回接时在回接管道中会出现复杂的多相流动,如果在水下不加以处理,会引起复杂的流动安全问题(如水合物、段塞流、腐蚀、乳化、蜡沉积等),导致所需井口压力很高,使得回接距离受到限制,降低油气产量、缩短开采周期,增加开发投资成本和运行费用。因此,为提高水下回接距离、降低井口压力、增加油气产量、延长开采周期,降低整个油气田的开发成本和运行费用,世界主流趋势是采用水下处理和增压技术,将水下生产系统采出的流体介质在水下进行油气处理和增压,包括水下分离、水下多相泵(主要针对油田,又可分井下多相泵和泥线以上多相泵)、水下压缩机(主要针对气田,又可分水下干气压缩机和水下湿气压缩机)等技术和设备。由于水深和复杂流体的限制,水下处理和增压技术、设备比水面以上(如平台或陆地)复杂,需要考虑设备的承压、密封、控制、安全可靠性等诸多问题,目前水下多相泵比较成熟,很多公司有相关成熟的水下多相泵产品。现在世界上有近 100 套水下多相泵(不包括井下多相泵)投入应用,有超过 50 多项水下增压项目。我国南海陆丰 22-1 深水油田已成功使用水下多相泵。

目前我国一些科研院所和企业在多相管流输送的计算模拟和环路建设方面取得了一定进展,如西安交通大学国家重点实验室、中国石油大学、大庆油田设计院等已经建成了室内、室外大型多相流常规流动特性实验环路,具有立管段塞流模拟能力,但这些实验室都存在装置规模小、功能比较单一,大多仅适用于机理研究,因此迫切需要建立适合于我国南海深水油气田具体特点的流动安全实验研究基地。在"十一五"至"十三五"期间,中海油研究总院有限责任公司牵头联合国内外科研院所,借助国家科技重大专项、"863"计划和中国海油综合科研课题,突破了深水流动安全保障核心关键技术,基本建立了室内实验研究系统,基本掌握了深水气田流动安全工程设计方法,自主研制了系列段塞监测和智能控制装备、技术,研制了海上气田流动管理系统,包括水下虚拟计量、水合物沉积、液体预测和堵塞、泄露报警等,目前海上智能段塞节流控制系统、管式流型分离与旋流分离技术、天然气减阻输送技术、虚拟计量技术等已经应用于海上油气田现场,形成了 1 500 m 水深以内的深水气田流动安全工程设计技术体系,具备完全独立设计研发能力,可以服务于国内及海外深水油气田开发需求。

4) 深水海底管道和立管技术

在深水油气田开发中,海底管道越来越长,管径越来越大,立管型式多样,耐恶劣环境能力的要求越来越高,深水海底管道和立管的设计与评估技术将会越来越受到重视。

在国内,除柔性立管已在南海 300 m 水深 FPSO 得到应用外,其他几种常见的深水立管型式如钢悬链立管(steel catenary riser,SCR)、顶张紧式立管(top tension riser,TTR)和混合式立管还没有工程应用,南海多个项目正在开展 TTR 和 SCR 工程应用可行性和方案研究。随着南海深水油气田开发步伐加快,这些立管型式将很快得到工程应用。软管良好的动态性能使其在深水恶劣海洋环境条件下得到广泛应用,"十一五"到"十三五"期间,中海油研究总院有限责任公司牵头联合国内相关单位已开展这方面攻关研究,并取得一系列关键技术突破。

目前国外已形成了 3 000 m 水深以内的管道设计、建造、安装铺设、维护管理技术及装备能力,并已在西非、墨西哥湾、北海等海域经过了大量工程项目的实践应用。如英国石油公司自 2000 年以来在墨西哥湾投资开发建设的水深范围 114.3~185.4 m(4 500~7 300 in)的 Holstein、Mad Dog、Atlantis、Thunder Horse 几个油气田,经过 INTEC、Heerema 等公司的共同努力,成功地完成了 41~46 cm(16~18 in)管道设计、建造、铺设安装工作,并借此积累了非常成功的经验。INTEC、Saipem、Snamprogetti、J P Kenny 等公司均具有 3 000 m 水深以内管道设计的能力。2H Offshore、Fugro、Insensys、RTI 等公司在深水管道系统监测、检测、维护管理及完整性管理方面,都有其独到、可行且实用的检测设备、手段及分析评估方法。Saipem 公司半潜式动力定位铺管船"Saipem 7000"、Heerema 公司动力定位铺管船"Balder"均已经具备 3 000 m 水深管道铺设能力。

我国因海洋石油开发建设起步较晚,目前的实践经验仅在 300 m 水深之内,如流花11-1 油田的立管,水深为 300 m。从"十一五"开始,中国海油牵头开展了国家科技重大专项"深水海底管道和立管工程技术"和"863"计划项目"深水立管工程设计关键技术研究"等课题的攻关,已经对国外深水海底管道和立管的发展趋势有了较为全面的了解,具备了自主开发深水大型油气田海底管道和立管工程设计、建造、安装、涂敷、预制能力,通过自主研发基本掌握了顶张紧式立管、钢悬链立管和塔式立管的设计、建造和安装铺设技术;在立管涡激振动及抑制措施、抑制效率方面,通过大量的水池试验取得了突破性的认识和进展;同时依靠国内力量,成功研制了可模拟 4 300 m 水深高压环境的深水海底管道屈曲试验的专用试验装置,成功研制了具有国际领先水平的可模拟均匀和剪切来流的立管涡激振动响应试验装置,成功研制了既能实现刚性立管加载,也能实现柔性立管加载的卧式深水立管疲劳试验装置,这些试验装置为今后深水海底管道和深水立管的研究和设计提供了必要的试验条件。

1.4.5 我国深水应急救援装备和技术

海洋油气开发是高风险的产业,特别是在墨西哥湾漏油事件之后,海上灾害事故后的应急救援装备和技术越来越受到业界重视。在深水油气田开发应急救援装备方面,针对深海石油设施溢油事故、海上井喷应急救援系统和海上油气田水下设施应急维修作业保障装备等方面的研究开发显得非常迫切。用于海上应急维修的设备主要包括HOV、ROV、AUV,以及常压潜水系统(atmosphere diving suit,ADS)等。

2009年墨西哥湾漏油事件发生后,井喷失控应急响应要求给行业和政府带来很大的压力,深水油气田开发政策有新的变化,促进了海洋油气开发应急救援装备和技术的发展,其中最重要的是水下应急救援封井回收系统。墨西哥湾漏油事件后,美国政府要求石油公司必须有相应应急救援能力才能获得深水钻井许可证书,美国石油学会在2014年颁布了API RP 17W,规范了水下封井装置的设计、建造、使用要求。海上井喷应急救援配套的船舶主要有应急响应救援船、应急救援多功能工程船及专业环保船。

我国已具有一定的水下运载装备技术研发能力,形成了一支研究队伍。通过"863"计划的持续支持,我国先后自主研制或与国外合作研制了工作深度从几十米到6 000 m的多种水下装备。在这些水下运载器的研制过程中,通过引进消化吸收国外先进技术,提升了相关的制造和加工能力。在深海作业系统开发、水下生产系统测试及虚拟仿真技术、海洋作业与探测、潜水器系统开发、水下环境建模以及相关的基础理论方面已有较好的研究基础,近年实施的"863"计划重点项目、国家科技重大专项和大量的相关工程项目取得了一定进展。

在水下应急封井回收系统方面,目前我国开展了一些海上井喷事故预防和应急救援的技术研究,部分科研成果进行了试验并初步进行推广应用,也初步建立了一套应对浅海石油开发事故的抢险系统,使我国海上油气田井喷、井漏等主要事故预防及处理水平不断提高。然而,对深水应急救援系统的建设才刚刚开始,整体上无法满足我国深水油气开发的需求。我国目前海洋油气开采重大事故防控技术总体水平落后于发达国家,井喷等重大事故防控技术和应急装备能力还比较薄弱,随着国家建设海洋强国战略推进,迫切需要研究海洋油气开采重大安全事故防控技术和应急装备。

1) 水下应急封井回收系统

目前世界石油行业有7家应急救援组织,形成了17套水下封井装置方案,包括MWCC公司的水下油井封井系统、Helix公司快速响应系统和Wild井控公司的油井封井回收系统等。各家水下应急救援封井回收系统配置不同,但均由海面支持船、立管和控制管线、水下应急封井装置等组成。

目前国内已开始进行水下应急救援封井回收系统的研发,并取得一定成果。中海油和国内厂家共同进行了API RP 17W标准的采标工作。目前中国海油已联合国内厂家、研究院、高校开展深水油气开采应急救援平台的建设,并开展了关键装备——水下封井器的研制。

2) 潜水器

(1) HOV

HOV 是人类实现开发海洋、利用海洋的一项重要技术手段。它能够运载科学家、工程技术人员、各种电子装置及特种设备快速、精确地到达各种深海复杂环境,进行高效的勘探、科学考察和开发作业。现在大多数 HOV 属于自由自航式潜水器,自带能源,在水面和水下有多个自由度的机动能力,主要依靠耐压体或部分固体材料提供浮力,最大下潜深度可达到 6 000～7 000 m,机动性好,运载和操作也较方便。但其缺点是,由于自带能源,因此水下有效作业时间有限,作业能力也有限,且运行和维护成本高、风险大。

人类利用 HOV 征服海洋已经走过了几十年的历程,由于它能够将科学家和工程技术人员带到海底现场,近距离地观察和作业,其发展受到各个国家的高度重视,法国、俄罗斯、日本、美国等均拥有 6 000 米级别的 HOV。这些装备充分发挥了人在现场的主观能动性和创造力,在地质、沉积物、生物、地球化学、地球物理等方面取得了大量的重要发现。

我国首台自主设计、自主集成的 HOV"蛟龙号"于 2011 年 7 月 26 日成功完成 5 000 m 水深试验,下潜最大水深达 5 057 m,创造中国载人深潜新的纪录。2012 年,"蛟龙号"成功下潜至 7 062 m 的深度,这是"蛟龙号"最大设计下潜深度,也是世界上同类型 HOV 的最大下潜深度纪录,这意味着"蛟龙号"可在占世界海洋面积 99.8% 的广阔海域自由行动。它具有针对作业目标稳定的悬停定位能力,这为潜水器完成高精度作业任务提供了可靠保障。"蛟龙号"具有先进的水声通信和海底微地形地貌探测能力,可以高速传输图像和语音,探测海底的小目标。它配备了多种高性能作业工具,确保能在特殊的海洋环境或海底地质条件下完成保压取样和钻井取芯等复杂任务。"蛟龙号"未来的使命包括运载科学家和工程技术人员进入深海,在海山、洋脊、盆地和热液喷口等复杂海底有效执行各种海洋科学考察任务,开展深海探矿、海底高精度地形测量、可疑物探测和捕获等工作,并可以执行水下设备定点布放、海底电缆和管道的检测以及其他深海探询及打捞等各种复杂作业。

"深海勇士号"是国家的第二台深海 HOV,它的作业能力达到水下 4 500 m。"深海勇士号"虽然作业水深低于"蛟龙号",但"深海勇士号"是在"蛟龙号"研制与应用的基础上,进一步提升载人深潜核心技术及关键部件的自主创新能力,关键部件实现 91.3% 国产化。

(2) ROV

ROV 对于深水油气资源开发是非常重要的支撑工具。ROV 可以突破深水屏障,进入深、冷、暗、环境复杂多变的海底作业。由于水太深,无论潜水员着何种装具,也无法在深水长时间完成重负荷复杂作业。因此,深水油气装备的建设、监测、控制、维护及生产过程的安全保障等许多工作可由水下机器人来完成;在深水油气开发、生产的整个过程中,需要不同类型、不同功能、不同作业能力的多种 ROV 轮流作业。可以在海洋油气钻探、开采作业中发挥实时监测、监控、检查、修复等作用,还可以安装较复杂的海底设备,监测、控制井口的流量、压力,观测析出气体和防止井喷,利用海底成套设备把各处的油井连接成为一体,检查海底管道等。

大深度 ROV 是包含大量关键技术的复杂系统,可以实现深海长时间、大功率、精细作业,在我国海洋资源开发、海洋权益维护等方面具有不可替代的重要作用。我国在该技术领域长期受西方发达国家制约,在 20 世纪 80 年代我国就已经将研制的 ROV 应用到石油钻井平台上,在海上安装支持、钻井支持、单点锚链和海底管道检查、导管架检查等方面积累了丰富的 ROV 作业经验,解决了大量工程实际问题。

沈阳自动化研究所是国内外有影响的研究与开发水下机器人并形成产品的科研实体之一,首创我国第一台有缆遥控和无缆自治水下机器人。从某种意义上讲,沈阳自动化研究所的水下机器人各阶段的技术成果代表了我国在这一技术领域的发展水平。

上海交通大学在 2011 年 8 月成功研制了 3 500 m 观测和取样型"海龙"ROV 系统。"海龙"系统由 ROV 本体、脐带管理系统、水面监控动力站、升沉补偿绞车等子系统组成,携带两个大型机械手、完备的深海摄像和声学探测系统、深海取样工具包,具有丰富的设备搭载能力。该系统采用了推力矢量、虚拟监控、升沉补偿、自动控制等先进技术,其总体性能达到国际先进水平。

"海龙"曾创下我国 ROV 最大 3 278 m 的深潜纪录,2009 年首次应用就在东太平洋 2 770 m 处发现了巨大深海黑烟囱并取回样品,并在以后的大洋航次中发挥了重要作用。"海龙"的应用标志着我国成为国际上少数能使用 ROV 开展大洋中脊热液调查和取样研究的国家之一,实现了我国大洋科考从粗放式到精确观察取样阶段的跨越,对我国走向深海具有极重要的意义。

海洋石油工程股份有限公司目前拥有多型、适应不同水深的 ROV 设备 8 台,其中 5 台工作水深为 1 000 m、2 台工作水深达 3 000 m,具体 ROV 系统的技术参数及配置见表 1-8。

表 1-8　ROV 系统

类型	级别	数量/台	功率/kW	深度等级/m	TMS 情况	机械手
Panther Plus939/940	观察级	2	55(75 hp)	1 000	Panther939 带	2×6F
Quark	工作级	1	55(75 hp)	1 000	不带	5F
Venom	工作级	1	75(100 hp)	1 000	不带	5F、7F
Quantum13/14	工作级	2	110(150 hp)	1 000	不带	5F、7F
Quantum18/19	工作级	2	110(150 hp)	3 000	带	5F、7F

（3）AUV

我国从 20 世纪 80 年代开展 AUV 的研制工作,90 年代初"探索者号"1 000 m AUV 研制成功,标志着我国在 AUV 的研究领域迈出了重要的一步。在积累了大量试验数据和经验的基础上,90 年代中期"R-01"6 000 m AUV 研制成功,并于 1995 年和 1997 年两次在东太平洋下潜到 5 270 m 的洋底,调查了赋存于大洋底部的锰结核的分布与丰度情况,拍摄了大量的照片,获得了大量洋底地形地貌、底质数据,为我国在东太平洋国际海底管理区成功地圈定了 7.5 万 km² 的海底专属矿区。

（4）ADS

国内在 ADS 研制方面进行了多年的攻关,由于难度较大,进展较为缓慢,目前对于研制工作目标水深为 300 m 的工程实用化 ADS 尚有一段距离。中国船舶重工集团公司第 702 研究所分别在 1987 年和 1992 年研制成功了"QSZ-Ⅰ型""QSZ-Ⅱ型"单人 ADS。中国船舶重工集团第 702 研究所目前设计完成了水深为 600 m 的 QSZ-Ⅲ型单人 ADS 以及设计水深达 1 500 m 的"半人形"ADS 的研制。

3）应急救援船

中国石油海上应急救援响应中心有"中油应急 101""中油应急 102""中油应急 103""中油应急 202""中油应急 302""中油应急 307"等多功能应急工作船,这些应急工作船具备溢油回收及垃圾清除、海上溢油围控布设、拖带围油栏、喷洒浮油分散剂、消防灭火、人员搜救等功能(不同船舶功能配置不同),例如"中油应急 202"配备高性能雷达和两门消防炮,泡沫舱容积满足 30 min 灭火需要。

中国海油有 5 艘专业型溢油环保船,溢油回收总能力 900 m³/h,总污油回收舱容积 2 760 m³。"海洋石油 251"是国内第一艘专业溢油回收环保工作船,从规范法规方面,"海洋石油 252""海洋石油 253"环保工作船的设计、建造促使中国船级社修改了关于浮油回收船的补充规定,并且通过了大连溢油实战的检验。在溢油回收效率方面,"海洋石油 251""海洋石油 252""海洋石油 253""海洋石油 255""海洋石油 256"装备了先进的回收设备,真正意义上实现了机械化、自动化收油,做到收存一体。在应急指挥方面,船上配有溢油监测雷达,能够实时监控溢油污染带,可指挥其他船舶协同作业;专业环保船配备有专用的溢油监测雷达,能主动监测海面溢油;作为国内首次采用两侧内置式收油机,环保船极大地提高了溢油应急响应的速度与效率,油污回收能力达到 200 m³/h,回收舱容 550 m³,收油能力强,反应速度快,保证溢油回收不受油的黏度与厚度的影响,并解决了海上测试井液接收和反输问题,同时兼具消防、救生、现场守护等功能,对溢油应急能力建设是极大的提升,将溢油应急事故的处置提升到了一个新的高度。

1.5 我国南海深水油气田开发面临的挑战

我国东南两面临海,属于一个陆海兼具的国家。渤海、黄海、东海和南海是我国海洋区域的主要组成部分,东西横跨经度 32°,南北纵跨纬度 44°。按照国际法和《联合国海洋法公约》的有关规定,我国拥有广阔海域面积,接近陆地面积的三分之一,拥有丰富的海洋资源,尤其资源沉积盆地约 70 万 km^2,石油资源存储量为 240 亿 t 左右,天然气资源为 14 万亿 m^3。其中,南海海域尤为重要,有"石油宝库"之称。

我国南海深水油气田开发面临比其他海域更大的挑战,如恶劣的海洋环境条件(内波和台风)、复杂海底地形和工程地质条件(大、高、差)、离岸距离远(远距离控制和供电)、复杂的油气藏特性(高温、高压)、高压和低温的深水环境、海上突发事故的应急救援以及南海中南部油气开发远程补给问题。

具体包括:

(1) 恶劣的自然环境和复杂的地质条件

南海有频繁的台风、热带风暴、冬季季风,海底为砂脊砂坡,工程地质条件复杂。表1-9 为南海与国际上几个典型海域环境条件的比较。

表1-9 南海与国际上几个典型海域环境条件比较表

名 称	10 年				100 年		
	墨西哥湾	西非(安哥拉海)	巴西	南海	墨西哥湾	西非(安哥拉海)	南海
有义波高/m	5.9	3.6	6.9	9.9	12.2	4.4	12.9
谱峰周期/s	10.5	14～18	14.6	13.5	14.2	14～18	13.7
1 min 风速/(m·s⁻¹)	25	5.7	22.1	41.5	39	5.7	41.5
表面流速/(m·s⁻¹)	0.4	0.9	1.7	1.38	1	0.9	2.09

(2) 油气藏特性复杂、超深水 3 000 m、埋深大于 5 000 m

南海深水油气藏不仅水深、埋深大,而且有高含量二氧化碳、高凝点、高温高压等特性,具体如下:

① CO_2 含量高,一般为 3%～46%,最高可达 85%;

② 高凝点,平均 32℃,最高可达 45℃;

③ 高温高压，莺琼盆地 249℃，莺歌海盆地最高压力可达 100 MPa。

表 1-10 给出了南海莺歌海地区与墨西哥湾、北海谢尔瓦特油藏参数比较，从表中可以看出南海油藏埋藏更深、温度压力更高。

表 1-10　南海莺歌海地区与国际上几个典型油藏参数比较表

地　　区	油藏埋深/m	井底温度/℃	所用泥浆密度/(g·cm^{-3})
美国墨西哥湾	4 500	204.4(400 F)	2.13(17.8 ppg)
北海谢尔瓦特	5 334	198.9(390F)	2.27(18.9 ppg)
南海莺歌海	5 638	249(480F)	2.38(19.8 ppg)

（3）水下关键设备主要依赖进口

由于我国水下关键设备自主研发起步晚，核心关键技术尚未全面突破，设备设施工程试验测试系统及技术体系尚未建立，严重制约了水下关键设备（水下采油树、水下控制系统、水下分离及增压设施等）国产化进程。

（4）缺乏深水工程经验

由于深水油气资源开发起步较晚，我国目前没有深水平台，缺乏深水工程实践应用，缺乏工程经验，与国外先进水平相比存在较大差距。

1.6　展　　望

2000 年深水项目的水深通常在 600～800 m，现在超深水项目（水深超过 1 500 m）的增长速度超过了大陆架项目。超深水项目的产量占深水项目总产量的一半以上，其中大部分增长来自巴西、圭亚那和美国的优质石油资产，巴西和美国占主导地位，尼日利亚、安哥拉和澳大利亚也举足轻重。到 2025 年，巴西的桑托斯盆地和圭亚那的斯塔布鲁克区块将带来 250 万桶/天的新增石油产量。

2019 年全球深水油气业迎来里程碑——产量首次超过 1 000 万桶油当量/天，并将继续增长，2025 年深水油气资源产量将达到 1 450 万桶油当量/天。

快速发展的海洋科技与工程装备极大提高了海洋油气勘探开发能力。统计显示，全球海洋油气勘探水深从 100 m 到 1 000 m 历时近 20 年，从 1 000 m 到 2 000 m 历时约 10 年，从 2 000 m 到 4 000 m 历时 5～8 年。目前，海洋油气开发生产实际作业最大水深已达 3 000 m。深水油气勘探开发技术正向自动化、海底化、工厂化和多功能化方向发展,高分辨三维地震技术、四分量/四维地震技术、大位移水平井及分支井技术、智能钻完井技术、深水作业平台及水下开发技术、油气集输技术、海上安装与海底铺管技术、浮式 LNG 技术等的应用日益广泛。

随着深水油气地质理论创新和工程技术装备水平不断提高,未来世界海洋油气资源开发将不断向更深更远的海域拓展,开发成本持续下降,深水油气竞争力不断增强,将成为世界油气增储上产的主力来源之一。预计未来 10～20 年,全球深水油气勘探作业水深记录将突破 4 000 m,甚至有望突破 5 000 m。

第 2 章　深水油气田开发的典型工程模式

深水油气田开发不同于浅海油气田开发,它具有更高的技术风险和经济风险,一般呈现以下特征:海洋环境恶劣、离岸远、水深增加将使平台负荷增大、平台类型多种多样、钻井难度大和费用高、海上施工难度大、费用高和风险大、油井产量高。由于上述特点及浮式平台的多样性,深水油气田开发工程模式也呈现多种多样的特点,因此深水油气田开发模式面临更多的方案选择,确定经济合理的油气田开发工程模式是前期研究阶段的主要任务。

深水油气田开发模式可以根据采油方式不同分为干式采油、湿式采油和干湿组合式采油三种。干式采油是将采油树置于水面以上甲板,井口作业(包括钻井、固井、完井和修井等)均可在甲板进行,井口布置相对集中,平台甲板为了容纳水上采油树的井槽需要足够大的甲板面积,其大小取决于井数和井间距,上部设备只能布置在井区周围,甲板设置大量的生产管汇和可滑移的钻机(或修井机),因此甲板面积需求较大。湿式采油是将采油树置于海底或水中,所有的井口作业(包括钻井、固井、完井和修井等)均需要在水下进行,水下井口分散布置,平台需要设置立管、水下防喷器(BOP)和水下采油树通过的月池,立管和BOP的操作及存放需要较大的甲板,但管汇集成在水下,钻机(修井机)固定,所以甲板面积相对较小。干湿组合式采油模式是将湿式采油和干式采油联合应用的开发工程模式,如果地质油藏分布呈集中和分散的双重特征,一般需要采用干湿组合式采油模式。

深水油气田开发模式还可以按照油气处理的位置、是否有海底管道和终端等情况,分为半海半陆式和全海式。半海半陆式是指海上油气需要通过海底管道集输系统到陆上终端进行油气处理。全海式是指全部油气处理都在海上,不需要铺设海底管道,也不需要陆上终端。

深水油气田开发模式的两种分类方法分别从不同的角度进行分类,相互补充,前者更适合于深水油气田开发,后者适合于深水和浅水油气田开发。深水油田和气田由于油气藏性质不同,开发工程模式也会有所不同,本章主要介绍深水油田和深水气田中湿式采油、干式采油两种开发模式。

2.1 深水油田开发的典型工程模式

2.1.1 干式井口为主的深水油田开发典型模式

1) TLP/SPAR+FPSO

TLP/SPAR作为干式井口和钻/修井平台,在FPSO进行油气处理,处理的原油用穿梭油轮外运。该开发模式只适用于油田,是一种全海式开发模式。美国埃克森美孚公司(ExxonMobil)在安哥拉的 Kizomba 油田采用 TLP + FPSO 开发模式。美国摩菲公司(Murphy)在南海中南部的 Kikeh 油田(水深 1 300 m)采用 SPAR + FPSO 开发模式,如图 2-1 所示。

图 2-1　SPAR + FPSO 开发模式

2) TLP/SPAR+外输管道

TLP/SPAR 既作为干式井口、钻/修井平台,又作为原油处理平台,处理后的原油通过外输管道到终端,是一种半海半陆式开发模式。壳牌公司在马来西亚海域 Malikai 油田(水深 470 m)采用 TLP+外输管道的开发模式,如图 2-2 所示。

将 TLP/SPAR 作为干式井口,放在油藏比较集中的区域实现干式采油,同时将距离分散的油田通过水下井口的方式回接到 TLP/SPAR,实现更大区域的油田开发,通常在油藏比较集中的区域采用 TLP/SPAR 干式采油,待后期产量下降后,将距离稍远的油田通过水下回接到现有干式井口平台 TLP/SPAR。

壳牌公司在墨西哥湾用水下系统开发 Oregano 油田,水下系统回接到离 GB 426 块 12.9 km(8 mile)的 Auger TLP 平台。该系统于 2001 年 10 月投产,产量为 1.1 万桶原油/天,最大日产量达到 2 万桶原油。

2.1.2　湿式井口为主的深水油田开发典型模式

1) 水下生产系统+FPSO

FPSO 无法实现干式采油,通过水下井口回接到 FPSO 可实现深水油田开发。水下

图 2-2　TLP＋外输管道

井口可以是直接回接到 FPSO,也可以是多个水下井口通过管汇后再通过管道回接到
FPSO,在 FPSO 上进行原油处理储存后定期实现外输,是一种全海式开发模式。水下
井口只能通过钻井船或半潜式钻井平台等实现预钻井,修井需要采用专门的修井装置
来实现。我国南海的陆丰 22-1 深水油田(水深 330 m)采用水下生产系统＋FPSO 开
发模式,如图 2-3 所示。

　　2) 水下生产系统＋FPSO＋SEMI-FPS

　　该工程开发模式类似水下生产系统＋FPSO,不同之处是通过 SEMI-FPS 实现水
下井口的钻井和修井服务,同时 SEMI-FPS 可为水下生产系统提供电力、化学药剂等
供应,是一种全海式开发模式。我国流花 11-1 油田(水深 300 m)是典型的生产系统＋
FPSO＋SEMI 开发模式,如图 2-4 所示。

　　3) 水下生产系统＋FPSO＋外输天然气管道

　　该工程开发模式适合于天然气量比较大的深水油田,是一种半海半陆式开发模式。
FPSO 无法实现干式采油,通过水下井口或管汇回接到 FPSO,在 FPSO 上进行油气处
理,处理后合格的原油储存在 FPSO,之后定期通过穿梭油轮外输,处理后满足管道输送
的天然气进入天然气管道进行外输。中国海油在尼日利亚的 Akpo 深水油气田采用这
种开发模式,见图 2-5。该油气田采用水下井口回接到 FPSO 进行油气处理,原油通过
穿梭油轮外输,天然气通过 150 km 的海底管线输送到 Amenam/Kpono 浅水平台,再和
浅水平台的天然气混合后输送到终端 Bonny LNG 厂进行处理。

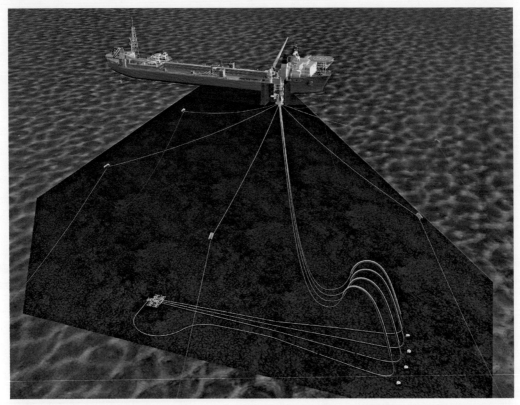

图 2-3　陆丰 22-1 水下生产系统＋FPSO 开发模式

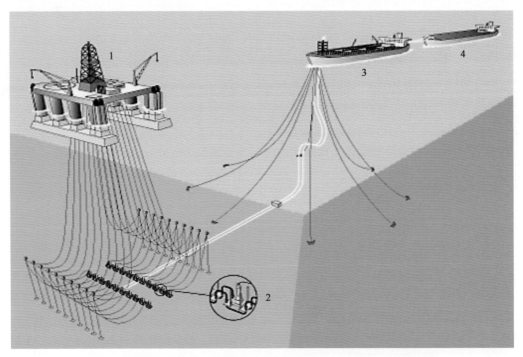

图 2-4　流花 11-1 油田水下生产系统＋FPSO＋SEMI-FPS 开发模式

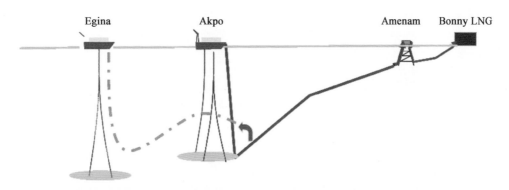

图 2-5　Akpo 深水油气田的开发模式

4）水下生产系统+FDPSO

该工程开发模式类似于水下生产系统+FPSO，FDPSO 是一种具有钻井、修井、处理、储存和装卸于一体的装置。目前世界上仅有一艘 FDPSO 投入运行，摩菲公司在西非刚果 Azurite Marine 油田采用了水下生产系统+FDPSO 工程模式，见图 2-6。

（1）FDPSO 特点

① 可用旧船体改装而成，初始投资低，建造周期短，可以缩短油田的早期开发时间。

② 具有钻完井功能，在开发初期用于钻完井作业，后期可以用于修井作业，不必租用钻井船，可以节省钻井费用。

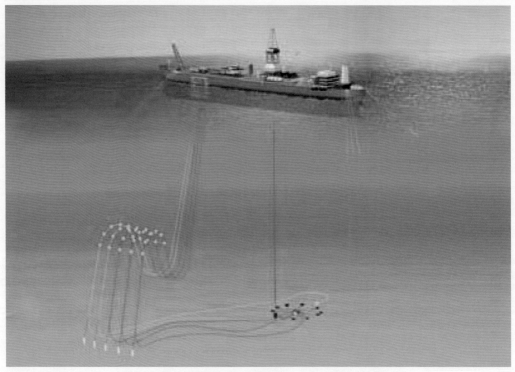

图 2-6 Azurite Marine 油田的 FDPSO 开发工程模式

③ 具有处理和储存原油的能力,适于遥远深水海域没有管线或没有现有基础设施可利用的油田的开发或油气田的早期开发。

④ 可适于边际油田的开发,具有回收快、可重复利用、利于保护环境等优点。

⑤ 与其他浮式生产设施比,FDPSO 可提供较大的甲板使用面积,在其上可安装各种生产设施和设备,如分离器、脱水器、水处理、火炬臂、化学注入、压缩机、附加动力装置等。

⑥ FDPSO 对水深不敏感,有非常宽广的水深适用范围。

⑦ FDPSO 可以根据油田的规模增大尺寸,从而提高原油处理和储存能力,而在总投资上不会有大幅度的提高。

(2) FDPSO 不足

① 目前绝大部分用于油田开发。

② 采用湿式采油树,没有直接操作海底油井的可能。

③ 船体在中部开月池,对船体强度有削弱。另外,FDPSO 长期系泊在固定地点,不能定期进坞维修保养,长期处于交变载荷作用下,因此对其耐波性要求高,要求船体要有较高的抗疲劳强度,以防止发生疲劳破坏。

④ FDPSO 使用多点系泊系统,不能适用于恶劣的海洋环境条件;钻井作业需要配备动力定位系统,前期改造费用高。

FDPSO 目前仅在西非海域得到实际应用,能否推广到世界其他海域需要做进一步研究,因为世界其他海域的海洋环境条件与西非海域有较大的区别,还需要解决FDPSO 在恶劣海况下的钻井作业和长期系泊等问题。

目前世界上仅有 1 艘 FDPSO 正式投入运行,国内 FDPSO 研究从 2008 年开始,由中国海油牵头依托国家科技重大专项进行 FDPSO 装置关键技术攻关,通过"十一五"和"十二五"的攻关,初步突破了 FDPSO 装置的关键技术,完成了储油量 15 万吨级船型FDPSO 方案设计和储油量 5 万吨级八角形/半潜式 2 型 FDPSO 概念设计以及八角形FDPSO 基本设计(图 2-7、图 2-8),并通过了中国船级社第三方认证。

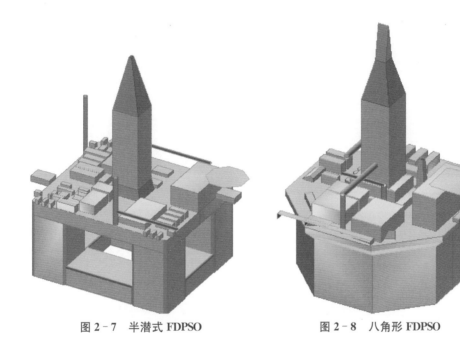

图 2-7　半潜式 FDPSO　　　　　　　　图 2-8　八角形 FDPSO

5) 水下生产系统回接到现有设施

水下井口回接到现有设施这种开发模式是在深水油田开发中首先要考虑的模式之一,如果可行,它可能是比较经济的开发模式。回接方式包括回接到现有的浮式设施或固定平台,也可直接回接到岛礁或陆上终端。

水下井口可以直接回接到浮式设施,也可以通过先回接到管汇,再通过管道回接到浮式设施。浮式设施可以是浮式平台(TLP/SPAR/SEMI-FPS),也可以是 FPSO。浮式设施可以放在水下井口附近海域,也可以放在距离比较远的海域。回接距离受到水下井口压力、水下处理和增压设备、水下控制和电力供应等技术限制。目前世界上水下生产系统最长回接距离为 69.8 km,位于壳牌公司在墨西哥湾的 Penguin 油田(水深175 m)。我国海上油田水下回接最长距离为 10 km,位于我国南海流花 4-1 深水油田,见图 2-9。

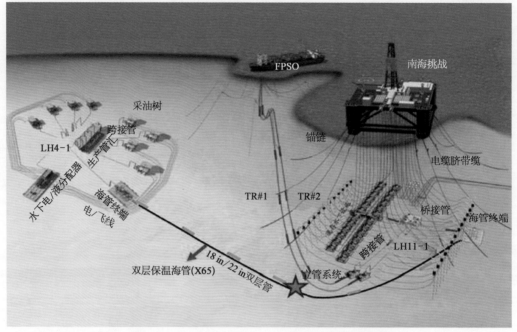

图 2-9 我国南海流花 4-1 深水油田的开发模式

2.2 深水气田开发的典型工程模式

2.2.1 干式井口为主的深水气田开发典型模式

TLP/SPAR+外输管道是干式井口为主的深水气田开发的典型工程模式。与深水油田开发不同之处是天然气无法在 TLP/SPAR 储存,需要在 TLP/SPAR 平台上处理后通过海底管道外输。因此,TLP/SPAR+外输管道是常用的干式井口为主的深水气田开发模式。TLP 和 SPAR 在墨西哥湾海域投产应用最多,管网成熟,TLP/SPAR+外输管道是墨西哥湾深水气田的典型开发模式。科麦奇石油公司在墨西哥湾的 Red Hawk 深水凝析气田(水深 1 615 m)采用 SPAR+外输天然气开发模式,在 SPAR 实现干式采油,同时投产后期通过较远的水下生产系统回接到 SPAR 上实现干式和湿式井口相结合的方式,在 SPAR 进行天然气处理后进入外输管道实现外输。

2.2.2　湿式井口为主的深水气田开发典型模式

1) 水下生产系统＋SEMI-FPS＋外输管道

该工程开发模式是一种半海半陆式的开发模式,通过水下井口或管汇回接到 SEMI-FPS,在 SEMI-FPS 上进行油气处理,处理后的原油和天然气可以分别进入输油管道和输气管道,也可以是原油和天然气混合后进入油气混输管道。墨西哥湾的 Na Kika 深水油气田就是采用水下系统回接到 SEMI-FPS 上进行油气处理后,原油和天然气可以分别进入输油管道和输气管道,见图 2-10。

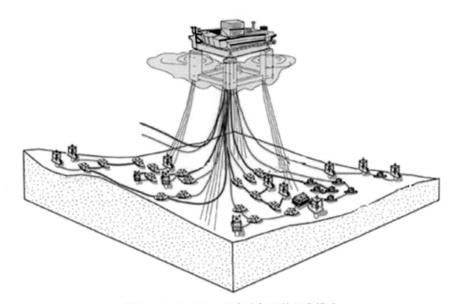

图 2-10　Na Kika 深水油气田的开发模式

我国南海陵水 17-2 深水气田(约为 1 500 m)采用水下回接到 SEMI-FPS＋外输天然气管道开发工程模式,预计 2021 年投产。其水下系统回接到 SEMI 上进行天然气处理,天然气要处理成干气后接入香港管道。由于香港管道只能接入干气,无法接入凝析油,因此需要在 SEMI-FPS 上将凝析油处理成满足储存条件后存储在 SEMI 的立柱中,定期通过单点式动力定位油轮进行凝析油的外输。陵水 17-2 深水气田的工程开发模式如图 2-11 所示。

2) 水下生产系统＋浅水平台＋外输管道

深水气田开发水下生产系统回接到浅水平台处理后再外输到终端是深水气田开发中重要工程模式之一,这种开发模式与水下生产系统回接到 SEMI-FPS 处理后再外输的区别在于浅水平台取代了置于深水区的 SEMI-FPS,降低了平台设施的费用,但增加了水下回接管道和水下脐带缆等费用,还要保证回接系统的流动安全。

图 2-11 陵水 17-2 深水气田的开发模式

我国南海有 2 个已投产的深水气田——是南海北部的荔湾 3-1 和南海中南部我国九段线内某气田,主要采用水下井口回接到浅水平台,在浅水平台处理后天然气通过管道外输上岸。

(1) 荔湾 3-1 深水气田

荔湾 3-1 深水气田是中国第一个真正意义上的深水油气田,位于南海东部,香港东南 300 km 处,平均水深 1 500 m,探明储量为 1 000 亿~1 500 亿 m³,年产量可望达到 50 亿~80 亿 m³。作业者是赫斯基能源公司,开发模式为水下井口通过 2 根 0.56 m (22 in)海底管线回接 79 km 到位于 200 m 水深浅水平台,在平台处理后的天然气和凝析油混合后通过 1 根 0.76 m(30 in)外输管线到珠海高栏终端进行最终处理。荔湾 3-1 深水气田于 2014 年 3 月正式投产,见图 2-12。

(2) 菲律宾 Malampaya 凝析气田

Malampaya 凝析气田位于菲律宾群岛西部的巴拉望岛西北 80 km 的 Service Contract 38 (SC38)区块,水深为 850 m,可采天然气储量为 707.5×10^8 m³。Malampaya 凝析气田于 1995 年被发现,2001 年 10 月 1 日正式投产,作业者是 Shell Philippines Exploration B. V. 公司,整个项目投资为 16 亿美元。Malampaya 凝析气田的设计寿命为 30 年,初始井口压力为 29 Mpa,井口压力为 24 MPa,井口温度为 100℃;天然气中含

图 2 - 12　荔湾 3 - 1 深水气田的开发模式

有 4%(mol)的 CO_2,0.1%(mol)的 H_2S。

Malampaya 气田的开发模式为位于水深 820 m 的 5 口水下采油树(卧式采油树)通过跨接管与管汇(10 端口,可以接入 10 口井)相连,将采出的天然气通过 2 根 0.41 m (16 in)的海底管线回接到距离 28 km、水深为 43 m 的重力式固定平台上进行油气处理,处理后(稳定)的凝析油储存在重力式平台下面的储油箱中定期(通常为每 2 个星期)通过穿梭油轮运走,处理后的天然气(脱水、烃露点控制)通过 1 根直径为 0.61 m(24 in)、长度为 504 km 的海底管线输送到陆上的 3 个天然气发电厂进行发电。Malampaya 凝析气田的工程开发模式如图 2 - 13 所示。

Malampaya 凝析气田的工程开发模式方案选择上分别对深水回接到浅水固定平台、深水区使用 TLP 及深水区使用 FPSO 三种方案进行了对比分析:如果采用 TLP 方案,可能导致比回接到浅水平台方案晚投产一年,再加上深水区海底的土壤条件不适用于 TLP 吸力桩的固定,因此放弃了 TLP 方案;如果采用在深水区 FPSO 方案,受到外输立管管径[至少 0.66 m(26 in)以上]的限制,技术上无法实施;最终选择了上面介绍的深水回接到浅水平台的工程开发方案。

3) 水下生产系统＋回接管道＋陆上终端

该工程开发模式,天然气不需要经过海上浮式设施/固定平台进行处理,直接由水

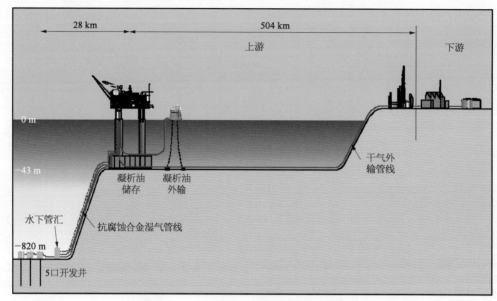

图 2-13　Malampaya 凝析气田的开发模式

下生产系统通过回接管道到陆上终端再进行天然气处理,该模式的回接距离受到水下井口压力、水下处理和增压设备、水下控制等技术限制。世界上水下生产系统直接回接到终端典型的项目为位于挪威北海的 Snøhvit 气田(平均水深 330 m)(图 2-14),水下回接距离约为 143 km,作业者为挪威国家石油公司。

图 2-14　Snøhvit 气田的开发模式

4）水下生产系统＋FLNG

（1）水下生产系统回接到 FLNG

FLNG 类似于 FPSO，不能实现干式采油，只能通过水下生产系统回接到 FLNG 上进行天然气处理、液化和储存、装卸等。

通常为节约水下回接海管长度，降低海管投资，可将 FLNG 直接置于气藏附近区域。在这种工程开发模式中，FLNG 需要具备完整的天然气处理、液化和储存、装卸等功能，宜采用新建的 FLNG，不考虑采用改造的 FLNG。目前已经投产的马来西亚 Kanowit FLNG 和澳大利亚 Prelude FLNG 项目都是采用将 FLNG 置于气藏附近区域，通过海管回接到 FLNG。

① Petronas Kanowit FLNG（图 2－15）。

世界上第一艘新建的 FLNG 于 2017 年 1 月在我国南海九段线内 Kanowit 气田正式投产，作业者为马来西亚国家石油公司，水深 70 m，离岸距离 180 km，规模为 120 万 t LNG/年。FLNG 主尺度长 365 m、宽 60 m、高 33 m，LNG 舱容为 17.7 万 m³，采用美国气体化工产品（APCI）公司的双氮膨胀液化工艺，采用外转塔系统。该 FLNG 在韩国大宇船厂建造，总投资约 20 亿美元。

图 2－15　Kanowit FLNG 项目

② Prelude FLNG（图 2－16）。

Prelude FLNG 位于澳大利亚海域，作业者为壳牌公司，距离终端 200 km，水深

250 m，规模为 360 万 t LNG/年。FLNG 主尺度长 488 m、宽 74 m、高 40 m，钢结构重 260 000 t，满载排水量 600 000 t，采用双混合制冷液化工艺。该 FLNG 在韩国三星重工船厂建造，投资约 120 亿美元，2017 年 6 月 29 日离开韩国三星船厂，在 2018 年底正式投产。

图 2 - 16   Prelude FLNG 示意图

（2）陆上处理后的天然气通过管道输送到 FLNG

如果陆上生产的天然气在生产地没有需求，需要通过液化处理后以 LNG 销售进入外部市场，则可以将 FLNG 置于靠近终端附近，在 FLNG 上进行天然气处理、液化、储存和装卸等，也可以将天然气在陆上终端进行净化处理，在 FLNG 上只进行液化，FLNG 上也可以只进行临时储存，在 FLNG 附近可以布置 LNG 运输船长期储存 LNG 产品。FLNG 功能的设定以及 FLNG 是新建或改造等需要通过技术和经济分析进行最终确定。

已经投产的 Hilli Episeyo FLNG 项目采用旧船改造，具备液化和长期储存功能；Tango FLNG 项目采用新建 FLNG，只具备液化和临时储存功能。

① Hilli Episeyo FLNG（图 2 - 17）。

Hilli Episeyo FLNG 位于西非 Sanaga Sud 气田，平均水深 60 m，距离 Kribi 港 15 km。该 FLNG 为改造项目，2014 年 7 月挪威 Golar LNG 与吉宝船厂签订 FLNG 改造合同，将 1975 年建造的 125 000 m³ LNG 船"Hilli"号改造为 FLNG，并与 Black & Veatch 签订上部模块合同。2015 年 9 月，项目通过最终投资决定（FID），2017 年 7 月改

造主体完工,2018 年 3 月 12 日正式投产。该 FLNG 实际规模为 120 万 t(LNG)/年,只具有天然气液化存储外输功能,不具有天然气净化处理功能,天然气处理在陆上终端,因此不是一艘真正意义上的 FLNG。

图 2‑17　Hilli Episeyo FLNG

② Tango FLNG(图 2‑18)。

Tango FLNG 于 2019 年 6 月投产,将阿根廷内乌肯盆地 Vaca Muerta 气田生产的天然气在陆上终端净化后在 FLNG 上进行液化和临时储存。该 FLNG 在南通惠生海工建造基地建造完成,由阿根廷工程公司 YPF 租赁,租期 10 年。其规模为 50 万 t(LNG)/年,液化工艺采用美国 Black & Veach 的单级混合制冷液化工艺,有 3 个总容量为 16 100 m³ 的 C 型罐临时储存 LNG。

图 2‑18　Tango FLNG

2.3　深水油气田开发工程模式选择的原则

深水油气田开发工程模式选择需要考虑油藏规模、油品性质、钻/完井方式、井口数量、开采速度、采油方式(干式或湿式开采)、原油外输(外运)方式、油(气)田水深、海洋环境、工程地质条件、现有可依托设施情况、离岸距离、施工建造和海上安装能力、地方法规、公司偏好和经济指标等。深水油气总体开发模式的确定是综合考虑上述各种因素的结果,同时还要考虑技术上的可行性,最大限度地降低技术和经济上的风险,使得油气田在整个生命周期内都能经济有效地开发,如取得最大的净现值、最大的内部收益率和最短的投资回收期等。

影响深水油气田开发工程模式选择的因素很多,但归纳起来主要体现在:油气田开发条件和要求、各类浮式设施的特点及平台的功能要求。

1) 油气田开发条件和要求

深水油气田开发模式及其生产设施首先必须满足油田开发的条件和要求,主要包括以下因素。

(1) 油气藏特征

油气藏的集中或分散、油气藏以油为主还是以气为主均是油气田开发模式的首要考虑因素。集中的油气藏一般采用丛式开发井方式,分散的油气藏可考虑水下井口回接方式;油田开发需要考虑原油储存和外输方式,气田开发更适合采用水下井口开发方式。

(2) 油气产量

可采油气量决定生产设施的规模,可采油气量小可采用水下设施回接到附近平台上的工程模式,边际油气田可采用迷你型低成本的平台来开发,大型油气田可采用 TLP 或 SPAR 或 SEMI+外输管线或 FPSO 模式进行开发。

(3) 水文环境条件

水文环境条件决定一些浮式平台类型的选用,恶劣的环境会引起浮式平台的运动响应过大,比如当水深较大时,TLP 可能仅适用于环境比较好的海域。

(4) 水深

水深直接影响平台类型的选择,直接影响到平台的技术可行性和工程费用,同时对系泊和立管系统的选择有重要影响。

(5) 油气田离岸距离

油气田离岸距离的远近影响到总体开发方式,离岸近可能考虑采用海底管道外输上岸方式开发,离岸远可能考虑全海式开发方式,利用 FPSO 进行原油储存和外输。

（6）有无现有依托设施

充分利用海上现有工程设施是最有经济效益的开发模式,如果具有依托条件,应优先考虑依托开发模式。

（7）开发井布置及数量

开发井的布置模式(分布或丛式)将影响开发工程的钻井和工程设施的方案,距离较远的分布式油藏构造可考虑采用水下井口设施开发,井数较多的丛式开发井布置可采用干式采油平台(如 TLP 或 SPAR)开发,开发井的数量影响到平台的规模。

（8）修井作业频率

修井作业频率高时一般采用干式采油树,修井作业频率低时一般采用湿式采油树,干式采油和湿式采油会影响到平台的选型和平台设施的配置不同。

（9）作业人员的安全风险

作业人员安全风险随模式不同会有所差异,不同的平台形式会因其结构响应和水动力响应的不同导致安全风险的差别,良好的平台设计应具备适当的完整稳性和破损稳性的冗余度、足够的疲劳强度和性能良好的结构韧性。

依据上述各因素对项目安全、费用和计划的综合评估结果来确定深海油气田开发工程方案。

2）各型浮式平台的特点

深水浮式平台是深水油气田开发方案中最主要的设施,在确定总体方案后,应依据各类平台的特点和适应性,选择合理的平台类型。表 2-1 给出各型浮式平台的特点,供选择平台类型时参考。

表 2-1　各型浮式平台特点

平台类型	TLP	SPAR	FPSO	SEMI-FPS
采油树类型	干式,可回接湿式	干式,可回接湿式	湿式	湿式
钻/修井能力	有(受限)	有(可偏移钻井)	无	有
井槽数量	多(8～76)	受限(8～20)	多(9～59)	多(15～42)
甲板布置	较易	较难	易	较易
上部重量	受限(敏感)	中等	高	中等
储油能力	无	可能	有	无
外输形式	管线/其他形式	管线/其他形式	油轮	管线/其他形式
早期生产	不可以	不可以	可以	可以
适应水深范围/m	600～2 000	500～3 000	20～3 000	30～3 000
运动性能	稳定	比较好	中等	中等
可迁移性	困难	中等	容易	容易

（续表）

平台类型	TLP	SPAR	FPSO	SEMI－FPS
立管形式	TTR/SCR	TTR/SCR	柔性管/SCR	柔性管/SCR
油田投资规模/亿美元	6～15	7～12	10～34	29～54

由于采用干式井口和湿式井口对于前期投资和维护/维修费用有直接影响，下面分别就干/湿井口和适于干/湿井口的平台类型和特点加以说明。

（1）干式/湿式采油树的特点

① 干式采油树的特点：可直接进行修井作业及对采油树维护，适于油层深且集中的油藏。采用干式采油树的不足是钻井可控制的油藏面积受限。干式采油树投资高，但检测容易且维护费用低。

② 湿式采油树的特点：井口位置灵活，特别适于油气田面积大或分散的油藏，可控制的油气田面积大。若附近存在可供利用的现有设施，如固定平台、FPSO、TLP、SPAR或 SEMI－FPS 等，则前期投资小。湿式采油树适于超深水开发，特别适于高温高压井。采用湿式采油树的不足是水下采油树和控制系统复杂，若平台没有钻井设施，通常要动用移动式钻井船钻/修井，钻/修井费用高。

（2）干/湿式井口深水浮式平台的特点

① TLP 和 SPAR 使用干式采油树，前期投资高，但检测容易和维护费用低。TLP和 SPAR 适于钻多口井，平台钻机利用率（钻井速度）高，适于修井频繁高的情况，特别适用于油层深且集中的油气田。若在 TLP 和 SPAR 钻水平井，则可能非常昂贵。

② 对于面积大或分散的油田，更适于使用 FPSO 和 SEMI－FPS，这时必须采用湿式采油树，通过管线和管汇连接水下井口，然后回接到 FPSO 或 SEMI－FPS。由于采用湿式采油树，水下采油树和控制系统复杂，若平台没有钻井设施，通常要动用移动式钻井船钻/修井，钻/修井费用高，并应事先做好计划安排，并不能随叫随到。SEMI－FPS 虽然有钻/修井能力，但仅可维修自己范围内的水下井口。

（3）干式井口 TLP 和 SPAR 平台适应的水深

① 水深在 1 500 m 以内，采用 TLP 和 SPAR 两种类型的平台没有太大的差别，主要根据用户的偏好选择。

② 由于 TLP 的张力腿长度与水深呈线性关系，水深加大则张力腿的重量增加比较大，其费用非常昂贵，加之 TLP 对有效载荷敏感，张力腿的水深通常认为应限制在 2 000 m以内。若在超深水（超过 1 500 m）采用干式采油树时，则 SPAR 比 TLP 更经济。

在选择深水油气开发方案时，除了要考虑上述各种投资因素外，有时还可以考虑TLP、SPAR、FPSO、SEMI－FPS 特点的互补。这些特点主要集中在适应水深的能力、钻/修井和维护的需要、采用干式还是湿式采油树、对有效载荷的敏感性、平台的运动性能、外输(外运)方式等,特别是既有集中油藏又有分散油藏的情况下就要考虑使用干/湿井口平台的搭配。上述四种平台设施具有自己的特点和适用范围,在自己的特长范围内就可能最经济,并不能仅单靠油气田的投资规模大小来衡量。

结合我国南海深水油气田的特点,水深小于 1 500 m,TLP/SPAR 有应用优势;水深超过 1 500 m,SEMI-FPS、SPAR 有应用优势。

3) 平台的功能要求

为实现钻井、生产和外输等作业要求,浮式平台一般需要满足以下要求:

① 足够的甲板面积、承载能力,以及油和水储存能力。

② 在环境载荷作用下具有可接受的运动响应。

③ 足够的稳性。

④ 能够抵御极端环境条件的结构强度。

⑤ 具有抵御疲劳损伤的结构自振周期。

⑥ 有时需要适应平台多功能的组合。

⑦ 可运输和安装。

没有哪种平台能够提供上述所有要求的最优功能,所以每个油气田开发项目都需要根据油气田的具体情况,从各种类型的浮式结构中筛选出较为适合的平台类型。上述要求有些是互相矛盾的,比如稳性优异的平台可能导致过大波浪运动,因此为了解决这些矛盾,海洋石油工业开发了各种类型的浮式平台概念,这些概念呈现出不同的特点,表现出不同的优势和不足。

如果深水油气藏比较深且集中,则可选用以 TLP 或 SPAR 与 FPSO(或 FSO)联合开发的模式,其中 TLP 可适用于油藏集中需要井口多的情况,而小型 TLP 和 SPAR 适用于需要井口少的情况。这种开发模式还可适用于同时还有分散油藏的情况,这时水下井口可回接到 TLP 或 SPAR,也可直接回接到 FPSO,产出的原油通过穿梭油轮外运。

如果深水油气藏比较浅或者分散,则可选用 FPSO 与水下井口联合的开发模式,可回接水下井口数量取决于油藏面积大小。若考虑有钻/修井需要,还可采用 FPSO 与 SEMI-FPS 或 SEMI-FPS 与 FSO 联合开发的形式。

2.4　展　　望

随着深水油气地质理论创新和工程技术装备水平不断提高,未来世界海洋油气资源开发将不断向更深、更远的海域拓展,探索更深、更远的工程模式是未来发展的趋势,加快推进更深、更远的深远海油气田开发的装备和技术研发是未来发展的重点方向。对于我国南海北部和中南部深远海油气田开发,重点考虑加快推进适应深远海油气田开发所需的装备研发力度,如 FLNG、TLP、SPAR、SEMI-FPS 和 FDPSO 等;另外,水下生产系统回接到现有设施是世界深水油气田开发工程重要的模式之一,目前世界上已投产气田的水下生产系统回接到现有设施的最长距离为 149.7 km,世界上已投产油田的水下生产系统回接到现有设施的最长距离为 69.8 km。为延长回接距离、提高采收率、延长生产时间及保障回接管道的流动安全,加快推进"海底工厂"技术(包括水下处理和增压技术以及与之配套的水下长距离输电技术)研发和工程应用是今后发展的重要方向。应结合我国南海深水油气田开发的实际需求,继续加大水下处理和增压技术以及与之配套的水下长距离输电技术研发步伐,逐步实现该项技术的国产化。

第3章　深水钻完井工程技术与装备

深水钻完井工程是实现深水勘探目标、证实开发储量的关键技术，是深水油气勘探开发的一个关键环节，因此深水钻完井技术与装备是深水油气勘探开发领域的核心业务之一。深水钻完井涉及多学科专业领域，风险高、成本昂贵、技术难度大、对设备和人员的要求高。目前国外经过数十年的发展，已经实现了 3 000 m 深海技术的突破，形成体系化的深水钻完井技术和装备能力，已经形成了比较成熟的复杂条件下深水钻完井技术体系系列，主要包括深水钻完井工艺技术、深水固井及钻井液技术、深水钻完井装备技术和深水井下工具技术。我国与国外的差距主要表现在作业水深、作业能力和关键技术、装备及工具、标准规范等方面。

深水海域有其特殊性，如海床疏松、深水浅层低温和高压、天然气水合物的存在，还面临浅层流、浅层气等浅层地质灾害，狭窄的压力密度窗口，高的钻井装备作业日费，以及对深水钻井装备作业的安全性与作业时效等要求，这些都给深水钻井带来许多特殊问题，对钻井工艺、钻井装备和钻完井液、水泥浆体系等提出了更高的特殊要求。

本章围绕深水钻采装备及设施、深水钻井工程设计、深水完井测试技术、深水钻井液和固井水泥浆体系、救援井技术进行介绍。

3.1 深水钻采装备及设施

3.1.1 深水钻井平台

3.1.1.1 半潜式钻井平台

半潜式钻井平台由浮箱、立柱、上船体组成，根据立柱数量不同，可以将半潜式平台划分为 3 立柱、4 立柱、5 立柱、6 立柱、8 立柱及更多立柱平台。目前深水半潜式平台主要有 3 种：4 立柱、6 立柱、8 立柱平台，主要归属以下 4 家设计公司：美国 F&G、挪威 Aker Solutions、瑞典 GVA Consultants AB 和荷兰 Gusto MSC。其中，半潜式钻井平台以 4 立柱、双浮箱、箱形甲板船型最为常见，6 立柱、8 立柱平台多用于欧洲北海地区。另外有一种特殊结构的圆筒形平台——Sevan 平台也可作为钻井平台，这种平台不是由浮箱、立柱、上船体组成的半潜式钻井平台，但是各个方面性能与半潜式钻井平台均比较接近。

在选用钻井装置时，应根据作业需求和环境条件，对半潜式钻井平台和钻井船的性能进行综合比较(图 3-1)。

图 3-1　深水钻井的半潜式钻井平台与钻井船

两者对比,一般而言半潜式钻井平台稳定性好,适合于较恶劣的作业海况,作业气候窗口宽,作业效率高,但机动性差;钻井船机动性好,可变载荷大,存储容量大,较半潜式钻井平台易维护,但对恶劣环境的作业适应性差,作业气候窗口窄。

3.1.1.2　深水钻机主要设备

深水钻机的主要设备包括钻井绞车、井架、顶部驱动系统、泥浆泵、钻柱补偿系统、隔水管张力器、隔水管、防喷器等。

1) 钻井绞车

钻井绞车是钻机最关键的设备,绞车的主要功能为起下钻具、套管、隔水管、防喷器、其他水下器具等。钻井绞车的提升能力(最大钩载)是钻机最主要的参数,也是钻机其他设备选配的参照依据之一。

目前已有多台深水钻机配置主动补偿绞车(active heave drawwork,AHD)并投入应用。AHD 可以补偿钻柱的升沉运动,具有工作适应性强、升沉精确、重量轻等优点,而且绞车刹车产生的能量可以重新利用并反馈给钻井电控系统,提高了钻井效率。AHD 可以完成以下工作:钻井和起下钻、自动送钻、绞车全负荷下主动升沉补偿、主动补偿下放防喷器和隔水管。

2) 顶部驱动系统

顶部驱动系统(简称"顶驱")是钻机的主要设备之一,其主要功能是旋转钻进、倒划眼、上卸丝扣和悬持钻具。目前深水钻机全部配备了顶驱,深水钻机顶驱主要有两种:交流变频顶驱和液压顶驱。另外,一些早期的深水钻井平台上配置了 AC-SCR-DC 电动顶驱。相对于 AC-SCR-DC 电动顶驱,交流变频顶驱具有以下优点:电动机效率高;无电刷,防爆性能好,安全性好;体积小,重量轻;可以精确调节工作转速与输出扭矩,零转速时具有全制动扭矩;过载能力强。因此,深水钻机中交流变频顶驱得到广泛应用。

3) 转盘

转盘是钻机旋转系统的一部分,深水钻井中由顶驱带动钻具旋转而不使用转盘旋转钻具,转盘的主要作用是悬持钻具和管柱。深水钻机的转盘开口直径主要为:1.26 m (49.5 in)和 1.54 m(60.5 in),目前已有深水钻机转盘直径达 1.92 m(75.5 in)。

4）泥浆泵

泥浆泵也是深水钻机关键设备。目前,深水钻机大部分配置的是三缸单作用泥浆泵,功率多为 1 640 kW(2 200 hp),也有平台配置更大功率泥浆泵,驱动形式普遍采用交流变频驱动。

此外,部分深水钻机配置了 HEX 泥浆泵。HEX 泥浆泵有 6 个缸套,采用 2 台交流变频电机驱动,具有流量稳定、超高压、超流量、尺寸小等特点。

5）井架

井架的作用是安放天车、悬挂游车、大钩、安装顶驱导轨、存放立根。深水交流变频钻机的井架主要有瓶颈式井架、塔式井架。井架类型有单井架、一个半井架和双井架。

深水液压钻机的井架形式与深水交流变频钻机不同,其井架内液缸作为承受大钩载荷的构件,井架本身不承受大钩载荷,仅承受横向力,并能固定、扶正,起到升液缸的作用。

3.1.1.3　定位方式

深水钻井装置有两种定位方式,即锚泊定位和动力定位。

1）锚泊定位

深水钻井装置锚泊定位的常用系泊形式为锚链式、钢缆式、合成纤维缆式或复合方式。

锚泊定位的主要优点是燃油费用低和作业可靠性高。

主要缺点为:

① 适用水深范围有限。

② 起抛锚作业需时间长。

③ 配套的起抛锚三用工作船能力要求高。

④ 当锚泊装置能力不足时,钻井装置周边移动控制难度大,不灵活;需要预抛锚。

⑤ 控制漂移距离难度较大。

2）动力定位

动力定位系统优点:

① 水深适应性强,对海床条件无要求。

② 机动性强,就位、离位效率高。

③ 使用动力定位三用工作船可以保障平台防碰要求。

动力定位系统缺点:

① 日租金较高。

② 耗油量大,操作成本高。

③ 不适用于浅水区作业。

④ 维修和定期检验要求高。

⑤ 存在动力与定位系统失效的风险。

⑥ 使用动力定位三用工作船,支持费用上升。

综合考虑目前定位系统的技术水平与经济性等因素,通常在水深 500 m 以内可采用全钢缆或全锚链定位系统,水深 500~1 800 m 可采用锚链和钢丝绳复合锚泊定位系统,水深大于 1 800 m 则采用动力定位系统。

3.1.2 隔水管与防喷器系统

海上隔水管系统是井筒从防喷器组至钻井船的延伸,是连接海底井口与钻井船的重要部件,其主要功能是:提供井口防喷器与钻井船之间钻井液往返的通道,正常钻井条件下在隔水管环空建立钻井液的往返通道;支撑辅助管线,如高压节流与压井管线、泥浆增压线和液压管线;从钻井船至海底井口之间引导钻具;提供了一个在海面与海底井口之间下放与回收井口防喷器组的手段和载体等。

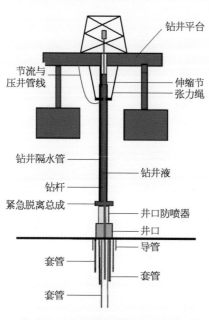

图 3-2　钻井隔水管系统组成与功能
(1 in＝2.54 cm)

典型钻井隔水管系统(图 3-2)包括:分流器(转喷器)系统;张紧系统;伸缩节;隔水管单根;高压节流与压井管线;液压管线;泥浆增压线;隔水管填充阀;下部隔水管总成(lower marine riser package, LMRP)终端短节;底部海洋隔水管阻具(包),包括节流与压井线、液压管线和泥浆增压线的柔性管;球铰;一个或者两个环形防喷器;连接底部海洋隔水管组具(包)与防喷器组的液压接头。隔水管单根为大直径、无缝或者高强度焊接且两端有接头的管,特殊的管夹将辅助管线依附于隔水管;制造商提供不同长度的隔水管单根,典型长度为 15.24 m、19.81 m、21.34 m、22.86 m 和 27.43 m(50 ft、65 ft、70 ft、75 ft 和 90 ft),应用于深水时的长度通常为 21.34 m(70 ft)。

水下防喷器是海洋石油钻井的重要设备之一,它是设置在海底用来控制和防止井喷的一种井口设备,通常由几个闸板式防喷器、1 个环形防喷器、2 条带控制阀组的压井或放喷管线及控制全套水下器具的 2 套控制阀组组成。水下防喷器组是保证钻井作业安全最关键的设备。防喷器组在水下钻井过程中的作用是在发生井喷或者井涌时控制井口压力,在台风等紧急情况下钻井装置必须撤离时关闭井口,保证人员、设备安全,避免海洋环境污染和油气资源破坏。

现代石油钻井使用的防喷器都是液压防喷器,防喷器的关井、开井动作是靠液压实现的。

闸板防喷器是井控装置的关键部分,主要用途是在钻井、修井、试油等过程中控制井口压力,有效地防止井喷事故发生,实现安全施工。具体可完成以下作业:

① 当井内有管柱时,配上相应管子闸板能封闭套管与管柱间环形空间。

② 当井内无管柱时,配上全封闸板可全封闭井口。

③ 当处于紧急情况时,可用剪切闸板剪断井内管柱,并全封闭井口。

④ 在封井情况下,通过与四通及壳体旁侧出口相连的压井、节流管汇进行泥浆循环、节流放喷、压井、洗井等特殊作业。

⑤ 与节流、压井管汇配合使用,可有效地控制井底压力,实现近平衡压井作业。

防喷器的结构分普通(单闸板、双闸板)防喷器、环形(万能)防喷器和旋转防喷器等。普通(单闸板、双闸板)防喷器有闸板全封式的和半封式的,全封式防喷器可以封住整个井口,半封式封住有钻杆存在时的井口环形断面;环形(万能)防喷器可以在紧急情况下启动,应付任何尺寸的钻具和空井;旋转防喷器可以实现边喷边钻作业。在深井钻井和海上常使用 2 种普通防喷器,再加上环形防喷器、旋转防喷器,可以得到 3 种或 4 种的组合装在井口。

如图 3-3 所示,水下防喷器组从结构上分为两部分,LMRP 和防喷器组,这也是水下防喷器组与陆地防喷器组在结构上最大的不同。LMRP 放置在防喷器组的上方,通过可快速解锁的液压连接器与防喷器组连接。这样便于整个下隔水管组和隔水管的安装和运移,在出现台风等紧急情况时可以迅速与井口断开,避免重大事故发生。

与常规水下防喷器组相比,选择深水防喷器组应考虑以下因素:

① 防喷器压力等级的选择:主要根据地层压力的情况,选用 68.9 MPa(10 000 psi)或者更高,通常为 103.4 MPa(15 000 psi)压力等级。

② 防喷器及控制系统的功能更全面和响应时间要求更短,推荐增加套管剪切闸板。

③ 系统的适应性:在选择时应做外部静水承压能力校核。

④ 尽可能增配套管剪切闸板,一般选择0～0.35 m(0～13⅞ in)的剪切范围。

⑤ 对于深水,特别是超深水,防喷器组应考虑安装压力监测装置。低压的压力监测装置应安装在万能防喷器的顶部,用来监测隔水管中

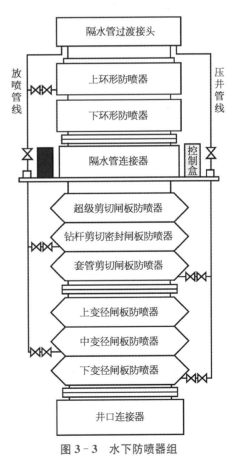

图 3-3　水下防喷器组

岩屑的堆积情况和关井时环空气体上升状况。高压监测装置安装在节流管线上,用来监测最底部闸板防喷器下部的压力。必要时推荐使用适用于海床低温高压环境的传输设备在地面显示。

3.1.3 水下井口和水下采油树系统

3.1.3.1 水下井口

水下井口是深水钻井和采油的关键装置,每口水下探井或开发井都需要一个水下井口。水下井口通常从浮式钻井装置下进入,安装在泥线或泥线附近。水下防喷器或水下采油树通过水下连接器与水下井口装置连接在一起工作。

钻井时,水下井口与导管或套管一起下入,起支撑防喷器和密封套管环空作用。生产时,水下井口连接采油树,起支撑采油树和油管悬挂器的作用。

水下井口主要功能如下:

① 提供布置在井口上的钻采装备的高程基准面。

② 支承和密封套管柱。

③ 承受安装采油树过程中来自钻井、完井和生产操作的所有载荷,包括安装采油树过程中偶然、极端和悬挂载荷。

④ 在钻井期间提供接口并支撑上部防喷器组及钻井隔水管系统。

⑤ 完井之后支承上部水下采油树总成及油管悬挂器。

水下井口装置与锁定和密封高压井口头的水下防喷器组一起使用。在完井之后,水下采油树锁定和密封高压井口头。水下井口主要由低压井口头、高压井口头、套管悬挂器和环空密封总成、公称外径保护器、防磨补芯、防腐帽等部件组成。

国际上的主要水下井口系统制造商包括美国的 FMC 公司、GE - Vetco 公司、Cameron 公司、Dril - Quip 公司,以及挪威的 Aker Solutions 公司等。其中,FMC 公司是最早研制水下井口和采油装置的企业,多年来该公司在海洋水下装备技术研究及产品开发方面积累了丰富的经验,企业规模较大,主要业务包括水下井口、水下集输和水下管汇等多个方面,主要水下产品系统包括 UWD - 10 型水下井口系统、UWD - 15 型水下井口系统、UWD - HC 型水下井口系统等;GE - Vetco 公司和 Cameron 公司以生产研制陆上和海洋井口、井控类产品以及水下采油及海洋钻井隔水管等技术见长,其产品在国际市场占有较大份额,GE - Vetco 公司水下井口主要有 SG - 5 型和 MS - 700 型,Cameron 公司的水下井口装置主要有 STC 型和 STM 型;Dril - Quip 公司最主要的产品是水下井口,在水下井口研发和服务方面具有特色,我国使用该公司的水下井口装置较多,该公司的水下井口主要有 SS - 10 型和 SS - 15 型;Aker Solutions 公司在海洋钻采平台、平台钻井设备及水下井口、井控等设备开发方面具备较强的综合实力,在世界海洋装备研究领域享有较高的地位,该公司的水下井口主要为 SB 型。

目前,水下井口应用的最大作业水深为 3 411 m,为道达尔在乌拉圭钻的 Ray - 1 井,该井为探井;水下井口在开发井中应用的最大作业水位为 2 943 m,为壳牌公司的 Perdido 油田,位于美国墨西哥湾。

我国采用水下生产系统进行油气开采的时间较晚,而且国内工业基础与国外有一定差距,因此水下井口装置研发起步较晚。目前,国内还不具备水下井口产品的制造和服务能力,国内使用的所有水下井口均为进口产品。我国深水油气田勘探中,水下井口应用的最大作业水深为 2 451 m,为南海的荔湾 21 - 1 - 1 井。近年来,我国不少企业在国家和石油公司的支持下,大力开展水下钻采装备的技术研究工作,水下井口装置也是国内研制的重点设备之一。

未来水下井口的发展方向如下:

1) 向高温、高压发展

海洋油气勘探开发正经历着一个从浅水到深水、从浅地层到深地层、从简单地层到复杂地层的过程,这就必然对海洋水下井口装置的性能不断地提出新的要求,从而促进该产品的技术不断向前发展。当前,该产品的额定工作压力已从 34. 5 MPa 和 69. 0 MPa 发展到 103. 5 MPa。不仅如此,2008 年 FMC 公司已完成了额定压力达 140 MPa、试验压力为 210 MPa、适应温度达 177℃ 及最大悬挂载荷为 18 140 kN 的海洋水下井口装置的研制开发工作。由此不难看出,今后海洋水下井口装置应向高温、高压方向发展。

2) 向多种类、系列化发展

随着钻井平台技术、小井眼钻井技术、大通径技术、岩屑回注技术及尾管悬挂技术的不断发展,相继出现了各类不同形式的海洋水下井口装置。例如,针对 TLP 和 SPA,出现了抗拉抗疲劳的海洋水下井口装置;针对小井眼钻井技术,FMC 公司推出了通径为 $346.08 \text{ mm} \left(13 \frac{5}{8} \text{ in}\right)$、$374.65 \text{ mm} \left(14 \frac{3}{4} \text{ in}\right)$ 及 $425.45 \text{ mm} \left(16 \frac{3}{4} \text{ in}\right)$ 的系列化海洋水下井口装置;Dril - Quip 公司还推出了可满足 914 mm×660. 4 mm×558. 8 mm× 457. 2 mm×406. 4 mm×346. 07 mm×250. 83 mm(36 in×26 in×22 in×18 in× $16 \text{ in} \times 13 \frac{5}{8} \text{ in} \times 9 \frac{7}{8} \text{ in})$ 套管程序的大通径海洋水下井口装置;针对钻井岩屑回注需要,Dril - Quip 公司和 Aker Kvaerner 公司还相继推出了专用的具有带岩屑回注功能的海洋水下井口装置等。随着钻井新技术、新工艺的不断出现,必将使海洋水下井口装置朝着多种类、系列化的方向发展。

3) 提高安全可靠性

海洋水下井口装置属于井口、井控类产品,对海底油气井口起到密封保压的作用,由于井内产出的油气不仅具有易燃、易爆性,而且还伴随有大量硫化氢、氯等有毒有害物质,对海洋环境及钻井平台和工作人员的安全造成直接威胁。例如,2010 年 4 月 20

日发生在墨西哥湾的"深水地平线"钻井平台爆炸事故,充分说明在海洋环境条件下对油气开发设备可靠性要求的重要性。未来水下井口装置发展的方向主要包括井口头本体结构和材质、金属密封环的密封性等。

4) 向更深水域发展

随着陆地和浅海油气资源的逐渐枯竭,世界主要海洋装备制造强国均已开始研究并制造大型化的海洋油气开发装备,各大石油公司在深海领域的投资有不断增加的趋势。目前这些大型海洋油气开发设备可以达到的水深已在 3 000 m 以上,海洋油气开发装备的最大钻井深度可以达到 9 000~12 000 m。根据美国权威机构统计分析,2001~2007 年,全世界投入的海洋油气开发项目为 434 个,其中水深大于 500 m 的深水项目占 48%,水深大于 1 200 m 的超深水项目达到 22%。因此,海洋水下井口、采油装备将向深水领域发展。

3.1.3.2 水下采油树系统

水下采油树系统是水下生产系统的核心设备,主要包括水下采油树、油管悬挂器和控制系统三部分,主要功能是对生产的油气或注入储层的水/气进行流量控制,并和水下井口系统一起构成井下储层与环境之间的压力屏障。除了远程控制方式外,水下采油树与地面采油树功能基本一样,具体包括:

① 引导生产的油气进入海底管线,或引导注入地层的水/气进入井筒。

② 通过对水下采油树阀门的远程控制,调节流体流量大小,必要时关井终止油气生产。

③ 油管悬挂器用来支撑油管柱,并密封井下油管和生产套管之间的环形空间。

④ 监测油气井参数,如生产压力、环空压力、温度、地层出砂量、含水量等。

⑤ 提供测试和修井期间进入油气井筒的通道。

⑥ 向井筒或海底管线注入化学药剂,如防腐剂、防垢剂或水合物抑制剂,改善流体流动性能。

据不完全统计,从 20 世纪 60 年代开始应用水下采油树以来,全球已经应用 5 000 多套水下采油树。目前,已经应用的最深的水下采油树系统安装于美国墨西哥湾,水深 2 934 m。由于水下采油树系统技术含量高,国外的水下采油树供应商 FMC 公司、GE Vetco 公司、Aker Solutions 公司、Cameron 公司和 Dril - Quip 公司等一直占据市场的垄断地位,水下采油树供应商及产品参数如表 3 - 1 所示。

目前水下采油树的最大应力等级为 103.4 MPa(15 000 psi),水下采油树的设计水深最大为 3 000 m,因此需开发出满足 137.9 MPa(20 000 psi)和超过 3 000 m 工况需求的水下采油树。同时需要开发全电控采油树以具备响应速度更快的优点,因此水下采油树具有发展方向如下:

表 3－1　水下采油树供应商及产品参数

项　目	FMC	Cameron	Aker Solutions	GE Vetco	Dril-Quip
公司业绩概述	至 2020 年已提供 2 000 多套水下采油树	至 2020 年已提供 1 000 多套水下采油树、45 套水下生产控制系统。2013 年，Cameron 与 Schlumger 成立合资企业 OneSubsea	至 2015 年已提供 700 套水下采油树（361 套卧式采油树）、1 500 多套水下生产控制系统	至 2009 年已提供 1 000 多套水下采油树（其中 433 套卧式采油树）	至 2009 年已提供 239 套竖式采油树（其中单通道 75 套、双通道 164 套）
生产主阀门通径/m(in)	$0.10\left(4\frac{1}{16}\right)$ $0.13\left(5\frac{1}{8}\right)$ $0.18(7)$	$0.10\left(4\frac{1}{16}\right)$ $0.13\left(5\frac{1}{8}\right)$ $0.18(7)$	$0.10\left(4\frac{1}{16}\right)$ $0.13\left(5\frac{1}{8}\right)$ $0.18(7)$	$0.10\left(4\frac{1}{16}\right)$ $0.13\left(5\frac{1}{8}\right)$ $0.18(7)$	$0.10\left(4\frac{1}{16}\right)$ $0.13\left(5\frac{1}{8}\right)$ $0.18(7)$
压力等级 温度等级	103.5 MPa (15 000 psi) 176℃(350℉)	103.5 MPa (15 000 psi) 121℃	103.5 MPa (15 000 psi) 121℃	103.5 MPa (15 000 psi) 121℃	103.5 MPa (15 000 psi) 121℃
最大水深/m	3 000	3 000	3 000	3 000	3 000
最高材料等级	HH	HH	HH	HH	HH
油管悬挂器通径尺寸/m (in)	0.10, 0.13, 0.18(4,5,7)	0.10, 0.13, 0.18(4,5,7)	0.10, 0.13, 0.18(4,5,7)	0.08, 0.10, 0.13(3,4,5)× 15 ksi;0.18(7) ×10 ksi	
井下控制管线数量	11 条(9 液＋ 2 电或光)	9 条(8 液＋1 电)	9 条(8 液＋1 电)	10 条(9 液＋ 1 电或 8 液＋2 电)	

1) 异常高温高压采油树

2014 年 7 月 21 日，FMC 公司、Anadarko 公司、英国石油公司、ConocoPhillips 公司、壳牌公司成立联合研发项目以开发新一代 HTHP 水下井口采油树，2018 年已成功开发出井口压力 138 MPa(20 000 psi)、井口温度 177℃(350℉)的水下井口采油树设备。

2) 水深等级大于 3 000 m 的水下采油树

道达尔公司 2016 年 3 月 9 日宣布 2016 年 3 月底在乌拉圭水深 3 411 m 的 Pelotas 盆地钻探一口预探井 Raya－1 井。因此开发水深等级大于 3 000 m 的水下采油树。

3) 全电控制的水下采油树

目前，Cameron 公司、FMC 公司等供应商能够提供全电控的水下采油树。由于采油树阀门无液压执行机构和液控管线，可减少控制脐带缆的尺寸和费用，且具备响应速度更快、重量相对较轻的优势。

3.1.4　压力控制系统

深水表层钻井不仅面临着浅层流、浅层气等浅层地质灾害风险,而且要解决地层薄弱带来的窄压力窗口钻井难题。采用动态压井钻井技术,在钻井过程中精确控制井底压力,是解决这些问题的技术发展方向。动态压井技术的核心是设备,主要包括快速混浆装置(dynamic kill drilling,DKD)和井下压力温度测量装置(pressure and temperature while drilling,PTWD)。

深水表层的动态压井钻井系统实现了井底压力的自动控制,它由硬件和软件两部分组成。其主要的功能是根据随钻地层压力监测所得到的实测地层压力,实时计算所需的钻井液密度、泥浆泵排量、钻柱内压耗以及所注泥浆在井筒内产生的压力分布,然后计算机控制系统根据计算结果调节配浆池中的配浆量和配浆密度,以及控制注入泥浆的时间等,以实现井底压力的自动控制。深水表层无隔水管钻井压力闭环控制示意图如图 3-4 所示,实物如图 3-5 所示。动态压井钻井装置主要包括混浆装置(由多相密度混合器、混合器管汇和动态压井钻井装置控制系统构成)和 PTWD 井下测量系统。

由于深水表层钻井中井眼尺寸较大,通常为 71 cm(28 in)或 66 cm(26 in),需求的排量很大,而且钻遇浅层气或浅层流时,溢流到井喷发生时间比较短,因此要求 DKD 装置具有响应速度快、大排量和密度调节精度高等技术特点。同时,还要求 PTWD 工具能实时测量井底压力和温度,监测和识别井眼工况,并实时传输数据到地面计算机软件系统。

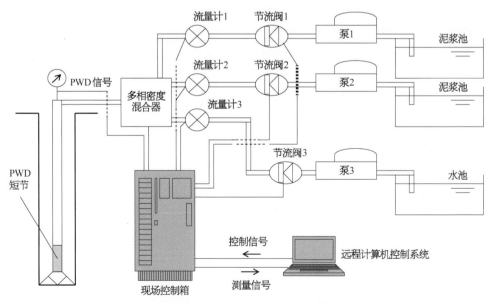

图 3-4　深水表层无隔水管钻井压力闭环控制示意图

图 3 - 5　安装在 HYSY981 平台上的 DKD 海试样机实物图

3.1.5　深水弃井工具

　　按照国家海洋局的要求,800 m 水深以内的油气井,或者水深超过 800 m 但是政府有特殊要求,在实施永久弃井前,必须清除泥线以上的构筑物,必须对水下井口系统从泥线下 4 m 左右进行切割,并将其从海底清理回收到平台上。这就是深水水下井口系统的切割回收。

　　深水水下井口切割回收作业是在弃井前、准备拖离平台时,井口头内各层套管被取出并完成起出隔水导管和防喷器系统后,高压井口头裸露在海水中进行的,是无隔水导管深水水下作业的一部分。由于作业水深大、作业环境恶劣,因此深水水下井口切割回收的作业难度大,需要专业的技术与装备。

　　一般情况下,海底结构物以及井下管柱的切割方式主要有爆破切割、化学切割、磨料射流切割、钻粒缆切割、机械式割刀切割、水力割刀切割等。爆破切割的断口极不规则,而且可能对海底生态环境造成损害、带来环保问题。由于化学切割过程中会产生有害物质,目前在油田开发中的使用受到限制。钻粒缆切割仅能用于外表面切割。国内磨料射流技术发展较快并且已成功用于浅水弃井作业中,但是要用到深水切割大套管,还有大量问题需要解决,目前尚无法用于深水弃井作业。真正可以用于深水油气田水下井口切割作业的主要有机械式割刀切割、外悬挂动力切割。

其中,机械式切割用于水深较浅、切割单层套管时效果较好,但切割多层管柱的效率很低,特别是当水深较深时,由于海流的作用,在切割过程中钻杆的振动比较大,刀具易偏心,容易发生切割事故而无法完成切割作业。机械式切割又包括机械式座压切割和机械式提拉切割,其中机械式提拉切割部分解决了水深带来的作业难题,因此可用于较深水深的切割作业。

外悬挂动力切割能够平稳地切割多层套管,而且水力割刀的驱动动力在水下(采用螺杆马达),因此受水深的影响很小,即使是在套管不同心的状态下,切割效果也很好,目前国内外的深水平台弃井作业中普遍采用外悬挂动力切割工具。

1) 机械式座压切割

对于小于 300 m 水深的水下井口弃井切割作业,可采用较简单的切割管柱压住井口头的座压切割,采用的切割工具和工艺比较简单,机械式切割水下井口示意图如图 3-6 所示。

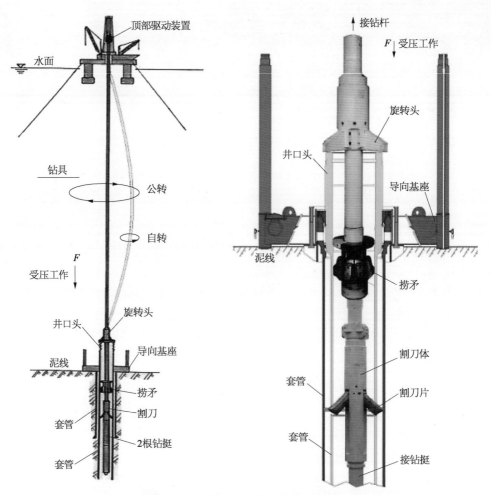

图 3-6　机械式切割水下井口示意图

在切割钻柱受压弯曲的环境条件下,靠钻柱一部分重量压住旋转头压在高压井口头上,靠钻柱转动带动割刀实施对井口导管的机械切割。

机械式座压切割存在以下这些缺点:

① 在无隔水导管约束环境下,受压弯曲钻柱自转并公转形成弯曲甩动;并可能造成钻柱沿轴向伸缩的纵向振动,当某一激励与钻柱自身的固有频率接近时,会发生钻柱位移场突变的共振现象,其交变应力和振幅的变化容易发生断钻具事故。

② 由于旋转头与高压井口头之间没有相对固定关系,切割过程中刀具晃动大,不易扶正,不能保证刀片在一个水平面上切割,容易对管体形成椭圆切口,或造成大半边切断而留下一小段未切断问题;且刀片受力不均,极易卡蹩,割刀工况十分恶劣。

③ 旋转头位置与 508 mm(20 in)内捞矛位置的长度配置繁琐且不精确,造成捞矛挡环顶着高压井口内台肩进行切割,捞矛极易磨损碰撞井口头内密封面,造成高压井口头报废损失。

④ 容易造成捞矛捞不住,或捞矛易卡在高压井口头内不易卸脱的问题。

⑤ 容易发生井口头割断后的倾倒或导向基座连同导向绳缠绕在一起的问题,造成打捞困难。

⑥ 当 508 mm(20 in)割断,而 762 mm(30 in)未断完,需要换刀时,常发生刀片蹩进割缝内被卡死,起钻换刀难的问题。

⑦ 切割钻柱受风浪流影响严重,往往增加许多非生产时间。

对于水深较浅的水下井口弃井切割作业,尽管座压式有诸多问题,但由于钻具短、甩动半径不大,当海洋环境条件较好、作业者经验丰富时,仍可较好地完成水下井口的切割作业。但是深水井中,钻柱受压弯挠度太大,座压式办法不再可行。因此,座压式水下井口系统切割回收技术只能用于浅水,无法用于深水井口的切割回收。

2) 机械式提拉切割

由于机械式座压切割存在诸多的问题,其中最主要的问题是钻杆受压导致的,因此对机械式座压切割工具进行了改进,研制出一种提拉式的水下井口切割组合工具,美国 Wetherford 公司 MOST Tool 外悬挂切割组合工具是代表性的产品。

机械式提拉切割的核心是一套结构较为复杂的外悬挂切割回收工具。该系统靠特制的外悬挂器卡挂在水下井口头上,上部钻柱处于受拉状态,钻柱旋转时永远处于垂直状态,甩动半径小,作业平稳,从而解决了座压切割带来的问题。

外悬挂井口切割回收工具系统具有如下优点:

① 外悬挂工具的卡爪在受控状态下抱紧 $476\ \text{mm}\left(18\dfrac{3}{4}\ \text{in}\right)$ 高压井口头,切割钻柱处于受拉状态,避免过大弯曲甩动问题发生;切割钻柱与水下井口系统连为一体,钻柱下部的纵向振动变小,切割平稳,对中性好,切割效率高,从而减少了椭圆切口、井口割断倾倒等问题。

② 钻柱处于提拉状态的动力切割,作业平稳、高效、安全。

③ 高压井口头内密封面得到很好保护,不会有磨损撞击破坏密封面问题发生;深水高压井口头的重复使用可大大降低设备费用。

④ 由于切割钻柱下部有伸缩短节,可有 0.5 m 活动伸缩距,便于刀片的收拢和防卡,中途换刀快捷、方便、安全。

⑤ 提升回收安全可靠,外悬挂工具就是提捞工具,免去了捞矛打捞作业的复杂和不安全问题发生,而且工具从井口系统解脱容易。

⑥ 风浪流对该切割工具影响小,提高对恶劣天气条件的适应性,减少非生产时间。

外悬挂工具的应用使钻柱受力状态由原来座压切割的受压变为受拉,钻柱通过外悬挂工具卡住水下井口形成一体,大大改善作业条件,是水下井口系统切割回收的一场革命。外悬挂器对多家不同类型的井口头都可连接,使得这种水下井口切割回收技术成为世界通用领先技术,很快在深水弃井切割中得到推广使用。

3) 外悬挂动力切割

机械提拉式切割仍然需要采用顶驱作为动力,切割时钻柱仍然需要转动。虽然钻杆手拉而不受压,但是钻杆在海流的作用下仍然会发生弯曲,所以还是会造成一定的甩动,或因井口不正对时连接丝扣处受到交变应力作用而引起一些问题。因此,国外对水下井口切割工具进行了改进,采用螺杆马达作为动力。螺杆马达位于井口内,动力切割由液力驱动螺杆马达带动割刀实施切割作业,受力状况优于机械式提拉切割。这时钻杆的作用是下入切割工具,提供高压钻井液通道(驱动螺杆马达),并且回收切割工具和井口。

外悬挂动力切割采用外悬挂工具,并配套螺杆动力钻具,上部钻柱不转,完全处于静止垂直受拉状态,作业更安全和高效。

综上所述,切割回收方式的选择,无论浅水、深水还是超深水,均应摒弃老式的座压切割方式而选用外悬挂切割回收。结合考虑经济性因素,对不同水深可采用不同的切割回收方式:水深小于 800 m 的弃井切割作业,宜选用外悬挂机械切割(顶驱或转盘驱动);大于 800 m 水深,则应选用外悬挂动力切割。

4) 国内研制的外悬挂动力切割

中国海油和远东石油公司根据国内的作业需求,实现了外悬挂动力切割工具的国产化。

国内研制的外悬挂工具包括:

① 提拉与下压双程序径向离合器。在提拉切割作业实践时,当 508 mm(20 in)表层套管割断后,磨削并张开刀杆切割 762 mm(30 in)/914 mm(36 in)导管时,经常发生高压井口头与低压井口头连接卡簧滑脱致使高压井口头连同割断的 508 mm 套管一起被拔出的情况,占总作业量 60% 以上。要将水下井口系统全套切割完整体提捞上来,必须把 508 mm 套管连同高压井口头插入回低压头内,再次锁紧卡簧继续切割外层大导管。此时的切割为防止再拔出就只能在高压井口头加压的状态下实施切割作业,单轴向离合只

能提拉作业,无法实施下压切割作业。为此,对径向拉压双程序离合装置进行改进设计,解决了这个问题,在南海深水弃井作业中发挥了很好的作用。

② 外悬挂器系统同时配套水下旋转头和动力螺杆。当实施机械切割时,用顶驱或转盘带动钻柱旋转驱动水力割刀切割,必须在外悬挂器芯轴上与钻柱之间组配水下旋转头,用于传递扭矩和循环液流;而当实施动力切割方式时,则必须用螺杆马达替换外悬挂器芯轴。支撑外悬挂器重量施加在螺杆外壳体上,就要有与外悬挂器内腔配合的提放结构设计,并且该位置与下部割刀系统配长要满足割口在泥线下 4 m 的要求。

③ 增加标记套和环形滤网,改进水力割刀、滚轮扶正器,进一步提高切割的稳定性。

国内研制外悬挂工具现场作业如图 3-7 所示。

图 3-7　国内研制外悬挂工具现场作业
(被割断的套管和水下井口被提出水面)

3.1.6　连续循环钻井系统

连续循环钻井是一项先进的钻井技术,是常规钻井期间钻井液循环方式的一次重大变革。它能够在接单根期间保持钻井液的连续循环,从而在整个钻进期间实现稳定的当量循环密度和不间断的钻屑排出,全面改善了井眼条件,提高复杂地层钻井作业的成功率和安全性。

连续循环钻井系统主要有主机、分流装置、动力单元及控制系统组成。主机是连续循环系统的核心,主要包括动力钳、强行起下装置、防喷器组和动力卡瓦等。其中,动力钳具有旋扣、紧扣及卸扣功能,同时能够在强行起下装置的驱动下上下移动;防喷器组则由上半封、全封和下半封三组闸板组成,在上卸扣操作时形成密闭腔体;动力卡瓦则用于承受钻柱悬重,并提供上卸扣反扭矩。连续循环钻井系统构成如图 3-8 所示。

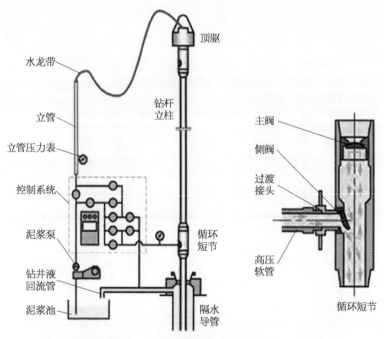

图 3-8　连续循环钻井系统构成

连续循环系统的工作原理:首先,关闭上、下半封闸板,在防喷器内形成一个密闭的容腔,在容腔内填充满高压钻井液后,利用动力钳卸扣使钻杆接头脱离;其次,用强行起下装置将上部钻杆提升至中间全封闸板上端,并利用钻井液分流装置与防喷器上的旁通阀完成钻井液循环通道的分流切换,即钻井液完全从防喷器上的旁通管道泵入腔体,而钻井液泵与立管之间的通道被完全切断;最后,关闭全封闸板,从而形成上、下两个密闭腔室,在上腔卸压后打开上半封闸板,并提出上部钻杆,这样就完成了卸钻杆操作。利用与上述相反的控制流程可完成加接新钻杆的操作,此时钻井液仍不断被泵入井内,从而实现钻井液的连续循环。

3.1.7　智能完井井下流量控制系统

一般来讲,智能完井系统的主要组成部分包括流量控制系统、封隔器、井下永久式

传感器、控制线和传输线、地面数据采集和控制设备。智能完井系统在储层实时监测和
地面远程控制井下生产方面具有无可比拟的先进性,不仅可使油井的维修工作减少到
最低,还能够远程关闭含水率较高的产层,减少地面产出水的处理费用,同时优化生产
结构,较大幅度地提高最终采收率。

在前期大量的试验和作业模拟的基础上,我国自主研发的智能完井系统在南海
东部恩平油田完井现场作业中取得了试验性应用,海上安装作业效率高效顺利,标志
着我国在海上油田的智能完井技术方面取得了新的突破。作业人员可通过远程操作
来监测、控制油气生产,借助地面控制系统,在不起出油管的情况下连续、实时地进
行井筒生产的动态控制和管理,现场测试表明智能完井系统的井下工具动作准确
到位,配套的地面控制系统监测和遥控功能可靠,操作工艺流程满足海上作业的
需要。

智能完井井下流量控制系统示意图如图 3-9 所示。

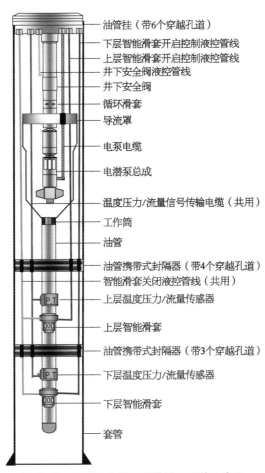

图 3-9　智能完井井下流量控制系统示意图

3.2 深水钻井工程设计

3.2.1 表层地质灾害预测

1) 浅层气识别与预测技术

常用的浅层气识别与预测手段包括:

(1)"麻坑"群

侧扫声呐图像上出现了"麻坑"。侧扫声呐图像上的"麻坑"形态很多,有圆形、椭圆形、碟形、盆形等,有成群分布,也有单个存在,一般宽为 30~40 m,深为 2~3 m。

(2)洼坑及气道

浅层剖面记录上,海床面突然出现洼坑、气道,或原来连续的地层突然出现空白或模糊一片。当旁侧声呐与浅层剖面仪同步作业时,记录图像上可以同时观察到浅层气"麻坑"与对应的气体喷逸通道。

(3)强反射与空白带

高分辨率浅层地震剖面记录上,浅层气呈现强反射,黑色浓度反映含气量与压力的大小。当反射层侧向过渡到含气带时,往往可以见到这些反射层向下偏移,这是由于含气量增加、声速减小所致。

(4)"亮点"

浅层气在多道数字地震剖面记录上最明显的标志是"亮点",这是高振幅、负相位反射引起的不连续、颜色加深了的反射信号。

2) 天然气水合物识别与预测技术

常用识别与预测手段包括:

(1)地球物理识别技术—地震识别与预测技术

包括:似海底反射层、振幅空白反射带、极性反转、振幅随偏移距变化(amplitude versus offset,AVO)结构、常规地震剖面上的(速度振幅异常结构现象)、垂直地震剖面(vertical seismic profile,VSP)和全波形反演速率/速度异常特征(AVO 反演)、波阻抗反演剖面上的识别标志和应用叠前和叠后混合反演方法等。

(2)地球物理识别技术—测井识别技术

由于含水合物沉积层的孔隙和裂隙被冰状水合物充填,其作用相当于"胶结物"而使沉积物更加致密,所以其弹性特征发生了变化。天然气水合物不仅在地震剖面上有明显的响应,而且在测井曲线上也有明显的异常。测井资料分析表明含天然气水合物沉积层具有如下测井识别标志:气测异常、井径扩大、电阻率增高、低自然电位、密度降低,声波速率增大、中子孔隙度增大。

(3) 地球化学识别技术

主要识别手段包括烃类气体含量异常、沉积物含水量异常、孔隙水中离子浓度异常、同位素组成异常、海底视像与海底微地貌勘测、海底热流探查、海底地质取样与深海钻探、生物群落和自生矿物、滑塌体、泥底辟或泥火山等。

3) 浅水流识别技术

浅水流灾害是指深水钻探中,钻过了一高压力化的砂层,在高孔隙压力驱动下砂和水激烈流动进井里眼,甚至喷出,导致井和钻进平台损坏的事件。

浅水流层具有很高的孔隙度,表现出低密度的性质,同时由于具有很高的孔隙压力,沉积颗粒之间的有效应力大大降低,几乎表现为流体的性质,因而具有很低的纵波速度和横波速度。但是横波速度降低的幅度比纵波速度大,浅水流层中的 V_p/V_s 值可以达到 10 的数量级甚至更高(相应的泊松比为 0.49 或者更高)。这些性质都可以被用来识别和预测浅水流。根据所用的地球物理资料的不同,对浅水流的预测大体分为两种方法:测井方法和反射地震方法。

(1) 测井方法

识别和预测浅水流过高压性质的测井方法包括钻井时的测量(measure while drilling, MWD)、钻井之后的测井及 VSP 测井等方法。在各种测井方式中,声波测井数据被认为是指示异常地压的最好标志,因为它受井孔、组分温度和盐度的影响较小。根据浅水流声波速度较低的物理特性,可以从声波测井得到的速度曲线与正常曲线作比较,其偏离正常曲线的程度经常被认为是过高压组分的指示标志。

(2) 反射地震方法

反射地震方法是目前最有效和最常使用的方法,这类方法是根据浅水流层的性质,从地震数据中提取有用参数,然后将其作为识别标志来预测浅水流。浅水流层具有相对低的纵横波速度和相对高的纵横波速度比(或者泊松比)。这些都是识别浅水流更为明显的标志,所以速度信息是该类方法最经常提取的参数。

3.2.2　表层钻井作业工艺

隔水导管的下入方式通常有钻入法、喷射法和锤入法三种。钻入法是指用钻头钻出井眼,下入导管并固井的方法。喷射法是指在导管内安装由钻头、动力钻具、喷射短节等组成的钻具组合,喷射钻进的同时下入导管的方法。锤入法是利用打桩锤的冲击功将导管锤入地层的方法。喷射法和锤入法的共同点是不固井,依靠地层与导管外壁的摩擦力支撑导管。目前深水表层钻井作业导管下入方法最常用的是喷射法。

喷射法下导管工艺技术的适用条件包括:

① 水深较深，一般情况下水深应超过导管入泥长度。

② 海流变化较大的水域，钻入法开孔后导管下入井眼困难。

③ 易发生井漏、井塌等复杂情况的浅部疏松地层，常规钻入法比较困难。

喷射法下导管的原理是利用水射流作业和导管串的重力，边喷射钻进边下入导管。喷射钻进至预定深度，静止一段时间，待地层吸附摩擦力增加后固定住导管。根据地层的软硬，钻头可位于导管鞋之上或之下，采用水力喷射破碎地层或领眼钻进。喷射短节位于钻头以上，水眼朝上，将井筒内的钻屑从导管内循环携带出来，如图 3-10 所示。

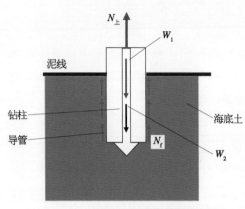

图 3-10　喷射法下导管受力示意图

3.2.3　深水地层压力预测技术

异常高压可能是由多种相互叠加的因素引起的，其中包括地质的、物理的、化学的和动力学的因素。但对于一个特定的压力体而言，其形成原因一般是以某种因素为主，其他因素为辅。异常高压产生的原因有很多种，目前公开发表过的异常高压形成机制有十几种之多。目前，国际上比较公认的关于异常地层压力的形成机制分类主要有以下几种：

① 岩石孔隙体积的变化：地层欠压实作用。

② 孔隙流体体积的变化：地温升高、矿物转化、烃类生成、流体(主要为气)运移。

③ 流体压力(水动头压力)变化和流体流动：渗透作用、流体压力压头。

④ 地层构造运动：地层抬升、构造剪切应力、构造地应力加载。

1) 岩石孔隙体积变化

目前关于岩石孔隙体积变化的机制主要是欠压实成压机制。欠压实成压机制是指在地层压实过程中，由于沉积速度过快并且地层渗透性差，流体会被截留在孔隙中，从而支撑了一部分不断增大的垂向载荷的成压方式，这种方式符合加载曲线。

非欠压实成压机制是指不属于欠压实的成压机制，通常包括孔隙流体体积变化、流体压力变化和流体流动、地层构造运动和流体密度差异，其中孔隙体积变化、流体压力变化和流体流动这两种机制符合卸载曲线。

2) 孔隙流体体积变化

孔隙流体体积变化又可分为地温升高、矿物转化、烃类生成和流体运移。

（1）地温升高

随着埋深增加而不断升高的温度，使孔隙水的膨胀大于岩石的膨胀(水的热膨胀系数大于岩石的热膨胀系数)。如果孔隙水由于存在流体隔层而无法逸出，孔隙压力将升高。

（2）矿物转化

矿物转化为沉积物时会释放边水，流体体积增加，产生异常高压，如蒙脱石脱水、石膏转化为硬石膏脱水等，其中蒙脱石与伊利石的互相转化是这种转化中的主要代表。

（3）烃类生成和流体运移

在逐渐埋深期间，将有机物转化成烃的反应也产生流体体积的增加，从而导致单个压力封存箱内的超压。

3）成压机制判断

不同的成压机制属于不同的加载与卸载机理。加载是指在地层压实过程中，骨架有效应力随上覆岩层压力增加而增加的过程。如果地层性质发生变化或者受外部构造运动影响，原始的骨架有效应力减小，这个过程则被称为卸载。

对加载和卸载过程中测井数据响应的进一步研究发现：在加载过程中，有效应力逐渐增大，孔隙度逐渐减小，声波时差减小而地层密度增大；在卸载过程中，由于地层已经压实成岩，而且岩石是一种弹塑性材料，虽然骨架有效应力减小，但孔隙度并不能完全恢复，在这种情况下，受岩石传导性质影响的声波时差会增大，而受岩石体积性质影响的地层密度基本不变。

欠压实过程中地层压力与有效骨架应力同时承担多余的上覆岩层，地层持续加载但是速度减慢，在测井数据上反映为声波速度和地层密度依然符合加载规律，但是声波速度与密度比正常值小，减小的程度取决于欠压实的程度。欠压实的程度越高，声波速度和地层密度越小。在构造运动剧烈的地区，水平地应力的强烈挤压也会导致异常高压，其作用机理类似于欠压实，只是加载力由垂直的上覆岩层压力变成了水平的地应力，因此构造地应力挤压导致的异常高压也属于加载作用。孔隙流体体积变化导致的异常高压属于卸载作用，在测井上反映为声波速度减小但地层密度不减小。

测井数据最能精确反映地层属性的数据，并且非常容易获取，通过测井数据判断成压机制，将极大地方便地层压力计算模型的选择。根据对测井数据与力学机理的关系，可建立以下地层压力预测方法：

（1）电阻率法

$$PP = OBG - (OBG - PP_N)\left(\frac{R_0}{R_N}\right)^x \tag{3-1}$$

（2）电导率法

$$PP = OBG - (OBG - PP_N)\left(\frac{C_N}{C_0}\right)^x \tag{3-2}$$

（3）声波时差法

$$PP = OBG - (OBG - PP_N)\left(\frac{DT_N}{DT_0}\right)^x \tag{3-3}$$

（4）层速度法

$$PP = OBG - (OBG - PP_N)\left(\frac{V_0}{V_N}\right)^x \tag{3-4}$$

（5）D_C 指数法

$$PP = OBG - (OBG - PP_N)\left(\frac{D_{C0}}{D_{CN}}\right)^x \tag{3-5}$$

式中　　PP ——孔隙压力；

OBG ——上覆岩层压力；

PP_N ——静液柱压力；

R_N、R_0 ——分别为正常压实泥岩电阻率、测井确定的泥岩电阻率；

C_N、C_0 ——分别为正常压实泥岩电导率、测井确定的泥岩电导率；

DT_N、DT_0 ——分别为正常压实泥岩声波时差、测井确定的泥岩声波时差；

V_N、V_0 ——分别为正常压实泥岩层速度、测井或地震确定的泥岩层速度；

D_{CN}、D_{C0} ——分别为正常压实泥岩钻井 D_C 指数、实钻泥岩 D_C 指数；

x ——Eaton 指数，由区域规律或实钻数据确定。

3.2.4　深水钻井水力学设计技术

钻井水力学是随着喷射式钻头的使用而提出的。钻井水力参数是表征钻头水力特性、射流水力特性以及地面水力设备性质的量，主要包括钻井泵的功率、排量、泵压以及钻头水功率、钻头水力压降、钻头喷嘴直径、射流冲击力、射流速度和环空钻井液上返速度等。水力参数优化设计的目标就是寻找合理的水力参数配合，使井底获得最大的水力能量分配，从而达到最优的井底净化效果，提高机械钻速。由于人们在水力作用对井底清洗机理认识上的差异，通常有最大钻通水功率、最大射流冲击力和最大射流速度三种水力参数优选的标准。

深水钻井水力学分析目前仍是参照浅水和陆地的方法。随着动力钻具等先进工具的应用，以最大钻头水功率等常规的喷射钻井水力参数优化方法不能完全适用于深水钻井水力学分析，需要进行不断完善与改进。在深水钻井中需要考虑以下问题：

① 深水钻井中需要考虑温度和压力对泥浆性能的影响，以精确预测和控制 ECD，使其在安全密度窗口之内。

② 上部无隔水管井段，环空直径大，受井眼稳定和泵能力限制的最大排量小于井眼清洁所需的最小排量，需要通过打稠浆和控制机械钻速等方法来保持井眼清洁和控制 ECD。

③ 下部井段需要通过增压泵来辅助大直径长隔水管段环空的携岩，随着增压泵排量的增大，其注入环空的高密度低温泥浆越多，井底 ECD 也随之增大，需在保证井眼清洁的同时控制 ECD 在安全密度窗口之内。

深水钻井水力学的任务是在井眼稳定和井眼清洁的条件下,合理分配水力参数,提高钻井效率,降低钻井成本,安全、高效钻至目的层,达到地质和油藏的目的。水力参数设计应满足井壁稳定、井眼清洁和经济可行的原则。

3.2.5　深水钻井井涌和井控技术

深水井涌和井控的特点包括:

① 浮式平台井涌监测相对困难,溢流极易窜至防喷器以上。

② 井涌余量较小。

③ 气体水合物对井控作业存在影响。

④ 阻流压井管线压耗大,压井作业困难。

⑤ 由于地层压力窗口的限制,钻井液密度通常不考虑隔水管余量的附加值。

深水井控安全余量是指在深水井控过程中(关井及处理溢流过程中),套管鞋处(或套管鞋以下地层最薄弱处)允许达到的最大环空压力的当量钻井液密度与当前井内钻井液当量密度的差值。

海洋司钻法压井是海洋钻井经常使用的压井方法。深水钻井时,由于防喷器组是安放在海底,因此在海底防喷器和海面阻流器之间要有一根(或者两根)细长的垂直的阻流管线来连接。压井时,通过泥浆泵从钻柱内注入泥浆,使泥浆从钻柱返到环空,顶替溢流流体。操作人员调节阻流器控制立管压力来保持井底压力不变,通过环空和阻流管线排出井内溢流。

海洋工程师法压井是在一个循环周内完成压井的方法。基本原理为压井时,通过泥浆泵从钻柱内注入泥浆,再由环空向上顶替溢流流体。操作人员调节节流器控制立管压力,在保持井底压力不变的情况下,通过环空节流管线排出井内溢流流体。适用条件:溢流、井喷发生后能正常关井,在泵入压井泥浆过程中始终保证井底压力略大于地层压力。与司钻法相比,工程师法压井周期短,压井过程中套压及井底压力低,适用于井口装置承压低及套管鞋处与地层破裂压力低的情况。

3.3　深水完井测试技术

3.3.1　深水完井策略

完井工程是指钻开油气层开始,到下部完井、下油管,再到安装采油树,直至投产的过程,完井工程衔接钻井和采油,是既能满足长期稳产,又能经济安全地进行油气井钻修井作业。深水完井总体原则:安全、可靠、环保。

1)深水完井设计要求

① 满足油气田开发要求。

② 完井工艺成熟,具有可操作性,控制作业风险和降低作业费用。

③ 完井中的关键问题应有专题研究的支持,专题研究的结果是深水完井设计的基础。

④ 考虑防砂及防水合物、防蜡、防垢等流动保障工艺的要求。

⑤ 应选择防腐、耐压、密封性好的深水完井管柱及工具,满足长期生产要求。

⑥ 水下采油树易于操作及维护。

⑦ 考虑后期易于修井,同时应尽量减少修井作业。

2)深水完井作业要求

① 作业过程中满足 QHSE 和完井设计的要求。

② 严格执行保护油气层的原则及符合储层改造措施的要求,在各个作业环节中做到最大限度地保护油气层。

③ 关键的完井设备和工具考虑备份、冗余,准备备用方案,提高作业时效。

④ 严格监管完井作业全过程,收集齐全作业数据。

3)深水完井方式

主要包括裸眼完井和套管固井完井,完井方式的特点如表 3-2 所示。

表 3-2 完井方式的特点

完井方式	优　点	缺　点
裸眼完井	(1) 储层段不需要射孔,不需要注水泥固井作业,作业效率高; (2) 占用钻机时间短; (3) 最大限度保持井筒泄油面积	(1) 难以实现长久的分层系开发; (2) 后续可实施的增产手段少; (3) 易于受出砂的影响
套管完井	(1) 可以有效封固地层,避免垮塌风险 (2) 可以实现储层的分隔,实现分层系开发 (3) 可以实现水层/气顶的有效封隔 (4) 后期井筒作业手段多	(1) 需要通过测井校深确定射孔位置和深度 (2) 套管固井和射孔导致的费用和工期增加

4)深水完井方式选择原则

① 满足地质油藏的要求,最大限度地释放产能。

② 统筹考虑安全、可靠、环保等因素,尽量减少油气田后续的干预作业和修井作业。

③ 对于胶结程度高、稳定性好、均质性好的油气藏可以优先考虑裸眼完井。

④ 对于地层稳定性相对较差,储层复杂且油气藏有分层系开发或层位封隔要求的,推荐优先采用套管完井。

5）深水防砂方式

考虑出砂对深水完井设备和生产系统的潜在风险，深水完井防砂要求更高。对于有可能出砂的储层均应采取防砂措施，对于预测出砂可能性低的储层可采用简易防砂措施；出砂可能对完井管柱、水下采油树、水下生产系统等产生损害，不推荐在深水完井中使用适度出砂的防砂方案。

其特点和选择原则如下：

① 对于深水油气井，一般采用套管射孔压裂充填和裸眼井砾石充填，这两种防砂方式需要的工期和费用比独立筛管和膨胀筛管多，但可靠性和防砂寿命比后者好。

② 对于注水、注气井，由于关井停注、不同注水层之间的互窜等原因存在出砂的风险，也应考虑防砂措施，优先考虑简易防砂方式。

③ 常见深水防砂方式特点如表 3-3 所示。

表 3-3　深水防砂方式特点和选择参考原则

项　目	套管射孔压裂充填(CHFP)	裸眼砾石充填（OHGP）	独立筛管（SAS）	膨胀筛管（ESS）
地层要求和适应性	(1) 较好的泥页岩隔层； (2) 弱胶结地层； (3) 储层远离水层和气顶，中间没有夹杂大的可疑水层； (4) 单一储层段跨度不超过 45 m，筛管上安装旁通管可以提高到 90 m	(1) 存在大的气顶和边底水的油藏； (2) 裸眼段超过 500 m，需要在筛管上安装旁通管保证充填效率	(1) 地层砂均质性较好； (2) 储层泥质含量低	(1) 地层砂均质性较好； (2) 储层泥质含量低
油藏开发要求	(1) 满足油藏分层控制的要求； (2) 提高导流能力	单一储层开发	满足油藏分层控制的要求	单一储层开发
井筒要求	井斜不超过 65°	常规井、大斜度井或水平井	常规井、大斜度井或水平井	(1) 井斜不超过 75°； (2) 不适用于大位移井和裸眼段超过 1 000 m 的井； (3) 不推荐用于套管完井的防砂； (4) 膨胀筛管的安装对井筒的椭圆度要求较高，环空间隙影响防砂效果和筛管寿命； (5) 膨胀筛管可以提供较大的产层段井筒通径，后期修井调整空间大

(续表)

项　目	套管射孔压裂充填(CHFP)	裸眼砾石充填(OHGP)	独立筛管(SAS)	膨胀筛管(ESS)
防砂作业可操作性和防砂效果	(1) 作业成功率高 (2) 需要专门的压裂设备,占用平台甲板面积 (3) 防砂有效性高,寿命长	(1) 作业成功率比较高(低于CHFP) (2) 需要进行滤饼清除作业 (3) 防砂有效性高,寿命长	(1) 对筛管质量要求较高; (2) 投产初期,地层砂稳定之前,少量的细粉砂通过筛管进入井筒; (3) 存在筛管堵塞,流通面积减小的风险; (4) 作业费用低	(1) 接触面积大,冲蚀风险低,适用于高产井; (2) 没有环空,因此,筛管堵塞和流通面积减小的风险较低; (3) 膨胀筛管在井下的状态和机械性能无法准确测定; (4) 筛管费用高

3.3.2　深水测试策略

深水测试工艺技术与陆上和浅海测试工艺技术相比较,基本原理和地质工艺组织思路基本相同,区别在于:工程实现;地面求产系统方面会在备份需求、安全控制和燃烧器能力上有差别;井下系统在功能上存在有多种井控功能阀、防冻注入系统、电缆穿越系统和对下井工具的性能和稳定性有更高要求。同时由于使用浮式钻井作业装置不但需要在6个自由度上解决和补偿平台的运动与保障测试管柱与井眼的相对稳定问题,而且要解决特殊气候、水文灾害和深水灾害控制等的应急处理与安全解决问题(如台风、季风、内波流与水合物等)。

在深水环境条件下完成该项工作需要面对及特别关注的问题是:

① 特殊海况,比如中国南海季风和台风季节,特殊的水文特征和内波流等。

② 测试日费成本极其昂贵,如何提高作业效率。

③ 地层出砂堵塞效应储层埋深和深水扇组分,尽可能避免地层大量出砂,如何保障流道畅通(从射孔段到地面管线)保障测试成功。

④ 喷砂磨蚀效应一旦防砂失败,携带砂子高速流动的气体对地面设备的冲蚀引起气体泄漏。

⑤ 水合物堵塞效应,在深水环境条件下开井流动和关井期间,均存在水合物堵塞流通通道,可能导致测试失败。

⑥ 应急解脱,主要在台风、海流、浅层气溢出、井控失控、平台动力定位系统失效时需要从泥线处解脱测试管和隔水管上部总成,防止恶性事故的发生。

3.3.3　完井测试的设计要求

完井和测试的设计要求包括:

① 水文气象因素,如台风、季风、海浪、海流(包括内波流)等。

② 测试作业时间窗口。

③ 测试平台的作业能力,包括可变载荷、稳性、钻井装置最大允许的漂移量、燃烧臂的放喷能力等。

④ 井控。

⑤ 地面设备的处理能力。

⑥ 测试管柱安全校核(考虑管柱气密性及强度校核等)。

⑦ 水合物防治。

⑧ 地层出砂防治。

⑨ 测试工作制度。

⑩ 人工举升方法。

⑪ 增产措施。

⑫ 质量健康安全环保(QHSE)及风险管理。

3.3.4　完井测试现场工艺

完井测试的现场工艺步骤包括:

1) 刮管洗井

作业水深大、隔水管长、测试作业中使用的工具复杂,所以在深水完井测试作业中,刮管洗井作业尤为重要。要对刮管工具及管柱组合进行合理配置,优选洗井材料、优化洗井程序。

2) 射孔

深水测试射孔一般采用油管传输联作负压射孔,根据地层物性、温度、压力、时间选择合适的射孔枪和射孔弹。一般采用加压引爆射孔,同时应考虑备用点火方式,设置合理的延迟时间。

3) 防砂

深水测试作业中,油气藏一般埋深浅,储层压实程度低,地层胶结疏松,临界出砂压差小,测试期间极易出砂,稠油油藏测试更为严重,为防止因地层出砂导致的井下工具砂堵、管柱砂埋、地面流程堵塞等,在设计阶段必须考虑地层出砂问题和如何防砂。

目前,深水测试的防砂方法以机械防砂为主,形式多样,常见的深水测试防砂完井方式有 4 种:压裂充填、裸眼砾石充填、独立高级优质筛管和膨胀筛管防砂。

对于如何选择深水测试井的防砂方式,国际上没有统一的标准,只是在决策过程中考虑测试井测试时间较短和要求测试流量满足一定的要求,各大油公司和服务商都有各自的一套标准做法,在实际应用中差异较大,大体上还是沿用开发井的防砂完井方式选择标准,可以分为两种:谨慎严格防砂和相对开放防砂方法。其中,谨慎严格防砂方法以 BP 和 Petrobras 为代表,相对开放防砂方法以 Total 和 Hydro Oil & Energy 为代表。由于相对开放防砂方法以独立高级优质筛管为主要的防砂完井方式,初期防砂成本低,且防砂表皮系数小,较易满足测试对流量的高要求,因此,目前深水测试防砂领域以适度防砂方法的应用较为广泛。

4）水合物防治

减少水合物需从四个方面着手:低温、高压、气体和水的影响。

（1）温度

在深水环境下,水温几乎恒定保持 4℃不变,通过加热的方法来提高和保持温度以避免水合物的形成,为了避免热量过快的流失,必须在关井期间做好防水工作。

（2）压力

轻组分缓冲体系是应对这种情况的最佳方案,同时还可以减少水的因素影响,因此有许多公司运用连续油管循环氮气来解决这个问题,但需注意严格控制压力在水合物形成的压力之下。直接减压可行性高,但须面对包括表面压力的突然增加和气体突然大量涌入的风险。

（3）气体和水的影响

在流动期用合成基泥浆钻井是有效方法之一。由于测试树上的化学抑制剂注入口有着有限的流动范围,因此可以采用专用的化学注入管线安置在管串上或井口。

5）测试管柱设计

测试管柱设计的目的是有效封隔地层,建立地层流体流动和循环压井通道;保障流体在井下处于可控状态;具备管柱应急解脱、管柱内剪切功能、化学药剂注入功能和井下开/关井功能;满足安全和地质要求的前提下,宜尽量简化管柱结构。

管柱通径应满足预测的最高产量及作业的需求,管柱应具备循环压井、水合物监测和防治、化学药剂注入、防砂、泥面温度压监测等功能,管柱内径尽可能一致,最小内径满足钢丝探砂面及水合物面、下入连续油管进管柱内通井、钻水合物和冲砂、冲洗、顶替等作业要求,测试管柱应配备至少 2 道安全屏障,下循环阀的位置应尽量靠近封隔器。

地面测试树离钻台应考虑平台漂移的影响,推荐一根油管的高度与地面测试树相连接的高压软管长度应大于 22 m(70 ft)。

6）地面流程设计

测试地面流程设备包括以油嘴管汇为界的上游设备、下游设备及辅助设备,上游设备包括但不限于地面测试树、地面安全阀、含砂探测装置、除砂器、化学注入装置及油嘴管汇等。下游设备包括但不限于蒸汽换热器、三相分离器、密闭罐、平台固定油气分配管汇、平台固定油气管线及燃烧臂等。地面流程辅助设备包括但不限于:锅炉、压风机、输油泵、数据采集系统、喷淋冷却系统等。

3.4 深水钻井液和固井水泥浆体系

3.4.1 深水环境对钻井液水泥浆的影响

当钻井液循环经过泥线附近时，由于深水低温环境，其流变性会发生较大变化，具体表现在黏度、切力大幅度上升，还可能发生快速胶凝作用，从而导致循环困难。特别是使用油基和合成基钻井液时，由于浅层破裂压力低，更容易压漏地层。

3.4.2 深水钻井液体系设计原则

通过对钻井液体系的流变性进行全温度段和全压力范围的测试，可以确定适合于深水低温的钻井液类型，设计出满足低温作业的具有最佳黏温稳定性的钻井液体系。

由于深水的泥线温度接近0℃，并且由于井身结构及对钻井成本的控制，要求深水钻井液应具有优异的性能。从控制水合物和浅层流的角度来看，深水钻井液体系也必须能够控制水合物的生成，并且能够提高钻速、节约成本。无隔水管钻进井段，钻井液多采用水基体系，作业中钻井液将返至海底。隔水管连接后，需要采用适合深水特殊环境的钻井液体系，特别要考虑对潜在的水合物的抑制。

深水钻井对钻井液体系有如下特殊要求：
① 长隔水管段低返速情况下的悬浮和携岩能力。
② 能够有效地抑制气体水合物的产生。
③ 在低温下具有良好的流变特性。
④ 优良的抑制性能和润滑性能。

3.4.3 深水固井水泥浆体系设计

深水固井所涉及的环境温度特殊、水泥浆用量大、海底泥页岩活跃，因此面临稳定性差、破裂压力梯度低并伴随有浅层流体以及气体水合物的形成等一系列问题。深水救援井固井（特别是表层段）与常规固井相比，常面临低温、浅层水-气流动、松软地层、异常高压砂层等问题，固井时需要考虑候凝时间（WOC）、低温水-气窜、水泥浆密度低以及密度"窗口"窄、井眼环空间隙大、井眼不规则、顶替效率差等因素的影响。这些因素的影响给深水救援井固井工作带来了诸多困难。

通过国内外深水固井水泥浆体系的资料调研表明,在深水固井作业中,无论是表层固井还是技术套管固井,基本都采用了首尾浆的固井模式。同时由于泥线下地层高压浅层流体的存在,需要水泥浆体系具有优良的直角凝固特征,抑制浅层流灾害的产生。开发低温低密度高强早强水泥浆体系,形成低温浅层流高效封固水泥浆体系及其配套固井工艺也是深水救援井需要解决的问题。

3.5 救援井技术

井喷事故早期处理不当就会演变成严重的井喷失控事故如井口严重损坏、井口爆炸着火、井口附近出现塌陷坑等,通过救援井控制井喷就成了唯一的选择。在海洋钻井中遇到井喷失控等危险情况,往往只能采用救援井压井的方法进行处理。通过救援井可以对喷井实施压井从而阻止地层流体继续进入井眼,是石油行业处理井喷事故的最后手段。在压井成功之后,对一些严重毁坏的井,可以注入水泥彻底封住井眼防止其再次井喷;对一些产量很高,井眼破坏不很严重的井在压井成功后可以恢复钻进和油气生产。

现有相关技术包括:

① 救援井井位优选技术。

② 救援井轨迹设计技术。

③ 救援井轨迹测量和控制技术。

④ 救援井井眼连通技术。

⑤ 救援井动态法压井参数设计。

⑥ 救援井模拟井喷和压井技术。

在发生墨西哥湾深水地平线井喷事故之前,全球提供井控服务的公司屈指可数,然而自2010年以后迫于各国政府对环境保护法律法规的修改,以及油公司自身抗风险能力建设等种种因素的影响,海洋三级井控应急设备研发制造及相关的技术如雨后春笋般得到了迅速发展。目前,国外具有丰富的井控处置经验的三级井控应急机构已达8家,国外三级井控应急机构资源分布如表3-4所示,服务范围覆盖全球。

表 3 - 4　国外三级井控应急机构资源分布

序　号	机构/公司名称	简　称	基　地	服务范围
1	Wild Well Control Inc	WWCI	阿伯丁	陆地与海洋
			新加坡	
			休斯敦	
2	Boots&Coots	Boots&Coots	新加坡	陆地与海洋
			休斯敦	
			里约	
			沙特	
			印度	
3	CUDD Well Control	CUDD	休斯敦	陆地与海洋浅水
4	Alert Disaster Control	Alert Disaster Control	卡尔加里	陆地与海洋浅水
5	Helix well containment group	HWCG	休斯敦	海洋
6	Marine Well Containment Company	MWCC	休斯敦	海洋
7	Subsea Well Response Project	SWPR	挪威	海洋
			巴西	
			南非	
			新加坡	
8	Oil Spill Response Limited	OSRL	新加坡	海洋

3.6　展　　望

随着海洋钻探工程技术的不断进步,深水开发的范围不断扩大,从近年的石油发现来分析,世界新发现的油田一直向海洋倾斜,21 世纪发现的大油气田有 56 个位于深水区、12 个位于超深水区。墨西哥湾、巴西、西非已经成为深水油气田开发主战场。目前,我国尚未完全掌握复杂条件下超深水/深水的钻完井工艺技术。我国南海常规地层的深水区域,目前钻遇的油气藏在地层条件、井下压力窗口、井身结构等方面相对简单,我们与国外的差距主要体现在复杂深水油气藏钻完井技术方面,包括深水的高温高压、巨厚盐膏层相关的钻井设计技术、精细控压钻井技术等。

大型装备方面的差距更明显,国内深水钻井平台钻井包的成套集成设计能力不足,关键设备如深水钻机、井口管子处理系统、防喷器、采油树、隔水管系统等进行了一些国产化的尝试,但是由于缺少应用评估的相关标准规范,国产化设备现场应用的可靠性无从保障,产业化推广举步维艰。特殊的深水钻井装备如双梯度钻井、控压钻井、适应深水高效经济修井等方面的特殊装备的研发才刚刚起步,不能适应深水钻井对多样化、系列化功能装备的需求。我国的深水钻完井工程技术任重道远,仍需科研人员与工程技术人员不断努力。

第4章 深水平台工程技术

深水平台工程技术已成为海洋工程界的一个热点。同时,海洋油气开发的加速发展,使得市场对海洋工程的装备需求变得更为迫切。所以,深海平台技术的提高和创新成为人类征服海洋的关键。

无论是海底石油、天然气开采与勘探作业,还是海洋波浪能、潮流能、海上风能等可再生能源利用,都离不开深海浮式结构物的支撑。深海浮式结构物系统主要包括浮式平台主体、系泊定位系统和海洋立管三大部分。目前,国际上深海工程典型深海浮式结构物主要有以下几种:单立柱式平台、半潜式平台、张力腿平台、浮式生产储油卸油装置等。

深海浮式结构物通过锚泊系统或者动力定位系统将大型浮式结构相对定位于作业海域,由于海面复杂的风浪流载荷使平台产生微幅波频摇荡和大幅低频慢漂运动,因而带动系泊缆索和海洋立管等细长柔性构件产生运动,海洋平台的大幅低频慢漂会在系泊缆索中诱发很大的张力,细长柔性构件同时承受非线性波流载荷而产生动张力,从而耦合影响海洋平台运动响应。随着海洋平台工作水深增加,系泊缆索和海洋立管等细长柔性构件的非线性动力响应逐渐增强。不同的深海系泊浮式结构物的低频漂移运动也会受到波频摇荡运动的不同影响,两者存在水动力学载荷耦合效应,深海系泊浮式结构物的耦合运动以及外载荷分析,既是深海工程装备设计的基础共性技术,也是制约我国深海装备自主创新的薄弱环节,同时也是国际海洋工程研究领域的一大热点问题。

本章主要介绍了深水平台的类型、特点、造型原则及关键技术。

4.1　深水平台类型及特点

4.1.1　传统平台

1) SPAR 平台

随着近海油气工业朝着深水和超深水寻找新油气发现和生产油气的发展,SPAR平台已成为最富吸引力的发展概念之一。SPAR平台技术应用于海洋开发已经有超过30年的历史,但在1987年以前,SPAR平台主要是作为辅助系统而不是直接的生产系统。目前,SPAR平台已经发展到第三代。世界上已经建成的SPAR平台有三种类型,按出现的时间顺序分别是:传统型、桁架型、蜂巢型。

第一代传统型SPAR平台的主要特点是主体为封闭式单柱圆筒结构,结构外形巨大。传统型 SPAR 平台共有三座：第一座传统型 SPAR 平台是于 1996 年建成的 Neptune 平台，其他两座分别是 1999 年建成的 Genesis 平台和 Hoover/Diana 平台，其中 Genesis 平台也是世界上第一座配备钻井模块的同时具备钻采功能的 SPAR 平台。

第二代桁架型 SPAR 平台解决了传统型 SPAR 平台由于其主体尺寸较大、有效载荷能力不高、平台建造成本较大等问题。与传统型 SPAR 平台相比，桁架型 SPAR 平台的最大优势在于其钢材用量大大降低，从而能有效地控制建造费用，因此得到了广泛的应用。世界上第一座桁架型 SPAR 平台是于 2001 年建成的 Nansen 平台。桁架型 SPAR 平台是目前建成使用最多、应用最为广泛的 SPAR 平台类型。

由于第一代和第二代 SPAR 平台体积庞大、造价昂贵，而实际工程要求降低造价、体积和提高平台的承载效率，第三代蜂巢型 SPAR 平台为此对主体结构做了进一步的改进。蜂巢型 SPAR 平台采用组合式主体结构以取代传统的单圆柱主体结构，组装时以一个小型圆柱为中心将其他的圆柱体环绕捆绑在该中心圆柱体上，形成一个蜂巢型的主体结构。世界上唯一一座蜂巢型 SPAR 平台是 2004 年建成的 Red Hawk 平台。

图 4-1 所示为三代 SPAR 平台类型。这三种类型 SPAR 平台的主体部分都可以划分为硬舱、中间段、软舱三部分。其中硬舱的作用主要是提供浮力，保护中央井及立管，提供可变压载；软舱的作用主要是提供固定压载，降低平台重心；传统型 SPAR 的中间段可以储油，桁架型和蜂巢型 SPAR 的中间段主要起连接作用，同时位于中间段的垂

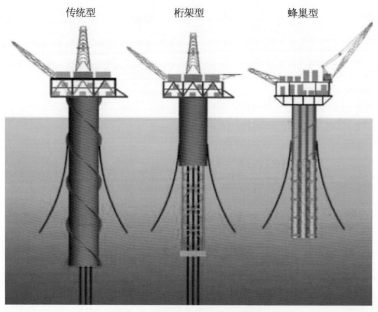

图 4-1　三代 SPAR 平台类型

荡板还可以起到增加附加质量、降低垂荡响应、延长固有周期的作用。固定压载舱室一般位于软舱底部,主要起到降低平台重心的作用;可变压载舱室一般位于软舱上部及硬舱底部,主要起到调节平台平衡、改变平台吃水的作用;其他部分舱室一般为空舱。

2) 半潜式平台

半潜式平台稳定性较好,移动灵活,使用水深较深,作业可靠,故它是今后数十年海上石油勘探开发钻井工程中最有发展前途的装备,是 21 世纪最关键的设备。

深水半潜式平台主要特点如下:

① 优良的设计,其可变载荷与总排水量的比值将超过 4.0(Petrobas ⅩⅧ 平台的总排水量与平台自重比值为 3.6)。

② 平台主结构采用甚高强度钢,这种钢强度高、韧性好、可焊接性好。

③ 大的甲板可变载荷(甲板可变载荷达 10 万 t 以上)和大的平台主尺度及大的钻井物资储存能力。

④ 少节点,无斜撑的简单外形结构以减少建造费用。半潜式平台采用了较为简洁的结构,下沉垫和立柱均为等截面的矩形;平台甲板亦为扁平矩形箱型结构;由于每边仅为两根矩形截面立柱与平台甲板和下沉垫相连,除左右立柱仅有 4 根拉筋外,几乎没有其他节点。因此,明显减少了焊接节点数量、拉筋的工作量及技术难度,从而节约了建造成本。

⑤ 良好的船体安全性和抗风暴能力及长的自持能力,以适应全球远海、超深水全天候和较长期的工作能力,平台甲板、生活模块为扁平且矮的结构,从而明显减少风的阻力和降低风力的力矩,具有良好的大风浪环境的适应能力。

⑥ 很深的工作水深并向更大的工作水深发展,1998 年新建和在建的 19 艘平台中,17 艘平台工作水深在 1 500 m 以上,最深工作水深为宾果(BINGO)9000 系列 1—4 号,其 4 艘平台的工作水深均接近 3 000 m。可以预料未来 20 年内将有工作水深达 4 000～5 000 m 的半潜式平台出现。

3) TLP 平台

TLP 平台是一种典型的顺应式平台,通过数条张力腿与海底相连。TLP 平台的张力筋腱中具有很大的预张力,这种预张力是由平台本体的剩余浮力提供的。在这种以预张力形式出现的剩余浮力作用下,张力腿时刻处于受预拉的绷紧状态,从而使得平台本体在平面外的运动(横摇、纵摇、垂荡)近于刚性,而平面内的运动(横荡、纵荡、首摇)则显示出柔性,环境载荷可以通过平面内运动的惯性力而不是结构内力来平衡。TLP 平台在各个自由度上的运动固有周期都远离常见的海洋能量集中频带,一座典型的 TLP 平台,其垂荡运动的固有周期为 2～4 s,纵横荡运动的固有周期为 100～200 s,显示出良好的稳定性。目前的 TLP 平台有以下几种结构型式(图 4 - 2～图 4 - 5):传统式(conventional TLP)、海之星(seastar TLP)、MOSES(MOSES TLP)、伸张式

（ETLP），后三种型式相对于传统式可统称为新型 TLP。新型 TLP 的出现，使得 TLP 在安装技术及成本等方面有所改善，从而提高了 TLP 平台在各种浮式平台中的竞争力。

图 4-2　传统式 TLP

图 4-3　seastar

图 4-4　MOSES TLP

图 4-5　ETLP

4）FPSO

　　FPSO 可对原油进行初步加工并储存，被称为"海上石油工厂"。FPSO 始于 20

世纪 70 年代中期,它具有两个特点:一是体型庞大,船体一般有 5～30 万 t,一艘 30 万 t 的 FPSO 甲板面积相当于 3 个足球场;二是功能较多,FPSO 集合了各种油田设施,对油气水实施分离处理和原油储存,故被称为"海上工厂""油田心脏"。 FPSO 主要由船体、负责油气生产处理的上部模块和水下单点系泊系统三部分组成,一般适用于 20～2 000 m 不同水深和各种环境的海况,通过固定式单点或悬链式单点系泊系统固定在海上,可随风、浪和水流的作用进行 360°全方位的自由旋转,规避风浪带来的破坏力。FPSO 装置作为海洋油气开发系统的组成部分,一般与水下采油装置和穿梭油船组成一套完整的生产系统,是目前海洋工程船舶中的高技术产品。同时,FPSO 还具有高投资、高风险、高回报的海洋工程特点,图 4-6 和图 4-7 分别给出了"海洋石油 111"FPSO 和"海洋石油 118"FPSO,具体如下:

图 4-6　"海洋石油 111"FPSO

　① 生产系统投产快、投资低,若采用油船改装成 FPSO,则该优势更为显著,而且目前很容易找到船龄不高、工况适宜的大型油船进行改装。

　② 甲板面积宽阔,承重能力与抗风浪环境能力强,便于生产设备布置。

　③ 储油能力大,船上原油可定期、安全、快速地通过卸油装置卸入穿梭油船中运输到岸上,穿梭油船不仅可与 FPSO 串联,也可傍靠 FPSO 系泊。最新 FPSO 还具备了海上天然气分离压缩罐装能力,提高了油田作业的经济性。

　④ FPSO 技术发展趋势随着科技发展和海上作业难度加大,海洋油气开采工程装备正在向大型化、自动化、专用化方面发展;同时,国际海事组织(IMO)对涉海船舶产品的安全、环保等方面的要求也越来越严格。

图 4-7 "海洋石油 118" FPSO

4.1.2 新型平台

1) FLNG

南海深水离岸距离远,且缺乏海底管网,未来的大型南海深远海气田开发方案急需一套经济合理、技术可行的工程方案。近些年,国际上深远海气田的一个主要研究方向是发展浮式液化天然气生产装置 FLNG。它是一种用于海上天然气田开发的浮式生产装置,通过系泊系统定位于海上,具有开采、处理、液化、储存和装卸天然气的功能,并与液化天然气船 LNGC 搭配使用,实现海上天然气田的开采和天然气运输。

海上天然气田的传统开发工程模式通常将海底采集的天然气通过海底管道输送到陆上终端,其主要工程设施包括生产平台或水下生产系统、生产管线、外输管线、陆上处理终端。而以 FLNG 为主的新型开发工程模式将海底采集的天然气输送到 FLNG 进行处理、液化、储存和外输,其主要工程设施包括水下生产系统、FLNG、生产管线、穿梭油轮等。传统开发工程模式具有一定的局限性,当离岸距离较远或者规模较小时,使用传统的开发工程模式会降低经济效益,甚至无法收回投资。同时,铺设海底管道流动安全无法保障,技术风险大。利用 FLNG 进行深水气田开发结束了采用管道运输上岸的单一模式的局面,节约成本,不占用陆上空间。并且,FLNG 可以在气田开采结束后被重复利用,安置于其他天然气田,也为边际气田开发提供了灵活配置、经济有效的方案。早在 2011 年,国家工业和信息化部、海洋局等 5 部门就联合发布了《海洋工程装备中长期发展规划》;我国工业和信息化部在 2015 年 10 月 30 日正式发布的《中国制造 2025》

重点领域技术线路图中,明确提出了将浮式液化天然气 FLNG 等新型海洋油气资源开发装备等列为重点发展产品。随着天然气供应紧张和相关应用技术逐步成熟,FLNG 概念的工程化已被众多能源公司所接受,已经从概念走向现实。目前,世界上已经建成投产的 FLNG 有: Prelude FLNG(图 4 - 8)、PFLNG1/SATU、Hilli Episeyo FLNG、Caribbean FLNG 等。

图 4 - 8 Prelude FLNG

2) FDPSO

FDPSO 是一种可以用于深水油田开发的钻井、生产、储卸油一体的浮式装置。FDPSO 的概念是在 FPSO 的基础发展起来的,通过在 FPSO 上扩展增加钻井功能,使得油田的开发方式获得很大的改变。早在 20 世纪 90 年代,FDPSO 的概念就被提出,并进行了很多配套新技术研究,如:隐藏式立管浮箱、张力腿甲板等。世界上第一艘 FDPSO(图 4 - 9)是 Azurite 油田的 FDPSO,它由旧油轮改造而成,其主要特点如下:

① 同时具备钻完井功能、处理和储存原油的功能。

② 采用可搬迁模块钻机,开发初期用于钻完井作业,后期模块钻机可搬迁,大大节约了钻井费用。

③ 采用水下采油树＋FDPSO＋穿梭油轮,不需要依托现有油田和现有的基础设施。

④ 采用柔性立管,立管数量不受限制。

⑤ 由旧船改装而成,前期投资低且建造时间短,油田可提前投产。

图 4-9 世界第一艘 FDPSO

⑥ 不需要海上组装,节约海上安装费用。

⑦ 可重复利用。

⑧ FDPSO 时水深不敏感,可适用较大的水深范围。

4.2 深水平台选型原则

深水平台的选择是确定油气田总体开发方案的关键,它直接影响到油气田开发的安全性、可靠性和经济性。根据相关应用经验及功能适应性情况,目前有 TLP、SPAR、SEMI、FPSO 这 4 类深水平台被广泛应用于深水油气田的开发,但选择何种平台是作业者在油田开发方案设计阶段最为关注的问题之一,将直接影响到油田未来的开发,比如开发所需技术与装备、开发过程中环境保护与安全和总体成本等一系列问题,因此寻求一种正确选择深水平台的迅速有效的方法是十分有意义的。由于深水平台的选择是一个复杂的、系统的过程,需要众多专业团队的参与,包括油藏、钻井、工程、安全、经济等,选择时需要考虑的实际影响因素也众多,这就给选择的工作带来了巨大的挑战。为深水油气田开发选择技术可行、经济可靠的平台,需要综合考虑影响深水平台的主要因素,并最终形成一种基于经验的选择方法。

深水油气田开发平台的选择关系到整个油气田开发方案的选择,总体开发方案按照井口的类型来分大致有 3 类：干式井口方案、湿式井口方案和干式湿式井口结合方案。同时，通过对各类浮式平台的类型和特点分析可知，深水浮式平台选择受多种因素的影响。下面将根据影响平台选择的权重大小（由大到小）对因素进行逐一分析。

（1）油藏特性

油藏特性决定了井位的分布和井口的数目，是影响浮式平台选择的关键因素。井位的分布形式主要有 3 种：丛式井、分散井以及两者的结合。通常，井位的分布形式决定了井口的类型，即确定了大致开发方案：丛式井采用干式井口方案，分散井采用湿式井口方案。各类平台所能支持的最多井口数目有较大差别，井口的数目可进一步确定所选用的平台类型或数量。

（2）油藏规模及油田产能

油藏规模及油田产能决定了油田的寿命及最大日产量。TLP 和 SPAR 平台通常用于寿命较长的油气田开发，FPSO 和 SEMI 平台可应用于任何寿命的油气田开发。

（3）油田环境条件

油田环境条件主要包括油田水深和油田所处的海域环境。水深主要对 TLP 平台的应用有限制，目前其最大应用水深为 1 425 m。在超深水中，TLP 平台的使用受到限制，一方面，由于张力筋腱的成本急剧增加使得平台整体经济性变差；另一方面，平台的自身频率增加易与波浪形成共振，安全可靠性变差。各类平台对环境适应性不同，SEMI、SPAR、TLP 抵抗恶劣环境的能力较强，FPSO 较弱。

（4）立管的选择

立管选择与平台选择是一个相互迭代的过程，两者的选择均需考虑对方的适应性。立管的选择需要考虑土壤条件、海洋环境条件、油田开发所需的立管最多数量、立管与平台之间的接触、油田开发用脐带缆的悬挂、立管的制造运输安装、立管的维修、立管经济性等多方面因素。

（5）当地政策法规及政治因素

当地政策法规及政治因素主要包括：是否允许此类平台进行作业、油田开发所需设备是否需由当地制造、国与国之间的外交关系是否影响原油的外输等。

（6）经济性

经济性的考虑应该放眼于整个油气田的开发，包括建设成本（CAPEX）、钻井成本（DRIX）、操作成本（OPEX），不应仅仅考虑平台的制造安装成本。通常，典型深水油气田开发钻完井和平台设备投资约占整体项目投资的 60%。

（7）油田作业者

不同的油田作业者对各类平台的操作经验不同。通常，在各方条件基本相同时，甚至在保证技术可靠性前提下，即使经济性相对较差，作业者依然会在方案设计时首先选择自己操作经验较丰富的平台，这样可降低操作风险性。此外，浮式平台的选择还受操作方钻完井策略、油田周围的基础设施、水下生产设施的布局、油田未来开发计划等因素影响。

综上,浮式平台选择应遵循的基本原则为:有利于钻修井操作、CAPEX/OPEX 最小化、尽量减少海上施工、尽量缩短建设工期、整个系统的灵活性高。

从上述的平台选型原则可以看出:

① TLP 平台较适合油藏集中的大型油田开发,但适用水深是制约其广泛应用的瓶颈;SPAR 平台处理能力有限。这两类平台均适用于环境较恶劣的海域,对建造安装场地要求较高。半潜式平台和 FPSO 可应用于油藏较分散的各类油田,理论上不受水深的限制,但 FPSO 对作业环境要求相对更高。

② 深水平台的选择是一个十分复杂、不断迭代的过程,选择时首先根据油藏特性决定深水平台的类型(干式或湿式或两者结合),然后根据油藏的规模和环境条件进一步确定平台的类型及数量,选择过程中还要综合考虑所选承包商立管的设计、制造、安装能力以及其他影响因素。

4.3　深水平台关键技术

4.3.1　总体系统布置与规划设计

1) 上部模块总体布置

上部模块总体布置的基本原则是为了满足生产、生活等功能和安全的需要,将上部模块的设施、设备、工作间等合理布局,主要遵循以下基本原则。

① 确保安全生产,设计时将钻修井区域(如果带钻修井功能的平台)、油气设备所在的危险区与公用系统区或电气房间用 A60 防火墙分开,要充分考虑防火和防爆等安全问题,在初步规划总布置时要避免或降低在危险区域中布置机械、电气等设备所引起的安全隐患和成本费用增加。

② 对于浮式平台,总体布置要确保稳性、运动性能、定位能力等技术性能,这是平台安全运营的根本,是最基本的要求。

③ 应综合考虑船型、钻修井设备配置、定位系统要求、隔水套管放置方式等因素合理布置设备设施,确定上部模块的主要尺寸。

④ 应充分考虑重心的要求,尤其是在恶劣环境条件下的工况。为保证平台稳定,应尽量降低重心高度,对平台水平方向和垂直方向的布置都应尽量优化。

⑤ 平台布置应整体进行功能区块划分,对于有钻修井功能的平台,要以井口区/钻修井区为核心布置管材、泥浆、设备等,围绕钻修井工艺流程实现布置和优化,以满足钻修井需求,提高钻修井效率。

⑥ 设备布置时,考虑逃生路线及所有设备的操作和维修空间,救生设备放置在安全且能顺利到达的位置,使得工作人员能尽快安全脱离平台。

⑦ 应从系统的角度统一考虑,制定最优化的方案:将钻修井、生活、浮体、动力等各个方面的因素进行综合考虑,确定最优的布置方案。

⑧ 对于四立柱的浮式平台,上部模块布置过程中,要充分与下船体的主尺度设计人员进行沟通,从而确定上部模块大梁位置及间距,便于其他设备设施的布置。

⑨ 在进行布置时应进行合理空间预留,以便将来对平台的功能进行升级。

上部模块总体布置和机械设备重量,可以为下一步平台设计提供重量、重心等输入信息,同时也为平台设计提供了可以计算风载荷的初步布置图,是下一步设计的基础和输入。

2)平台总体尺度规划

深水平台设计技术核心内容之一是平台的总体尺度规划。在深水油气田开发的前期,要根据油气田的基础参数和环境条件,选定平台的类型,确定平台的总体尺度、基本特性,平台的总体尺度规划是平台设计中的重要起始环节,为下一步结构设计提供基础和输入,这不仅关系到整个油气田开发工程建设成本,而且总体尺度是影响平台运动性能的关键因素,在平台设计中占有重要的地位。深水平台总体尺度规划的总体思路是立足我国深水油气田开发对浮式平台设计技术的需求,根据已在国外深水油气田成功应用的深水平台类型,吸收国外成熟浮式平台设计经验,从而开展典型深水平台的总体尺度规划,为我国开发南海深水油气田做技术储备。

深水平台是一个复杂的结构和设备系统,总体尺度规划设计要依据油气田基本参数(以此设计立管、海管)、海洋环境参数和工程地质条件,考虑多种工况,在这个过程中要涉及总体尺寸的确定、立管系统设计、压载系统设计、系泊系统设计,以及结构重量、主辅设备的重量估算等,浮式平台总体尺度规划相关关键步骤为:船型总尺度确定;系泊系统总体设计;立管系统总体设计;压载系统设计与舱室布置;重量估算与控制;总体性能估算;设计、安装和建造成本估算。

一般而言,开展深水平台总体尺度规划的工作主要借助浮式平台总体尺度规划软件,国际上主要的工程公司都有自己内部的用于深水平台总体尺度规划的软件,这样在做深水平台总体方案设计时使用方便、运算快速准确、效率更高。

根据总体尺度规划的流程和思路,为解决深水平台总体方案所涉及的关键技术问题,依据相关规范,采用 Excel 电子数据表就可以开发处总体尺度规划软件,相关说明如下。

(1)软件输入参数

① 载荷条件:操作条件、生存条件、运输条件。

② 场地条件：水深、环境。

③ 重量输入：甲板重量、立管垂直载荷、受风面积、体积重量系数、舾装及附属结构钢材重量系数、船用系统和船机系统的重量系数。

④ 系泊系统：系泊缆的组成、系泊缆的根数、链或缆的重量。

⑤ 成本输入：单位钢材重量的建造成本、系泊系统组件的成本、运输成本。

⑥ 功能限制：操作或生存吃水深度、运输吃水深度、操作或生存干舷高度、操作或生存稳性高度（GM 值）、垂荡固有频率或 RAO、气隙高度。

（2）软件输出数据

① 平台的总体尺度：排水量、两立柱纵向中心距、两立柱横向中心距、旁通（PONTOON）的尺度（长、宽、高）、立柱的尺度（长、宽、高）。

② 重量：空船重量、船体结构重量、舾装重量、船机系统重量、系泊系统重量、其他重量。

③ 成本：平台总的建造成本、各子系统成本。

④ 总体性能：稳性（在各种条件下的稳性高度 GM）、动力性能（垂荡固有频率和 RAO）、气隙高度。

⑤ 给出初步质量矩阵，以用于 Wamit 分析。

4.3.2 总体性能

1）环境载荷

浮式结构物长期承受海洋环境载荷的作用，浮式结构物的设计需要准确计算作用在浮体上的海洋环境载荷。因此，海洋环境条件是进行平台水动力性能和结构性能研究的基础。海洋环境条件包括：环境温度（空气和海水）、湿度、海水盐度、风暴潮、波浪、海流、风、冰和雪等参数。一般来说，海洋环境条件主要指波浪、海流和风等。

在波浪、海流和风这三类海洋环境条件中，波浪对浮式结构物的作用是最主要的，也是最复杂的，应重点研究。波浪载荷的主要分析方法是势流理论，通常假定海水无黏性且不可压缩，流体运动是无旋的。然而，不同尺度结构的波浪载荷计算方法也有区别，主要是大尺度结构采用势流理论，细长小尺度结构采用 Morison 公式。

风载荷是海洋工程结构物所承受的重要海洋环境载荷之一。一般用风谱的形式来描述风载荷，并用规定时段内的平均风速来计算作用在海洋结构物上的风载荷。不过，由阵风引起的脉动风载荷也非常重要。在某些情况下，阵风可导致离岸结构物的谐摇，例如系泊结构物的水平慢漂运动。描述风载荷时，还需要知道风速沿海平面以上垂向高度的变化情况。通常取海平面以上 10 m 处的 1 h 平均风速作为风速标准。此外，还要知道风向以及波浪与风的联合概率。

流载荷作用在海洋结构物上，可能引起结构物的多种响应。例如：流载荷作用在立管等柔性构件上，可能引起立管结构的涡激振动现象；流载荷作用在 SPAR 平台上，可能引起平台的涡激运动现象。柔性构件之所以会产生涡激振动现象,是因为在海流的作用下,当雷诺数超过一定数值后,由层流变成了湍流,产生了漩涡脱落现象。漩涡以周期性的形式不断脱落,从而引起柔性构件的振动现象。涡激振动现象是海洋工程研究领域的研究热点,也是平台安全作业中不可忽视的问题之一。

2) 运动坐标系

任何一个刚体的运动都可以分解为 6 个自由度的运动,即刚体的 3 个平动:纵荡、横荡和垂荡,以及刚体的 3 个转动:横摇、纵摇和艏摇。垂荡是刚体沿垂向平动的运动,横荡是刚体沿横向平动的运动,纵荡是刚体沿纵向平动的运动。横摇是刚体绕纵轴转动的角运动,纵摇是刚体绕横轴转动的角运动,艏摇是刚体绕垂轴转动的角运动。

刚体的 6 自由度运动是针对某一坐标系而言的。一般来说,定义刚体的 6 自由度运动的坐标系是随体坐标系。对于浮式结构物的随体坐标系,通常定义:x 轴正向指向平台首向;y 轴正向指向左舷;z 轴正向垂直向上。3 个角运动的正向定义满足笛卡儿坐标系的右手原则,如图 4-10 所示。对于随体坐标系的原点定义,则根据具体情况有多种定义方法:在总体设计图纸中,常选取平台零站位垂线和基线的交点作为原点;在水池模型试验研究中,常选取平台重心作为原点;在水动力数值分析中,常选取水线面与平台重心所在垂线的交点作为原点。

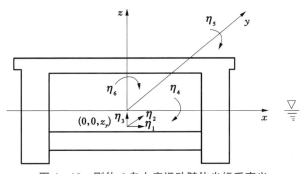

图 4-10　刚体 6 自由度运动随体坐标系定义

对于浮式结构物来说,受外界激励产生的运动可以分解为波频运动、高频运动、慢漂运动和平均漂移。其中,慢漂运动和平均漂移也可以合起来称为低频运动。海洋浮式结构物通常采用系泊定位或动力定位,而系泊刚度和动力定位能力相对较小,其水平运动固有周期较大,运动因此其受外界激励产生的主要运动是波频运动和低频运动。

3) 附加质量、固有周期和阻尼

在浮式结构物的水动力性能分析中,动力学方程中含有附加质量和阻尼项。附加质量与运动加速度相关,阻尼与运动速度相关。

我们可以假设一个场景,没有入射波,而是物体的强迫运动兴起了波浪。这时,物体的强迫运动产生了作用在物面上的流体动压力。对物面上的流体压力进行积分可以得到物体上的力和力矩。

定义 x、y、z 方向的力的分量为 F_1、F_2、F_3；同一个轴向的力矩分量为 F_4、F_5、F_6。在谐和运动模态 η_j 下的附加质量和阻尼载荷为：

$$F_k = -A_{kj} \frac{\mathrm{d}^2 \eta_j}{\mathrm{d}t^2} - B_{kj} \frac{\mathrm{d}\eta_j}{\mathrm{d}t}$$

这里，A_{kj} 和 B_{kj} 分别定义为附连质量和阻尼系数。一共有 36 个附连质量系数和 36 个阻尼系数。当浮体结构物的湿表面有垂向的对称面且向前的速度为零时，这些系数中有一半为零。

值得指出的是，在势流理论中，附加质量的真正含义是代表浮体水动力性能的力和力矩特性的体现，而不是质量。附加质量和阻尼是刚体简谐运动的稳态水动力和力矩。附加质量一词经常会被误解，因为并非所有的项都有质量的量纲。一些项如 A_{44} 有着惯性矩量纲，其他的项如 A_{15} 的量纲为质量和长度相乘。A_{kj} 和 B_{kj} 是物体形状、振荡频率以及前进速度的函数。别的因素如水的深度和限制水域也会影响到这些系数。假若结构前进速度为零并且无流，则：$A_{kj} = A_{jk}$，$B_{kj} = B_{jk}$。

附加质量和阻尼与一些影响要素紧密相关。

首先，附加质量和阻尼系数对频率有很强的依赖性。例如，当 $\omega \rightarrow 0$ 时，一个在深水中浸入水面的物体，垂荡附加质量按对数规律趋于无穷大。随着浮体运动频率的变化，附加质量和阻尼都不断变化。

其次，附加质量和阻尼系数与运动的模态有关，即不同的运动模态，附加质量和阻尼都不同。例如，垂荡运动和横摇运动的附加质量和阻尼都不一样。一般来说，对于垂荡、横摇和纵摇波频运动，附加质量和阻尼都有峰值出现；而横荡、纵荡和首摇低频运动，峰值可能出现运动频率趋近于零或者趋近于无穷大的时候。

再次，附加质量和阻尼系数受浮式结构物在水下的形状影响较大，也就是说，浮式结构物的湿表面形状对附加质量和阻尼系数的影响是很大的。一般来说，像半潜式平台这样拥有较大排水量的浮体的波浪诱导载荷，需要通过势流理论计算；而半潜式平台作业时定位用的锚链，或者钻井作业时连接的立管，它们的波浪诱导载荷通过 Morison 公式就可以得到了。因为较大排水量的浮体和细长柔性构件之间形状差别很大，其附加质量和阻尼系数之间的差别也很大。

此外，如果平台具备航行功能，航速对于附加质量和阻尼也有一定的影响。对于向前行进的浮式结构物来说，必须要考虑遭遇频率的作用。

最后，水深对附加质量和阻尼也有影响。水深越浅，浮式结构物的附加质量和阻尼也就越大。所以，常常有这样的事故发生。海洋航行船只如果在内河中航行可能发生螺旋桨轴损伤和机舱振动加大的现象，就是因为附加质量和阻尼突然增大导致的。

估算平台或者其他浮式结构物运动的幅值时，固有周期、阻尼和波浪激励等级都是非常重要的参数。如果结构物受到的波浪激励振荡周期在浮式结构物某个运动的固有周期附近,就容易发生相对较大的运动幅度。

不考虑耦合和阻尼影响,浮式结构物波频运动(垂荡、横摇和纵摇)的固有周期可以写为:

$$T_{ni} = 2\pi \left(\frac{M_{ii} + A_{ii}}{C_{ii}} \right)^{\frac{1}{2}}$$

式中

  T_{ni}——固有周期;

  M_{ii}——浮体质量;

  A_{ii}——该运动模态的附加质量;

  C_{ii}——该运动模态的回复力系数。

没有锚泊定位的浮式结构物的纵荡、横荡和艏摇运动一般没有固有运动周期,而连接锚泊系统的浮式结构物低频运动存在固有周期。典型锚泊结构物的纵荡、横荡和艏摇自然周期是分钟量级的,即其周期一般以分钟计。因此,相对于海中的波浪周期来说,较长的波浪可能引起浮式结构物低频运动的共振。

对半潜平台而言,垂荡的自然频率可以写成:

$$T_{n3} = 2\pi \left(\frac{M + A_{33}}{\rho g A_{\mathrm{W}}} \right)^{\frac{1}{2}}$$

式中

  A_{W}——水线面面积;

  A_{33}——垂荡附加质量。

通常设计中,对半潜平台要求垂荡、纵摇和横摇的自然周期要大于 $T(20\ \mathrm{s})$,即比宽阔海域中大部分的波浪周期要长。这对于小水线面的半潜平台来说是较容易达到的。

4) 运动响应分析方法

开展海洋浮式结构物运动响应分析时,常采用的方法可以分为频域分析方法和时域分析方法。

频域分析方法基于线性波理论,计算在不同频率波浪载荷作用下的浮体水动力性能要素,从而获得水动力性能分析中的重要结果——响应幅算子(response amplitude operator, RAO)。响应幅算子表达了浮式结构物的水动力性能在不同频率波浪载荷作用下的响应,是开展时域分析的基础。不过,频率分析方法是基于线性波理论的。也就是说,假设浮式结构物的水动力性能要素是与波幅成正比的,这也是微幅波理论的特点。这个假设对于非线性波浪来说是不成立的。线性理论主要适用于波浪的波频成分,即波浪能量的主要集中频率范围为 0.5~1.5 Hz。对于波浪二阶力和低频载荷等非线性部分,也可以通过一些简化方法,采用一阶波浪载荷计算方法得到。

精确分析浮式结构物水动力性能的非线性要素需要采用时域分析方法。时域分析是在每个时间点 t 展开的,可以考虑浮式结构物水动力性能的非线性要素。时域分析过程中往往需要开展迭代计算,获取每个时间点 t 的浮体结构物水动力性能,然后再以 Δt 为步长,逐步计算出下一时间点的浮体结构物水动力性能。这里说的水动力性能,是指浮体 6 自由度运动和波浪诱导载荷等要素。时域分析的结果是时历结果,可以开展统计分析,获得时历结果的统计要素,包括平均值、最大值、最小值和方差等。

频域分析和时域分析虽然是分析浮式结构物水动力性能的两种方法,但两者实际上是可以相互转换的。利用傅里叶变换和逆傅里叶变换,能够将时域分析结果和频域分析结果相互转化。

5)气隙及影响因素

气隙的定义为海洋平台下层甲板底部至波面间的垂直距离,平台初始气隙则定义为下层甲板至静水面的垂直距离。前一个参数用来衡量波浪是否发生越浪,后一个参数按照极限设计状态时平台所能允许的最小气隙值推算得出,它们是平台设计过程中重要的设计因子。由于大量的生产设备和为船员提供的住所等均位于主甲板处,波浪撞击主甲板和越浪等强非线性现象的发生都将给这些设备带来不利的影响,严重时可能引起平台结构的破坏甚至平台整体倾覆。气隙响应和甲板拍击载荷预报一直是海洋工程界相当关注的问题。

对于浮式结构物如半潜式平台而言,由于体型大、绕射效应强,且下浮体与甲板之间通过若干立柱支撑,易发生波浪爬坡和强非线性的撞击现象。另外,波浪与平台之间的耦合运动将使波浪的非线性效益显著加强,加之平台带有系泊与立管系统,相应的气隙模型相比固定式更为复杂。目前还没有一种完善的方法可以准确计算平台的气隙分布来满足设计的要求。

气隙的影响因素有很多,包括平台的主体特征、系泊系统动力特性、海洋环境特征等。影响气隙分布的平台主体特征包括平台的质量分布、重心位置、水线面大小、立柱及水下沉箱的形状和尺度、立柱之间的间距、下层甲板高度、平台的固有频率等。除平台主体和相应的锚泊系统固有特征外,海洋环境是引起平台气隙响应的外部因素。通常,波浪的特性包括波浪的散射效应、辐射效应以及波浪非线性效应等是影响平台气隙性能的主要因素。平台与波浪相互作用过程中,引起气隙变化的另一重要因素为波浪的爬坡效应,表现为波浪沿平台立柱向上爬升。

4.3.3　结构强度分析

平台的总体强度分析作为平台深入设计阶段的关键技术,可以为平台的主体结构构型、强构件的尺寸和主体结构连接部位的连接节点的优化设计提供合理依据。本节以半潜式平台为例,介绍浮式平台结构设计分析的主要内容。半潜平台总体强度分析的关键技术包括载荷确认及分析、设计波参数分析、计算模型的建立方法。

1）载荷分析

半潜式钻井平台的设计载荷复杂，准确地进行载荷的确认、模拟、计算以及施加是平台结构强度分析的关键之一。考虑平台自身功能和工作条件，设计载荷可以分为环境载荷、重力载荷、作业载荷和甲板载荷。平台按照百年一遇的海况设计时，环境载荷可以暂不考虑风载和流载，但是需要考虑其他所有的设计载荷。评估平台在灾害环境下的结构安全性时，环境载荷需要包含风载和流载，以及其他设计载荷，例如动力定位载荷或锚链载荷。

2）波浪载荷计算

平台总体强度满足百年一遇的海况设计时，总体强度分析时可以不考虑风、海流的作用，只考虑波浪载荷的作用，因此准确计算平台遭受的波浪载荷成为平台结构强度分析的关键。

3）波浪载荷统计预报

半潜平台波浪载荷的统计预报以平台在规则波条件下的响应为基础，统计预报的目的是获得结构强度分析需要的波浪载荷设计值，根据规范提出的载荷第一原则全面考虑波浪载荷设计值。早在 19 世纪 50 年代就有学者提出可以将不同振幅、频率、方向和初相位的规则波线性叠加表示海浪，将上述 4 个变量视为随机变量，叠加的结果为随机函数，从而应用随机过程理论研究波浪随机特性。

4）总体强度分析

根据平台作业海域的环境条件和设计要求，选取平台可能遇到的最大波浪作为设计波，规范通常规定使用百年一遇的最大规则波。然后，计算平台在设计波作用下的运动、载荷和构件应力，并根据规范的强度要求校核平台的结构安全性。由于不同的浪向、不同的周期以及不同的波峰位置（波浪相位）下波浪对平台的作用力有很大的差异，因此在计算中要选取若干个不同的浪向、周期的波浪在不同相位对平台的载荷进行计算，从中选取最不利的情况进行准静态有限元分析计算。

（1）典型波浪工况

平台在波浪中的载荷与平台的装载情况、波浪的波高、周期、相位以及浪向角都有密切的关系，而且在平台的使用过程中，这些因素有多种不同的组合。所以，进行平台强度校核时，需要对平台的多个受力状态进行分析。对于波浪载荷工况，需要对一系列波浪周期和不同入射波相位进行循环，在得到的结果中选取最不利的情况进行有限元分析。

半潜式平台典型的装载状态包括作业状态、生存状态和拖航状态，需要分别进行受静水载荷和受最大环境载荷条件下的总强度分析。根据工程实践和规范的要求，半潜式平台的危险波浪工况通常包括最大横向受力状态、最大扭转状态、最大纵向剪切状态、甲板处纵向和横向加速度最大状态、最大垂向弯曲状态。

（2）设计波参数计算流程

设计波参数计算流程见图 4－11。

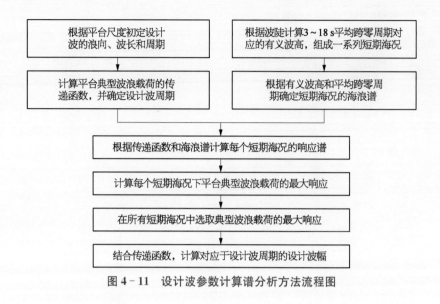

图 4-11　设计波参数计算谱分析方法流程图

（3）平台结构总强度分析

在设计波参数确定以后，就可以采用 3 维水动力理论计算半潜式平台在该设计波中的运动和载荷，进而采用准静态方法对平台整体结构进行强度评估。它假定平台在规则波上处于瞬时静止，其不平衡力由平台运动加速度引起的平台惯性力来平衡。这种计算方法只考虑了平台运动加速度的影响，而略去了平台运动速度与位移的影响，从而把一个复杂的动力问题简化为静力问题来处理。由于实际海况中的波浪周期远低于平台结构的固有周期，因而采用准静态方法进行结构分析是可以满足工程精度要求的。平台总强度评估流程见图 4-12。

（4）冗余度分析

半潜式平台很可能在恶劣海况中出现小的支撑构件破坏，此时平台应该具有足够的强度抵抗环境载荷而不至于出现总强度的丧失，因而很有必要在平台总强度评估中作冗余度分析。

所谓冗余度分析就是评判平台结构在某个局部撑杆失效后的整体强度储备。美国船级社（ABS）规范中规定，所谓失效的局部撑杆是指有可能在突发事件中断裂的承载撑杆。突发事件包括供应船的碰撞、物体坠落、火灾和爆炸等。

ABS 船级社规范对半潜式平台结构强度冗余度分析的要求为：

① 主要承载小撑杆破坏；

② 基于 80％的最恶劣海况和 100％材料屈服限的许用应力。

5）局部强度分析

基于 ABS 和中国船级社（CCS）规范要求，采用有限元方法分析半潜式钻井平台在遭受静载荷和环境载荷条件下立柱撑杆连接处、立柱上甲板连接处的局部强度。用

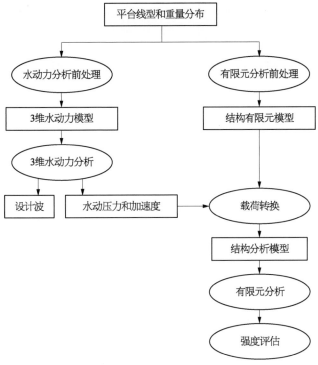

图 4 – 12　总强度评估流程图

Seasam-Patran pre 建立局部结构有限元模型,用 Seasam-Wadam 计算平台局部结构遭
受的水动力载荷,用 Seasam-Submod 依据平台总强度计算结果确定局部结构模型各载
荷工况下的载荷边界条件,并将水动力载荷和载荷边界条件传递给平台局部结构有限
元模型。最后进行局部结构强度分析,确定局部结构的整体应力水平。

　　6)疲劳分析

　　交变载荷作用下或者固定载荷与环境载荷联合作用下,构件产生微小裂纹,裂纹随着
载荷循环次数的增加或环境载荷的加重而逐渐扩展,构件的剩余强度逐步降低,直至断裂
破坏的现象称为疲劳。深水平台的工作环境复杂,承受波浪载荷、风载、流载以及定位系
统载荷的作用,海洋平台的某些连接构件在这些交变载荷的作用下也会发生疲劳破坏。

　　目前海洋工程界应用疲劳分析方法有 $S - N$ 曲线 ($\varepsilon - N$ 曲线)法、断裂力学法和基
于结构可靠性理论并结合前两种方法的疲劳可靠性分析方法。

　　(1)$S - N$ 曲线法

　　海洋工程结构物的疲劳问题主要是指连接结构的焊接节点的疲劳,根据描述结构
的疲劳循环次数 N 的参数,可以将基于无损假设的 $S - N$ 曲线疲劳分析方法分为名义
应力法、切口应力法、切口应变法和热点应力法,基于 $S - N$ 曲线法的上述 4 种方法的简
单比较见表 4 – 1。

表 4 - 1　4 种 S - N 曲线法的比较

方法名称	疲劳应力	S - N 曲线选取原则	主要的优缺点	备　注
名义应力法	$\sigma = \sigma_n$	根据节点型式选取	应力计算最简单,计算精度取决于 S - N 曲线的选择需要的 S - N 曲线数量多	热点应力法出现前最常用的方法
热点应力法	$\sigma = K_G \cdot \sigma_n$	焊接方式和节点型式选取	需要的 S - N 曲线数目少,但是热点应力附近的应力并不总是线性分布,K_G 就与单元类型和大小有关	ABS、DNV、CCS 采用,工程领域应用广泛
切口应力法	$\sigma = K_G \cdot K_w \cdot \sigma_n$	根据母材选取	需要的 S - N 曲线最少,方法可以是精确的,但应力计算工作量大;由于焊接形状的不确定,同一种焊接节点的应力离散度较大	DNV 采用
切口应变法	$\varepsilon = K_G \cdot K_w \cdot \varepsilon_n$	根据母材选取	可以考虑材料的弹塑性影响计算工作量大	工程应用较少

S - N 曲线法中影响疲劳极限的因素包括结构的材料、几何形状、表面处理方式和载荷形式等,曲线的获得需要大量小试样的疲劳试验。但是,对于表面光滑的小试件,裂纹扩展寿命与起裂寿命相比可以忽略,所以 S - N 曲线的疲劳寿命实际上是裂纹的初始寿命。

（2）断裂力学法

断裂力学假设材料是连续均匀的介质,用宏观的物理量从力学的角度研究包括缺口、孔洞和裂纹等宏观缺陷与结构断裂的关系。对于可以近似为理想脆性的材料,以及裂纹尖端的塑性区尺寸远远小于裂纹尺寸的材料,可以使用线弹性断裂力学研究材料的断裂韧度和预测构件裂纹的扩展寿命,应力强度因子是研究材料断裂韧度和构件疲劳分析的重要参数;对于裂纹尖端塑性区尺寸可以与裂纹尺寸相比或达到构件尺度的情况,需要采用弹塑性断裂力学建立断裂准则和裂纹的扩展规律,J 积分和 COD(Crack tips opening displacement)是弹塑性断裂力学中评价材料断裂韧度参数。

（3）疲劳可靠性分析

船舶与海洋工程结构物经受的环境条件复杂,在随机的环境载荷作用下,结构内力的响应是随机的,构件的疲劳也是随机的。结构可靠性理论将影响结构安全的因素用随机变量描述,在考虑不确定因素的基础上,用结构在设计期内不发生结构失效的概率衡量结构的安全性。结合数理统计和结构可靠性研究方法的疲劳可靠性方法,可以做出比确定性方法更合理的结构安全评估。

4.3.4　平台稳性

平台稳性是校核平台在风力作用下倾斜后恢复到平衡状态的一种能力。针对

SEMI 和 SPAR 平台而言,往往采用 IMO、ABS 与 CCS 的稳性规范作为校核依据,而对于 TLP 平台而言,由于采用张力腿作为系泊系统导致平台浮力明显大于重力,因此不考虑稳性对其总体设计的影响,但 TLP 平台拖航和安装过程,需考虑平台的稳性。

常用的稳性校核规范包括:

① International Maritime Organization（IMO）, Code for the Construction and Equipment of Mobile Offshore Drilling Units（Consolidated Edition 2001）;

② American Bureau of Shipping（ABS）, Rules for Building and Classing Mobile Offshore Drilling Units（2012）;

③ 中国船级社(CCS),移动平台入级与建造规范(2005)。

常用的稳性分析软件包括 MOSES,NAPA 等。其中 Ultramarine 公司开发的 MOSES 软件采用命令流方式进行编译,可针对各种海洋结构物进行稳性计算与校核,在海洋工程界具有良好的可信度。

稳性的校核通常包括完整稳性与破舱稳性两个部分,其中完整稳性是指平台在未发生舱室破损情况下的稳性,此时假设除非保护开口外的风雨密开口等全部为关闭状态,而破舱稳性是指平台在发生舱室破损情况下的稳性,此时假设非保护开口、风雨密开口等全部为开放状态。

针对完整稳性的校核一般包括对初稳性高度、面积比和回复力臂取值的校核,而破舱稳性相对而言更加复杂,最新的规范指定了两种可能的破损状态,即碰撞破损状态和长期积水状态,其中破损状态又限定了平台产生碰撞的舱室范围、破口深度、浸水量等。破舱稳性需要校核的指标包括回复力矩与风倾力矩的最大比值、开口高于静水面的最小垂直距离、最终进水角与目前平衡角之间的关系等具体技术指标。

在平台设计阶段,稳性分析将对平台外形、吃水深度及重心高度起到限制作用,通常平台整体的重心高度越高,稳性指标越差,而深水平台不得不设置足够的干舷才能保证不受甲板上浪的影响。因此,实际的深水平台稳性指标的裕度都不会太大。平台稳性直接决定了平台的安全性,是平台设计需要首先满足的指标,在平台初始规划阶段就应该根据环境载荷条件得到合理的外形、吃水深度及重心高度,为之后进行的总体性能、分舱设计等打好基础。

4.3.5　定位系统

1) SPAR 平台定位系统

系泊系统一般可以分为三类：重力式系泊系统、半张紧式系泊系统和张紧式系泊系统。重力式系泊系统是一种依靠系泊线自重为平台提供 3 自由度回复力的传统系泊系统。当作业水深超过 1 000 m 时,由于重力式系泊系统重量过大,并且系泊半径过大,系泊性能严重降低。因此,SPAR 平台通常采用适应于深水作业的半张紧式系泊系统和张紧式系泊系统。

目前,国际通用的半张紧式系泊系统采用钢链—钢缆—钢链的结构形式。这种布置方案一方面可以保证系泊系统为平台提供充足的回复力,另一方面又可以减小自重。由于其经济性能良好,且易安装,因此得以广泛使用。

随着水深进一步增加,半张紧式系泊系统总重量增加,系泊效率降低。而张紧式系泊系统采用湿重小的聚酯纤维材料,为深海油气开采提供了优质解决方案,其优点主要有以下方面。

① 重量轻:聚酯纤维材料密度仅为钢结构系泊线密度的七分之一,系泊系统随水深增加重量变化小。

② 水平回复力大,垂向载荷小:钢质系泊线在重力作用下与水平面夹角较大,所以提供的水平回复力较难限制平台纵荡、横荡位移;而在预张力作用下,纤维缆保持绷紧状态,通过选择合适的导缆孔及锚点布置位置,可减小系泊线与水平面夹角,提高水平刚度分量,降低垂向分量。

③ 缩短系泊线长度:张紧式系泊系统系泊半径小于传统系泊方式,系泊线总长减小,节约材料成本;另外,占用较小的海底空间也降低了不同结构物之间碰撞的可能性。

④ 防腐蚀性能好,便于运输和维护。

同时,张紧式系泊系统也有其缺点,主要表现为:

① 安装难度较大,导致安装费用加大。

② 安装后需要通过调整系泊线长度保证预张力,增加维护工作量。

2)半潜式平台定位系统

半潜式平台一般都采用锚泊定位系统,但随着作业水深的不断增加,新的定位技术如动力定位技术的应用,使得半潜式平台的定位系统得到进一步的加强与完善。虽然动力定位技术因其能自动适应定位要求,快速安装、撤离,能在深水、超深水条件下作业等方面具有相当的优势,但锚泊定位系统仍然在半潜式平台的定位系统中担当很重要的角色。一方面,从经济性上看,无论是初期成本还是后期使用、维修成本,锚泊定位系统与动力定位相比具有明显的优势;另一方面,锚泊系统的可靠性相对更高,这也正是多年来锚泊定位系统得到广泛应用的主要原因。因此,对锚泊定位系统尤其是深水条件下的技术进行深入的分析研究仍是必不可少的。早期的半潜式平台由于作业水深较浅,所采用的锚泊定位系统一般都是全锚链或者全钢丝绳系统,由于锚索材料的单一性,在进行锚泊定位计算分析时所采用的是简单悬链线方法,其计算相对来说比较简单。而且由于技术条件的限制,早期的半潜式平台锚泊定位分析一般均采用准静定分析方法。在准静定分析方法中,平台运动和锚泊系统的分析是相互分离的。随着半潜式平台作业水深的不断增加,传统的分析方法面临新的挑战。一方面,在深水及超深水条件下,锚缆等柔性构件与平台之间的相互作用会更加明显。另一方面,由于水深的增加,锚缆数量也会相应增加,锚缆组成形式也更加多样。传统的分析方法在深水条件下无法充分模拟实际的情况。因此,在深水半潜式平台的锚泊定位分析中,对于动力分析方法的研究也是必不可少的。平台动力定位能力是指在给定的环境运转条件下使平台保持位置的能力。动力定位能力分析用来描述船舶或平台在能保持其位置和艏向的条件下所能承受的极限海况图,在极限环境下,配置既定的推力器能提供的最大推力与环境力平衡。一般情况下可选取 20% 作为推力冗余度,即计算中的最大推力为推力器实际最大推力的 80%,在计算中通过设置"最大可用推力"的选项来调节单个推进器的推力上限。

3) TLP 平台定位系统

在 TLP 平台中,张力腿事实上是平台的系泊系统,构成张力腿的张力筋腱由厚壁钢管组成,其长度根据水深等因素确定。根据 TLP 平台的结构形式、工作环境等的不同,构成张力腿的张力筋腱的个数也不相同。张力腿锚固基础可以有多方面的选择,包括桩基础、重力式基础(含吸力锚)、浅基础等,也可以是上述各种基础形式的组合。

桩基础是 TLP 平台使用最为普遍的一种基础形式,平台的载荷通过桩基础传递给地基。载荷传递有着多种的方式,张力腿可以和桩基础直接相连,也可以与桩基础通过基盘相连。

重力式基础主要依靠其自身重量抵抗在使用时所遇到的环境载荷。需要说明的是,在 TLP 平台中,吸力锚也被认为是重力式基础的一种。一般来说,吸力式基础抵抗长期拉力的能力较差,因为长期的拉力会导致土体强度的降低,最终导致基础的破坏。

沉垫式基础被认为是一种重力式浅基础。一般情况下,只有在平台安装时,沉垫式基础才可以作为临时基础使用。在设计时需要考虑它的短期承载力,抗滑稳定和短期变形。在平台的长期使用中,沉垫一般是作为桩基的基盘,与桩共同使用构成 TLP 平台的基础形式的锚泊系统。

4) FPSO 定位系统

FPSO 定位系统通过单点系泊系统或多点系泊系统提供足够的系泊力。单点系泊是指锚泊系统与船体只有一个接触点,就是将 FPSO 固定在海上单个系泊点处。在风、浪和海流的作用下,FPSO 会以单点系泊为中心进行 360° 旋转,这样就大大减少了海流对船体的冲击。目前单点系泊方式被广泛应用,如南海流花 11 - 1 油田的 FPSO,该海域水深 310 m,油田水面设施由半潜式生产平台和浮式储油、卸油两套装置组成。系泊定位系统具有机械强度高、密封性好的机械旋转头。该旋转头可随风、浪、流转动,不仅承受着巨大的动载荷,而且还要在运动中保持管道畅通、供电和信号的传输。这些从海底传接过来的立管(电缆)包括生产集液旋转头、电刷接头、液压控制接头和电信号接头,根据其尺寸大小依次从上到下分层布置,通过可解脱接头实现管道与船体的连接。单点系泊又分为外转塔系泊、内转塔系泊、软钢臂系泊系统。外转塔系泊是转塔位于船体外部。内转塔可分为永久式和可解脱式,其中,可解脱式在极端恶劣海况下可以迅速解脱,更适合海况恶劣区和冰区。软钢臂系泊系统由导管架、旋转接头、系泊铰接臂以及 FPSO 上的支架组成,通过导管架固定于海底,常用于浅水区域。多点系泊系统是指通过多个固定点用锚链将 FPSO 固定,能够阻止 FPSO 横向移动,但是该方式只适用于海况较好的海域。无论哪种系泊方式,FPSO 在对接前都要将系泊装置与海床固定,一般采用锚基固定,固定方式分为重力锚、拖拽嵌入式锚、桩锚、吸力锚和垂向载荷锚。

4.3.6　模型试验

深水浮式平台的模型试验的主要目的是:

① 预报深水浮式平台的运动和载荷,验证理论和数值预报结果是否正确,对设计方案的技术性能进行认证。

② 通过模型试验能够得到理论难以预报的非线性水动力特性,发现不可预知的运动、载荷和其他未知物理现象。

③ 能够为实际工程的安装和作业过程中的行为特征提供可视化预报。

模型试验中,需要对水深、波浪、海流和风进行模拟,涉及试验模型的制作、试验数据的采集和试验数据的处理。

深水浮式平台试验技术一般分为水动力试验、风洞试验和涡激运动试验。在水动力试验中,主要测量内容包括浮式平台的 6 自由度运动、速度、加速度、所受的局部位置及整体载荷和平台外部各个位置的相对波面升高等数据;系泊系统的 6 自由度运动、速度、加速度及各段张力;其他结构如立管等的受力情况。

1）模型试验装置

（1）海洋工程水池

① 造波系统。目前国内外造波机样式众多,发展较为成熟。主要的造波机有转筒式造波机、冲箱式造波机、推板式造波机、摇板式造波机、气压式造波机和蛇形造波机。现阶段应用较多的是推板造波机、摇板式造波机和蛇形造波机。蛇形造波机在大型水池中使用较多,其优点是能够造出斜波和三维短峰波,但由于其控制较为复杂、造价昂贵,并且其造波的极限波长会因单元造波板的板宽而受到限制,一般应用在较大的海洋工程水池中。

② 造流系统。目前国内外的造流系统主要分为池内循环、假底循环与池外循环三种形式。池内循环没有专门设计流体循环,仅适用于水池局部造流,该方式的主要缺点是整个水池内的流场均匀性和稳定性难以得到保证。假底循环通过在假底下方喷嘴中喷出的水流,带动周围的水在水池内绕着假底循环,从而在假底上部形成一个方向的水的回流。该方式形成的水流正好利用了假底上部的回流,比较均匀稳定,流速随水深变化不大。流速的调节是由控制水泵电机的转速来实现的。该方式的缺点是造流能力有限,只能形成均匀流,无法模拟垂向流速剖面。池外循环是目前较为先进的造流方式,能够有效地将旋涡和回流等扰动源在池外进行消除,保证试验区域内的流场均匀度和湍流强度等特性满足模型试验的要求。该形式的造流系统可以通过多个出水层实现垂直流向剖面。

③ 造风系统。造风系统一般由变频仪、交流电机、轴流风机组、风速仪、计算机采集系统和计算机控制系统组成。目前,大多数的水池普遍采用局部造风的形式,其造风系统通常由多个轴流式风机并排组成,以保证风的稳定区域足以覆盖模型试验区域。造风系统大多为可移动式,便于产生不同方向的风速。造风系统一般由计算机控制风机转速,以此实现模拟不同风速的定常风和非定常风。

（2）拖曳水池

拖曳水池是水动力学实验的一种设备,是用船舶模型试验方法来了解船舰的运动、航速、推进功率及其他性能的试验水池,试验是由电动拖车牵引船模进行的,因而得名。在海洋工程试验中,常用拖曳水池拖车速度代替水流速度进行涡激运动等试验。

（3）风洞

风洞即风洞实验室,是以人工的方式产生并且控制气流,用来模拟海洋工程结构物或航天飞行器等物体周围气体的流动情况,并可量度气流对实体的作用效果以及观察物理现象的一种管道状实验设备,它是进行空气动力实验最常用、最有效的工具之一。风洞试验是浮式平台风载荷和流载荷标定的主要手段。

2）模型相似准则

（1）几何相似准则

实物和模型满足几何相似的条件是两者的所有线性尺度的比值为常数,一般将模型缩尺比记为 λ。 所有线性尺度,如实物和模型的长宽高等各项相应比值均需等于缩尺比。如有任何一项线性尺度或者实物和模型中的任何一部分不能满足缩尺比,则均不能称为几何相似。

正确选择一个合适的模型缩尺比 λ 是每一次浮式平台模型试验的首要问题。根据国际海洋工程界的一般惯例,海洋浮式平台水池试验缩尺比通常为 1∶40～1∶60,风洞试验缩尺比通常为 1∶60～1∶200。针对具体的平台,还应综合考虑试验任务书中规定的各项要求和海洋深水试验池本身的特点和对环境条件模拟的能力。

（2）水动力试验相似准则

浮式平台的水动力模型试验主要是研究其在风、浪、流作用下的运动和受力,重力和惯性力是其受力的主要因素。弗劳德数（Froude）相似即是保证模型和实物之间重力和惯性力的正确相似关系。此外,物体在波浪上的运动和受力带有周期变化的性质,模型和实物之间还必须保持斯特劳哈尔数（Strouhal）相等。

（3）风洞试验相似准则

对风场风速模拟调试测试,直接以风洞小试验段的风洞地板平面模拟海平面,在固定试验模型转盘的前端布置尖劈及粗糙元等模拟大气边界层,测试风速剖面,调试得到试验用海上大气边界层风场,以便进行水平面以上的平台船体和上部组块的风载荷测试,也就是满足 NPD 风谱的风场。对海流场速度模拟调试测试,直接以试验段风洞地板平面为模拟海底泥面,风洞地板上面不放任何物体测试流速剖面,测试得到试验用海水海流速度场，以便进行水平面以下部分模型流载荷测试。

3）模型试验特点

模型试验中主要的试验装置和通用的试验相似准则已经在之前章节中进行了叙述，本节主要对水动力试验、风洞试验和涡激运动试验中较为特殊的处理方式进行介绍。

（1）水动力试验

在一般的模型试验的基础上，还需要对锚链、系泊缆和立管等细长杆件进行模拟。此类细长杆件需要满足杆件外形的几何相似，同时需要满足构型上的相似。另外，还需要满足弹性系数相似，一般情况下，根据几何相似选用的系泊缆模型的弹性系数很难满足弹性系数相似的要求。为了解决该问题，在模型系泊缆上配接合适的弹性系数和长度的弹簧，是普遍采用的模拟方法。

（2）风洞试验

根据风洞试验条件的要求，一般可以对试验模型进行一些简化处理。同时为了使模型试验满足雷诺数相似准则，则需流场进入紊流状态，因为流场进入紊流状态之后雷诺数对结构阻力系数几乎没有影响。

（3）涡激运动试验

涡激运动（vortex-induced motion，VIM）试验一般采用由拖车行进带动模型运动的方法来模拟均匀流。涡激运动试验中流速的计算通过以下公式：

$$V = \frac{DU_r}{T}$$

式中

U_r——折合速度；

D——立柱截面在垂直于流向方向上的投影长度，即立柱直径；

T——张力腿平台在静水中的横向固有周期。

4.3.7　建造和安装

1）建造技术

平台的建造方案是依船厂/场地而定。通常，浮体部分和上部模块部分分开并行建造，以缩短工期。采用模块化建造更能充分有效地利用船厂资源和能力。同时，在有条件的情况下，室内建造能避免因气候原因造成的工期延误。浮体既可以在干坞里建造（比较少用），但大多是在地面上建。浮体的建造步骤如图4-13所示。

图4-13　浮体的建造步骤

（1）TLP 平台建造方法

TLP 平台主体是由纵骨、纵桁、腹板及板组成的板壳带肋骨结构形式。主体包括 4 个立柱、4 个浮箱、4 个节点结构和立柱上部的水平支撑结构。每个立柱从底部到立柱顶部都有一个交通竖井。每个立柱底部，从底板到水密板之间的内侧有一个泵舱操作间，布置有泵舱设备及控制操作系统。每 2 个立柱之间都有浮筒，浮筒的截面呈矩形。在每个浮筒结构的中间安装有一个水密舱壁，将每个浮筒分为 2 个水密舱。浮筒箱的 2 个水密舱均设计成永久压载舱。节点结构位于立柱和浮箱相交处，它是张力腿底部到位于第一个水密板之间的立柱之最下部分，由位于内侧的泵舱操作间及一个位于外部的水密舱组成。交通竖井直接与泵舱操作间相连。每个节点的外部水密舱均设计为永久压载舱。立柱顶部的水平支撑结构由管状杆件组成，其作用是提高平台的整体刚度，防止立柱的过度变形，减少浮筒上的应力，否则在张力腿平台主结构装船和运输的时候立柱本身会处于悬臂的自由移动无约束状态。这些管状杆件组成的梁单元水平支撑将承受在位环境载荷对平台产生的整体力，如在张力腿平台服役期间所要承受的整体扯拉和挤压载荷。上部组块与船体建造完成后进行总装合拢，TLP 平台有两种合拢方法：一种是滑道建造，分为滑道预制、提升滑移、拖拉装船；另一种是船坞建造，包括船坞预制、提升滑移、拖拉出坞。

（2）半潜式平台建造方法

半潜式平台由传统形状的主体结构和两层甲板的上部结构组成。平台主体结构是由加筋板和壳体结构组成。这些加筋板和壳体结构是由内部纵向骨材，桁材和肋板结构组成。主体结构包括 4 个立柱、4 个下浮筒、4 个节点结构。平台主体结构关于水平面内纵轴和横轴轴对称。每 2 个立柱之间都由具有方形截面的浮筒连接。在 4 个浮筒内部都有方形通道用以连接相邻的 2 个立柱。通道竖向侧面之一位于浮筒中心线；通道下侧则位于浮筒龙骨处。每个浮筒结构沿长度方向的 1/3 和 2/3 位置处各有一水密舱壁。浮筒内的舱室可以用作压载舱。节点结构是浮筒和立柱的连接部位，位于立柱的最下部。除了中空竖井之外，在每个节点中还有 4 个水密舱壁。在每个立柱中，有一个操作泵室。上部结构位于主体结构的上部，并且与主体结构相连接，形成一整体。上部结构除了自身的支撑结构外，还与主体结构一起作用，防止立柱过渡倾斜，并且可以降低平台结构在干拖过程中的应力水平。上部结构将会承受在位期间的载荷，如服役期间的拉伸/挤压载荷。半潜式平台上部组块与固定式平台和 TLP 平台相似，因此这里不赘述，下部浮体的建造是应关注的重点。下部浮体建造分为浮筒建造和立柱建造。浮筒和立柱建造完成后，进行总装准备、提升滑移、完成剩余部分合拢，最后拖拉出船坞。

（3）SPAR 平台建造方法

SPAR 平台主体由 3 大部分组成：对整个平台提供浮力的硬舱，主要起减少整体运动反应的桁架结构，以及对平台提供重压载系统的软舱。硬舱是圆柱体，其中间是提供立管支撑系统的月池。硬舱沿高度由 4 层舱室组成，而每层又由 4 个同尺寸的舱室组成。内甲板位置从硬舱底部开始起,4个竖向甲板沿轴向连接月池的角点到硬舱的外径。最底层的硬舱是永久性压载舱,第二层舱室是安装时使用的临时压载舱,最上面的2层舱室是空舱。桁架部分主要由提供连接硬舱及软舱的桁架及位于中间的2层横向垂荡板组成,主要用于减轻竖向运动的阻尼。SPAR平台上部组块与固定式平台和TLP及半潜式平台相似,因此这里不赘述,下部浮体的建造是应关注的重点。下部浮体建造分为硬舱建造、桁架建造和软舱建造,建造完成后最终合拢。

2) 安装技术

(1) SPAR平台安装技术

SPAR平台安装程序包括平台主体装船及运输、桩基和锚链/缆的装船及运输、基础的安装和锚固系统预布置、上部结构的装船及运输、平台主体湿拖与扶正、临时工作台、锚链、锚缆及安装工作、上部结构的安装等。安装流程如图4-14所示。

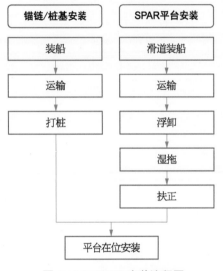

图4-14 SPAR安装流程图

SPAR平台安装过程主要为平台装船、运输、湿拖、整体组装、系泊安装等。其中,扶正技术是SPAR平台安装的关键技术。

SPAR平台扶正过程中涉及阀门进水、进水速度、桁架强度等问题,因此必须提前计算软舱打入压载水的顺序及速度。利用浮式平台安装仿真软件,通过计算制定详细的扶正安装程序,并在实际安装施工过程中严格按照安装程序执行。

SPAR平台到达现场后需要进行扶正工作,主体扶正分成两个压载步骤。第一步,对软舱注水。首先向软舱顶部的进水孔注水(如果有阀门的话,需要打开阀门),待软舱进水到一定深度,位于中部的两个设有阀门的进水孔,会进入水中,继而打开此时位于水线面下的这两个阀门,使软舱自动进水,通过该步骤完成初始扶正。第二步,将DCV压载水输送到SPAR平台第一层的硬舱舱室,完成SPAR的扶正。

SPAR平台扶正安装研究内容包括调载方案、扶正的稳性分析、扶正的总纵强度。

(2) 半潜式平台浮卸安装技术

半潜式平台安装程序包括平台整体装船及运输、桩基的装船及运输、锚固系统的装船及运输、基础的安装、锚固系统的安装、平台的安装等。安装流程如图4-15所示。

浮式平台浮卸安装技术是浮式平台安装的关键技术。

浮式平台浮卸安装过程有较大的风险,尤其是半潜船的稳性。因此事先必须通过软件(浮式平台安装仿真软件)计算浮卸过程的压载水变化,制定详细的安装程序,并依此安装程序执行。

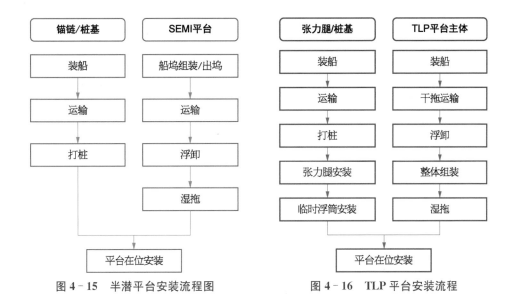

图 4-15 半潜平台安装流程图　　　　图 4-16 TLP 平台安装流程

对三类浮式平台的浮卸过程分别进行计算,需要确定各步的调载方案并校核浮式平台和半潜船的稳性。

（3）TLP 平台安装技术

TLP 平台的安装分为两个部分：一是平台主体的安装,二是张力腿和桩基的安装。安装流程如图 4-16 所示。

① TLP 平台主体安装,包括平台主体的装船和运输以及张力腿平台整体组装。

在平台主体装船及运输之前,需要做很多准备工作,包括主体结构装船前应做的准备、运输船的准备工作、装船滑道设计及准备、装船前的准备工作等,其他工作内容还包括主体结构装船过程及程序、船体的减压载计算及控制、主体结构的临时固定、装船及运输工作的交接、运输船竖向及水平向支撑的布置及安装、运输船启航前准备及航行、运输过程中注意事项、主结构下水程序及操作、主结构岸边临时锚固等。

张力腿平台整体组装的工作内容包括上部结构组装前应做的准备、主体结构和上部结构组装、平台的临时锚固、平台的系统监测及附属工作等。

② 张力腿和桩基的安装包括张力腿和桩基的运输与安装。

桩基的装船及运输包括桩基装船前的准备工作、运输船及其准备、桩基装船程序、桩基的运输等内容。张力腿及临时浮筒的装船及运输包括张力腿装船前的准备工作、出海前的准备工作、临时浮筒的装船及支撑、海上运输等。

基础的安装包括基础的定位、打桩船的要求及准备工作、桩基的下沉及自穿透、打桩的设计及次数、桩帽的安装及基础顶部的处理等。张力腿及临时浮筒的安装包括张力腿安装船及安装准备、张力腿安装前的准备工作、张力腿的吊装及机械连接、临时浮筒的连接及调压载、张力腿底部的连接、张力腿安装就位工作等。

③ 平台的安装包括平台离岸准备、平台湿拖过程、平台安装前的准备、安装的环境条件及预报、安装现场的准备工作、平台安装过程、平台安装收尾、临时浮筒去除程序等。

张力腿安装技术由多个安装节点组成,包括基础的安装、张力腿安装船及安装准备、张力腿安装前的准备工作、张力腿的吊装流程及机械连接、临时浮筒的连接及调压载、张力腿底部的连接、张力腿安装就位工作等。

4.3.8 平台弃置

海上平台的设计寿命一般在 20 年左右,按照相关规定,若没有其他用途,作业寿命到期后必须进行废弃拆除。这对保障作业区域的海洋环境、通航和渔业生产等具有重要意义。

1989 年,国际海事组织发布《大陆架和专属经济区海上设施和结构物的拆除标准和准则》,规定凡 1998 年 1 月 1 日及其后置放于海床上的废弃或不再使用的设施或结构物,其水下深度不足 100 m 的,除甲板和上层建筑以外,在空气中重量不足 4 000 t 的,应全部拆除。

2002 年,国家海洋局颁布了《海洋石油平台废弃管理暂行办法》(下称办法),根据规范要求,海上平台废弃处置可分为原地弃置、异地弃置和改作他用三类,废弃的平台妨碍海洋主导功能使用的必须全部拆除。办法规定,在领海以内海域进行全部拆除的平台,其残留海底的桩腿等应切割至海底表面 4 m 以下。

目前,我国拆除的平台处理方式为异地弃置,即在海上拆除完成后运输至陆地进行后续处理,将导管架部分或者全部弃置在原地作为人工岛礁。这种做法不仅降低了拆除费用,同时给当地的鱼类提供了人工暗礁,有利于当地海洋生态。由于会对通航造成影响,在中国渤海湾等浅水区这一做法并不适用,但该做法在美国、文莱、马来西亚等国已经有了先例。在美国,超过 420 座弃置平台已经作为永久岛礁存在于墨西哥湾,这一数量超过了总弃置平台数量的 10%。

在美国等一些国家还采用过原地弃置和改作他用的方式处理海上平台。比如,在较深的海域,导管架可进行部分拆除,剩余部分可原地弃置或运输至其他海域作为渔礁。还有些公司经过相关部门批准后,把弃置的海上采油平台改造为旅游观光景点。

在拆除过程中对于污染物的排放有严格的要求。比如,在管线清洗方面,按照我国相关规定要求,排海污染物浓度不得高于 0.002%。如果设施运输至陆地进行处理,则还要满足《中华人民共和国固体废弃物污染环境防治法》等相关法律法规的要求。平台拆除后还要对施工区域进行清理调查,打捞海底遗漏的垃圾,减少对海洋环境的影响。根据规范要求,在平台周边 500 m 范围内的杂物均要清除,并且对海底地貌进行恢复,包括对裸露出海床面的海管进行挖沟处理,将其弃置于海床以下。

4.4　展　　望

当前,海洋油气资源勘探开发已进入到一个新的时代,世界各国对海洋油气资源勘探开发的力度不断加大。近年来,我国虽然在海洋平台建造及技术研究方面做了大量工作,并取得了可喜的成绩,但就海洋装备技术实力和技术水平而言,我国仍处于一个比较落后的位置,与发达国家之间还存在着一定的差距。因此,我国必须加快科研步伐,奋力追赶西方发达国家,早日步入世界海洋石油装备强国行列。同时,随着当前世界各国对石油重要性的认识和现代高科技的飞速发展,未来海洋平台将会朝着以下几个方面发展。

(1) 海洋平台被少数国家长期垄断的局面将逐渐被打破

在海洋平台技术发展过程中,美国、挪威等西方发达国家由于起步早,已积累了一定经验,尤其在海洋深水技术开发方面一直处于领先和垄断地位,但随着近几年世界多个国家涉足海洋勘探开发领域,尤其是中国、巴西、韩国、日本等国家的崛起,今后海洋装备技术将呈现出多渠道、多国化,百花齐放的发展局面。

(2) 海洋平台将向自动化、智能化和多功能方向发展

面对风、浪、流等各种复杂的海洋作业环境及海上安全与技术规范条款的要求等,石油装备的高可靠性是保证海洋油气能否顺利开发的先决条件。同时,为了提高平台作业效率,降低劳动强度及减小手工操作的误差率,海洋装备的自动化、智能化控制技术已得到较好应用。新型的多功能海洋平台不仅具有钻井功能,同时还具备修井、采油、生活和动力定位等多种功能。多功能半潜式平台不仅可用作钻井平台,也可用作生产平台、起重平台、铺管平台、生活平台以及海上科研基地,甚至可用作导弹发射平台等,适用范围越来越广。

(3) 海洋平台将向智慧海洋、大数据平台方向发展

大数据是"智慧海洋"工程的核心,建立海洋环境大数据存储、平台大数据监测、加工、信息产品推送一体化的数据处理与分析软件开发、集成测试,最终目标是对深水工程设施进行海洋环境监测、深水浮式平台监测、立管/隔水管监测和流动安全监测。以此为基础,将深水工程设施上原本各个独立的现场监测系统集成为集现场监测数据接入、过滤转化、存储、分析、评估和应用为一体的网络化信息管理平台,建成海上监测数据的集成管理系统,对于实现数字海洋有重要意义。

第 5 章　水下生产系统技术与设备

水下生产系统又称为"水下回接"或"水下系统"，一个典型的水下生产系统如图5-1所示。

图 5-1　典型水下生产系统示意图

水下生产系统由最初简单的井口和海管布置已发展到丛式井口布置方式。目前典型的水下生产系统包括水下井口、水下采油树、水下管汇、海管、立管、脐带缆、水下控制系统、水下处理系统等。

本章主要论述了水下生产系统设计技术及各种关键设备。

5.1　水下生产系统设计技术

水下生产技术是相对于水面开发技术如固定平台、浮式生产设施等的一种广泛应用于水下油气田的开发技术，它主要通过水下完井系统、部分或全部安装在海底的水下生产设施、海底管道等，将采出的井流物回接到海上，依托设施或陆上终端进行处理。

随着我国海上油气田开发逐步走向深水和边际油气田，水下生产系统在我国的应用将日益广泛,水下设计技术也显得尤为重要。水下生产系统的设计技术主要包括水下生产系统总体开发方案、水下生产设备选型设计、水下油气处理工艺设计、水下控制系统设计、水下流动安全保障系统设计、水下人工举升和海底增压系统的选型设计、水下供电系统设计、水下结构物设计、水下连接管道系统设计、水下防腐设计等。

目前关于水下生产系统的标准主要包含在 API17、ISO13628 中,同时挪威、巴西在应用水下生产系统的过程中根据实际应用经验也建立了相应的标准体系,如 NORSOK 001 水下生产系统标准等。

水下生产系统 ISO13628 系统标准基本等同采用 API 标准,例如 ISO13628-1 与 API 17A 为等同采用。目前我国等同采用 ISO13628 的水下生产系统标准,标准编号为 GB/T 21412。

水下油气田开发方案的设计需要综合考虑油气田的类型、油气藏特点、开发方式、钻完井方式、环境条件、周边可依托的设施情况、流动安全保障、海底管道、水下生产设施的类型等方面因素,是一个多专业共同开展的系统性设计工作。

水下生产系统的设计应遵循以下原则:

① 水下生产系统工程方案的设计应综合考虑油气田开发周期内各阶段的需求。

② 水下生产系统设计应满足设计标准规范和当地特殊规定,尽可能采用国际成熟技术开发。

③ 在满足功能和安全的同时最大限度简化水下生产设施,使开采周期内的利益最大化。

④ 设计初期就需要考虑将来扩大生产的需求,如后期调整井或周边小区块的开发。

⑤ 水下生产系统设计中应考虑环境保护问题。

⑥ 水下生产系统设计中应考虑渔网、锚区、落物、浮冰等潜在风险,敏感设备应设保护装置。

⑦ 应考虑水下生产系统的安装、操作、检测、维护、维修和废弃期间的要求。

⑧ 水下生产系统设计时应充分利用周边依托设施。

⑨ 综合考虑水下生产设施与依托设施、钻完井工程的界面。

5.2　水下生产系统关键设备

5.2.1　水下采油树

水下采油树作为水下生产系统的核心设备,为井口装置、跨接管、管汇等设备提供可靠的连接界面。其主要功能是对生产的油气或注入储层的水汽进行流量控制，并和水下井口系统一起构成井下储层与环境之间的压力屏障。水下采油树通常由采油树导向支架/导向结构、树体、阀组、油嘴、油管悬挂器、采油树帽、出油管道、井口连接器、出油管线连接器、水下控制模块及监控仪表等主要组件组成。

水下采油树经历了干式、干/湿式、沉箱式和湿式四个发展阶段。目前国内外油气田水下生产系统开发项目普遍采用水下湿式采油树进行开发和生产。全球自 1967 年第一套水下采油树诞生至今，通过几十年的努力，目前该技术已经获得长足发展。特别是 20 世纪 90 年代以来，标准化和卧式采油树使得水下生产系统的可靠性和可维护性显著提高，扩大了水下生产系统的应用领域。据不完全统计，从 20 世纪 60 年代开始应用水下采油树以来，全球已经应用 5 000 多套水下采油树。采油树的设计最大工作水深达 3 000 m，温度范围 $-46 \sim 180℃$，额定压力高达 103.4 MPa(15 000 psi)。

水下采油树按其生产主阀的安装位置可分为立式采油树和卧式采油树。水下采油树是各种部件组成的复杂系统，不同的采油树供货商的采油树结构有所不同。目前水下采油树技术主要掌握在欧美几个发达国家手中，包括 TechnipFMC、OneSubsea、BHGE、AkerSolutions、DRIL‑QUIP 等。

我国自 1996 年流花 11‑1 油田国内第一次应用水下生产技术进行油气田开发以来，至今中国海油已有 11 个油气田应用水下生产系统开发，已投产应用 64 套水下采油树，均采用进口产品。依托科技部、发改委、工信部等科研项目，结合企业自主研发项目，国内有海油发展美钻深水系统有限公司、宝鸡石油机械有限责任公司、中石化石油机械股份有限公司等企业针对水下采油树开展了国产化研制，进行了样机的制造与测试，但是尚未实现产业化应用。

水下采油树通常包括 3 000 多个零部件，复杂集成程度高，可靠性要求高，其设计、制造和测试关键技术有：

① 水下采油树系统集成设计技术。

② 高压高温密封技术。

③ 水下采油树控制技术。

④ 水下采油树关键零部件制造技术。

⑤ 水下采油树防腐技术。

⑥ 水下采油树测试与认证技术。

⑦ 水下采油树安装与下放技术。

5.2.2　水下控制系统

水下控制系统是水下生产系统的关键部分，主要用来监控水下设备。水下控制系统控制管汇、采油树等水下设备上的阀门，采集温度、压力、流量等数据，除了满足基本功能外，在出现紧急情况下控制系统需具备自动将系统切换至安全状态的功能。

1) 水下控制系统分类

20世纪70年代初期的水下控制是通过潜水员来操作的,随着水下生产技术的不断发展,水下控制系统由最初的潜水员操作逐步发展为液压控制、复合电液控制以及全电控制系统。

水下控制系统类型有直接液压系统、先导液压系统、顺序液压系统、硬线先导电液系统、复合电液控制系统和全电控制系统等。

(1) 直接液压系统

直接液压系统是最简单成熟的控制系统,它的液压站和井口控制盘全部位于平台上。液压动力通过脐带缆传输到水下采油树或管汇阀门的执行器上。每个执行器由单独的液压线供给液压动力。

(2) 先导液压系统

先导液压系统只有一根液压供给线为水下液动阀提供动力,每个水下液动阀对应一根液压先导控制管线。在水下供给线路上配置水下蓄能器,提供暂时的液压动力源,减小液压响应时间。

(3) 顺序液压系统

顺序液压系统采用一根液压控制管线,按照液压压力的大小顺序控制水下液压换向阀,系统的其他部分与先导液压系统相似。

(4) 硬线先导电液系统

硬线先导电液系统是采用水下电磁换向阀代替水下液压换向阀,每个水下电磁换向阀对应一根控制电缆,驱动采油树阀门的液压动力来自水下蓄能器。电缆传输水下电磁换向阀的控制信号。水下控制模块包括水下电磁换向阀和水下蓄能器。

(5) 复合电液式系统

复合电液式系统在一根电缆传输控制信号,减少了电缆的数量,形成了电液复合式系统。在水面及水下配置信号调制解调器。在水面配置液压站,向水下蓄能器提供液压动力。在水下配置电磁先导换向阀,开闭电磁先导阀仅需几秒钟。

(6) 全电控制系统

全电控制系统是复合电液控制系统进一步发展的结果,是远距离回接的一种解决方案。全电式水下阀门执行器在全电式水下生产系统中的关键技术。

2) 水下控制系统组成

从宏观上讲,水下控制系统的主要设备有水面控制系统设备和水下控制系统设备,见图5-2。

(1) 水面控制系统设备

包括主控站(main control station,MCS)、电力单元(electrical power unit,EPU)和液压动力单元(hycrolic power unit,HPU)。

① 主控站:MCS是控制及检测水下生产系统的控制单元,其功能包括搜集和处理

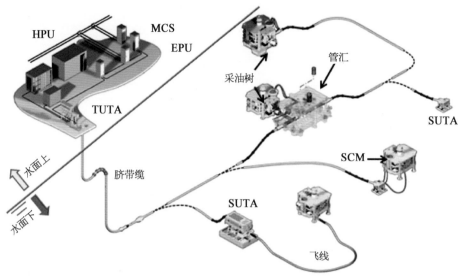

图 5‑2　复合电液式控制系统的组成

所有的水下数据、监测平台设备的操作(HPU、EPU 等)、控制井口及管汇上的所有阀门或油嘴阀、执行关井顺序、监测和控制具有冗余能力的电源及通信、连接平台控制系统的界面、连接平台安全系统的界面等。

② 电力单元：EPU 是水下生产系统的关键设备，它为主控站和水下控制模块之间的电力输送和通信建立了通道。基于 PLC 的 EPU 可以作为独立设备，也可和 MCS 或调制解调器单元集成在一起。

③ 液压单元：HPU 通过脐带缆为水下生产系统设备提供液压动力，它的监测功能及控制功能通过本地控制盘来实现。

④ 上部脐带缆终端(topside umbilical termination assembly，TUTA)：TUTA 是平台控制设备和主脐带缆的连接界面。TUTA 采用完全密封设计，电源、通信的汇集分配面板，同时也是与液压及化学药剂供给相关的管道、仪表、泄放阀等的汇集面板。

(2) 水下控制系统设备

主要包括水下控制模块(subsea control unit，SCM)和水下分配单元(subsea distribution unit，SDU)。

① 水下控制模块：SCM 是水下生产系统的水下控制中心，呈上接收水面主控站的命令，起下采集水下传感器数据和执行控制命令。为了控制和监测水下完井系统和水下生产系统，每个采油树或管汇上必须设置 SCM。在采油树上的 SCM，收到 MCS 的指令后，驱动水面控制井口和井下安全阀、化学药剂阀油嘴等，并反馈这些阀门的位置信息。

② 水下分配单元：SDU 是控制系统的水下中转站，其作用是水下连接并将其中的液压和化学药剂、电力和通信通过分配单元分配到每一个井口，实现控制动力和信息的

分配。

3）水下控制系统厂商及关键技术

水下控制系统国际上主流的生产厂家有 OneSubsea、TechnipFMC，Aker Solutions 和 BHGE。

水下控制系统的关键技术主要有：

① 高可靠性技术。水下控制系统是水下生产系统的指挥中心，对系统的可靠性要求很高。

② 集成化设计技术。水下控制模块是一个集成度非常高的产品，内部空间的布置、散热，以及封装技术是一项核心技术。

③ 高精度的加工制造技术。液压控制回路上元器件，如变送器、过滤器和换向阀等制造要求非常精密，同时可靠性要求很高，需要有较高的机加工水平才能实现。

5.2.3 水下脐带缆

作为水下控制系统的关键组成部分之一的水下生产系统脐带缆，是连接上部设施和水下生产系统之间的"神经""生命线"，脐带缆在水下生产系统中的主要作用有：

① 为水下阀门执行器提供液压动力通道。

② 为水下控制模块和电动泵等提供电能。

③ 为水下设施和油井提供遥控及监测数据传输通道。

④ 为油井提供所需流体（如甲醇和缓蚀剂等化学药剂）。

脐带缆在海洋工程中的应用发展了近 50 年，已经被成功地应用到浅水、深水和超深水领域。最早的脐带缆出现于 20 世纪 60 年代，使用于壳牌公司 1961 年在墨西哥海湾建造的第一个水下井中，水深 16 m。这条脐带缆为直接液压式，由多个液压管组成，各个液压管与对应采油树阀门连接，这时的脐带缆全部由管道组成，横截面较大。

国外脐带缆主要供应商有 Oceaneering、Aker Solutions、TechnipFMC、Nexans、JDR 等。

目前，用于水下生产系统的脐带缆从材料类型和功能上大致有热塑软管脐带缆、钢质管脐带缆、动力控制脐带缆、综合服务脐带缆 4 种类型。

脐带缆在结构上具有如下特点：

① 由两种或多种功能元件组成。

② 功能元件有的全部由热塑管复合成缆，有的全部由钢管复合成缆，有的全部由电缆复合成缆，有的由电缆和光纤复合成缆，有的由热缩管、电缆单元复合成缆，有的由钢管、电缆单元、光纤复合成缆，有的由钢管、电缆单元、光纤及输送油气的管道复合成缆。也就是说，在经过合理设计和验证基础上，脐带缆的功能元件在不同使用环境和功能需求的要求下是可以组合的。

③ 所有脐带缆从外观上都呈圆整,紧凑的形式。缆芯内所有空隙填满填充物或以支撑骨架隔离,以提高各单元的稳定性,提高管单元的抗内压和外压能力;使缆芯圆整,提高铠装的抗拉强度,同时减少外力损伤概率。

④ 缆芯、铠装和护套之间分别用包带隔离,使结构稳定、圆整、减少磨损和减少机械损伤等。

⑤ 有的脐带缆带铠装层,有的脐带缆是没有铠装层的。铠装层均是根据需要,缠绕两层或多层螺旋走向相反的钢丝进行铠装加固。

⑥ 脐带缆中各元件均有易于辨别的标示,这样在脐带缆接头处易于电缆安装。

脐带缆要求一旦安装就位后,在整个油气田开发的生命周期内不需要维护。因此,脐带缆除了需要满足功能要求外还需要满足海洋环境及浮体运动等要求。应用于深海油气开采的脐带缆,考虑自身重量、波浪、海流以及浮体运动等因素,受到较大的拉伸载荷作用。同时在安装及在位运行过程中,脐带缆也会受到弯曲载荷以及周期性疲劳载荷等作用。脐带缆结构设计需要设计各单元材料及尺寸抵抗拉伸载荷、弯曲载荷以及周期性交变载荷作用,规范中对脐带缆设计所需要考虑的各种要求、环境载荷工况以及其他因素,脐带缆各单元设计要求及实验要求等只给出了简单的描述,对脐带缆截面结构设计分析方法并没有具体描述。由于脐带缆结构的复杂性,国内外专家对脐带缆拉伸行为、弯曲行为及疲劳寿命的分析往往需要基于大量假设,建立相应的解析分析模型、有限元分析模型,并需要进行大量实验来验证设计及分析方法。

5.2.4　水下管汇

水下生产系统是经济、高效开发边际油田、深海油田的关键技术之一,随着深水油气田的开发,水下生产系统得到了越来越多的应用。水下管汇是水下生产系统的重要组成部分,是整个水下生产系统的集输中心,具有体积大、重量重、技术集成度高、费用大、应用场合多等特点。水下管汇被用于简化水下系统,减少水下输送管道和立管数量,优化产物在系统中的流动。

水下管汇是由汇管、支管、阀门、控制单元、分配单元、连接单元等组成的复杂系统,主要用于水下油气生产系统中收集生产流体或者分配注入流体,同时也兼具测井、修井、电/液分配、清管、计量、测量等功能。图 5-3 所示为典型水下管汇。

通常来说,水下管汇系统通常需要实现以下功能:

① 汇集多井生产的流体或向注水、注气井分配水或气。

② 将生产液导入到管汇主管中。

③ 包含一个或多个主管。

④ 允许将单井同主管隔离。

⑤ 实现管汇与其他管线的连接。

⑥ 保证管道系统清管连续性。

图 5-3　典型水下管汇

　　水下生产系统起源于 20 世纪 60 年代，随着技术的进步，水下管汇设计、制造等技术也得到了快速发展，当前能够满足的水深范围已达到 3 000 m。国外水下管汇的设计、制造技术已经成熟，形成了完善的技术体系。以 FMC、GE - Vetco Gray、Cameron、Aker Solutions 为代表的国际公司掌握着水下管汇的研发、设计、制造、安装、调试、维护等方面的核心技术。我国在水下管汇设计、制造及测试方面也积累了一定经验，海洋石油工程股份有限公司、巨涛海洋石油服务有限公司、青岛武船麦克德莫特海洋工程有限公司都有水下管汇制造应用的案例。

　　按水下管汇结构形式来分，主要包括三种类型：丛式管汇、基盘式管汇、管道终端管汇。

　　丛式井管汇(图 5-4)由一个用于支撑其他设备(如配管、管道拉入和连接设备)的框架以及保护框架组成。丛式井管汇将多口井中的流体汇集到一个或多个主管，通过外输管道进行输送。丛式管汇结构居中安装，各井口与管汇用刚性或柔性跨接管连接。

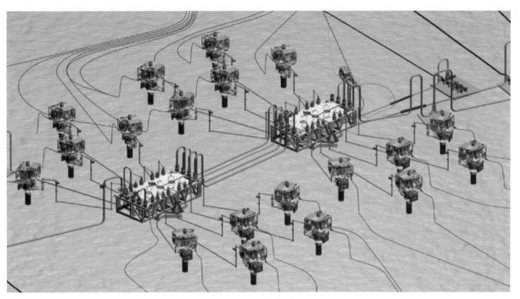

图 5‒4　丛式管汇

　　基盘式管汇(图 5‒5)指将所有水下设施,包括井口设施、管汇、计量系统和清管系统等都固定在一个结构物上,管汇的结构不仅可以用来支持钻修井而且可以支撑采油树。

图 5‒5　基盘式管汇

　　管道终端管汇(图 5‒6)是一种经济有效,适用于多种管径管道的终端装置,兼具管汇和管道终端的功能,通常它通过防沉板进行安装,既经济又方便。

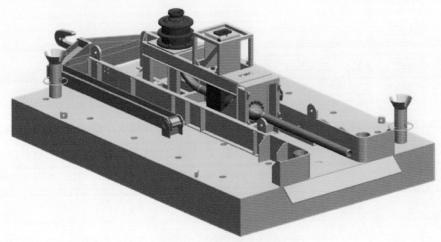

图 5-6 管道终端管汇

水下管汇关键技术如下：

（1）水下管汇集成设计关键技术

水下管汇是多设备的集成体，各种设备之间界面复杂，需统筹分析水下管汇内部的集成设备与构件要求，确定水下管汇基本结构形式与组成，研究主管道布置形式、水下管汇控制方式等关键内容，确定水下阀门、分配单元、仪表等设备的布置要求，进而进行水下管汇内控制模块、路由器模块、流量计、分配单元、温压传感器等内部测控设备的集成设计以及电力、通信、化学药剂、液压分配等设计。

（2）水下管汇制造关键技术

水下管汇结构复杂，零部件多，总装集成工艺与精度控制技术是水下管汇制造的关键问题，需对各工序施工顺序、焊接要求、焊接变形控制、重量控制、精度控制、仪表管弯制工艺等进行深入研究，制定合理的制造方案，保证水下管汇总装集成后的精度要求。针对特种钢材，需掌握焊接过程中的技术难点，开发可靠的焊接工艺。

（3）水下管汇测试关键技术

针对具体水下管汇，需明确测试标准，具体分析各阶段的测试内容、测试步骤、验收准则及测试工机具需求，形成详细的测试程序，制定合理的测试方案，并完成水下管汇工程的测试。

5.2.5 水下阀门及执行机构

水下阀门是安装在海底管道及水下结构物内管道（包括油气管道及化学药剂注入管、液压管等）上的流体控制部件。

水下阀门能够实现的功能包括：导通、截断物流（开关阀）；调节物流流量、压力（调节阀，如油嘴）；在多路分支之间进行切换（多路选择阀）。

API6A 闸阀在第一次海底勘探钻井时就开始应用,当时典型的阀门通径为 7.78 cm$\left(3\dfrac{1}{16}\text{ in}\right)$,压力为 20.69 MPa(3 000 psi)或 34.48 MPa(5 000 psi)。

现在水下阀门一般遵循 API 17D 标准,即通常所说的带有附加要求的在海底应用的 API 6A 阀门。API 17D 在 API 6A 的基础上增加了水下使用的标准。最为常见的北海采油树通径尺寸为 13.02 cm$\left(5\dfrac{1}{8}\text{ in}\right)$、工作压力是 34.48 MPa(5 000 psi)。位于墨西哥湾的采油树通径为 10.32 cm$\left(4\dfrac{1}{16}\text{ in}\right)$。随着向更深的水域发展,工作压力 68.95 MPa(10 000 psi)变得普遍起来,甚至达到 103.4 MPa(15 000 psi)。工作压力还有可能持续上升。

随着深海石油和天然气领域的日益发展和对更大孔径、更高耐压阀门的需求日益增加。密封件和材料技术的革新,使得球阀的可靠性已达到较高水平,因此出现球阀逐渐替代传统闸阀的趋势。

根据关闭件的不同,水下阀门的类型主要包括闸阀、球阀、单向阀,其中每种主要类型又分为多种子类型。

根据操作方式的不同,水下阀门又包括手动阀门、ROV 操作阀门、液压操作阀门、ROV 及液压操作阀门、电控阀门等类型。

目前针对油气输送管道,应用最为广泛的是水下闸阀和水下球阀。

水下阀门实现动作,需要使用执行机构。水下阀门执行机构主要使用液压单作用弹簧式机构和电动执行机构。目前深水使用的全电动执行机构还处于研究、测试阶段,投入实际工程应用的还没有案例;真正投入工程应用的是液压单作用弹簧式机构。水下阀门作为安全阀,在出现故障时,阀门一般需要处于关闭状态。因此执行机构的设计工作状态需要单作用形式,依靠弹簧的蓄能来带动阀门实现水下阀门的故障关闭。

ROV 操作机构的使用,是考虑水下阀门在实际使用工况时,一旦出现阀门不能正常关闭或者说是液压执行机构失效时,能有效使用该备用机构来实现阀门的正常操作。因此 ROV 操作机构在深水应用中主要作为一种安全保护措施;在浅水应用中,为节省成本,可以采用只有 ROV 操作机构的阀门执行机构。正常工况下通过潜水员进行操作,异常工况下通过 ROV 进行操作。

由于水下阀门工作环境苛刻,且可靠性要求高(15~25 年免维护),属于附加技术含量较高的产品。目前全球海底管道应用的水下阀门市场多被 Cameron(OneSubsea)、ATV、PetroValve、Magnum 等公司占领,国内还没有成熟的生产商。"十二五"以来,随着国家海洋战略的提出以及国内海上油气由浅海向深海的跨越,依托国家级以及中海油等企业级科研课题,已经有包括纽曼(被 Cameron 收购)、吴忠仪表、苏州纽威、苏州道森、中船重工下属某企业等多家公司开展了水下阀门产品的研发。虽然有部分产品即将应用于我国南海某水深 150 米级工程项目,但适用于 500 m 及以上水深、带液压及 ROV 执行机构的国产化水下阀门仍没有成熟产品,需要继续进行技术攻关,以及在国内建立相关毛坯、零部件供应链。

水下阀门与陆地阀门存在较大不同,其关键技术包括:

① 阀门整体结构设计技术。

② 阀门密封结构设计技术。

③ 阀门材料设计选择及表面防腐涂层设计技术。

④ 阀门开启力和扭矩的设计分析技术。

⑤ 执行机构及 ROV 接口匹配设计技术。

⑥ 阀门及执行机构加工工艺及装配技术。

⑦ 阀门及执行机构测试方法及测试装置设计。

5.2.6 水下连接器

水下连接器主要用于水下生产设施之间的连接,如水下采油树与水下管汇、水下管线与水下采油树、水下管道终端与水下管汇等,是深水油气安全生产的重要保证。一套完整的水下管线连接系统主要由水下跨接管、水下连接器和管道终端(pipeline end termination,PLET)/管道终端管汇(pipeline end manifold,PLEM)组成。水下连接器作为水下跨接管与水下生产设施连接部件,是连接系统的重要组成部分。

常用的水下管汇连接器按照连接接头的机械结构分类,可分为卡爪式连接器、远程铰接式连接器、卡箍式连接器、环形连接器和中线滑车式连接器。其中,卡爪式连接器和卡箍式连接器因具有可靠的机械接连、连接处不要求管线挠度进行补偿、偏心误差小、下放工具完全独立、可回收、成本低、使用范围广等优点,已经在水下连接系统中得到广泛的应用。

卡爪式连接器在水下生产设施之间的连接中应用非常广泛,占据了主导地位。国际上现有 FMC、Cameron、Aker Solutions、Vetcogray 以及 Oil States 等多家公司提供各种规格的相关产品。图 5-7 为一种典型的卡爪式连接器结构示意图。

卡箍式连接器在水下连接中的应用也十分广泛,尤其适用于海底管线与管

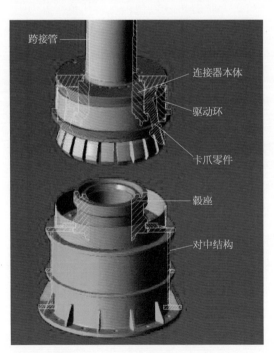

图 5-7 卡爪式连接器结构示意图

跨接管 连接器本体 驱动环 卡爪零件 毂座 对中结构

线之间的连接,在深水无潜海底管道修复中也得到了广泛应用。

图 5-8 给出了几种典型的卡箍式连接器结构示意图,卡箍式连接器的主体结构一般由相互铰接的 2 瓣或 3 瓣组成,并通过液压螺栓锁闭。液压螺栓可以由 ROV 携带相应的扭矩工具拧紧或开启。

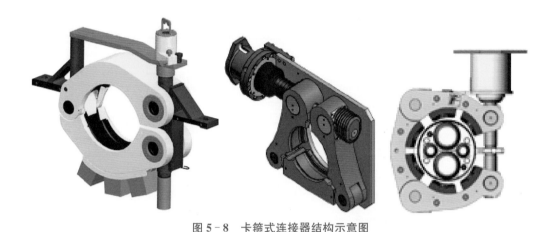

图 5-8 卡箍式连接器结构示意图

机械式连接器是指液压驱动元件是安装在安装工具上,安装完毕后,液压驱动元件随着安装工具撤回,不留在海底,如图 5-9 所示。

液压式连接器是指液压驱动元件安装在连接器本体上,安装完毕后,液压驱动元件将永久留在海底,如图 5-10 所示。

连接器下放安装时,因受海底洋流的作用其自身心轴并不能与毂座心轴保持完全平行,因此当连接器坐落于毂座时,连接器整体可能与毂座形成一个倾斜的角度。如何保障连接器与毂座之间形成精确对中并保证在一定倾斜角度范围内连接器有效可靠,是连接器研究中的一个关键技术。

连接器工作时,主要通过卡爪与毂座的啮合实现设施的连接,因此卡爪的结构必须保证该连接在油田开发期间不能失效。卡爪在转角及啮合面处容易发生失效,特别是连接器在高压高温条件下,受到拉伸、扭转、弯曲、热应力等多种载荷的共同作用如何保证卡爪强度、自锁性能及其易于锁紧和解锁能力,卡爪的结构设计也是连接器研究中的一个关键技术。

密封是保障油气顺利运输的关键,目前一般采用金属—金属密封。在连接器安装完毕后,要进行密封测试以保障连接器的可靠性,这就要求密封结构的设计既要保证密封件的安装便捷,又要便于密封测试,且密封件的设计寿命要长。此外,需考虑在密封失效的情况下如何快速更换密封件的问题,这些都是连接器研究中的关键技术。

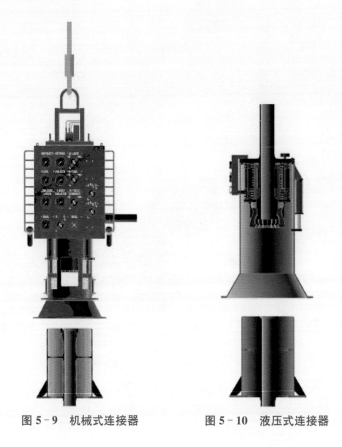

图 5-9 机械式连接器　　　图 5-10 液压式连接器

5.2.7　水下多相流量计

　　水下多相流量计是水下生产系统的重要组成部分，它对于生产动态监测、油藏管理、流动保障具有重要意义。

　　水下多相流量计由本体、电子仓、温压一体式传感器、差压传感器、双能伽马传感器及通信控制系统组成。测量时混合流体自下往上流经文丘里测量段，差压传感器采集文丘里喉部与入口端差压，双能伽马传感器采集透射伽马射线强度，温压一体式传感器实时采集介质温度压力，数据经过通信控制系统上传至上位机人机界面进行运算处理。

　　目前世界上只有 Schlumberger、Emerson、FMC、Pietro Fiorentini 等几家国外公司具备水下多相流量计的设计、制造和安装技术。国内的兰州海默科技开展了"十三五"重大专项子课题"水下多相流量计样机研制"工作，海联合多领域专家进行技术攻关，已完成水下多相流量计样机设计、制造、测试和认证等工作。

　　Schlumberger 旗下子公司 OneSubsea 研制的水下多相流量计采用文丘里测量总流量，双能伽马射线技术测量相分率。在结构上采用集成式封装，将核心仪表及电子线路集中封装在三个独立的电子仓内。流量计提供在线和双 HUB 两种连接方式，可

与水下生产系统一起回收，也可独立回收，最高设计压力可达到 103.4 MPa
（15 000 psi）。

Roxar 水下多相流量计通过文丘里及互相关法测量液体流速，通过电阻层析成像
技术与伽马密度计相结合测量相分率。在结构上采用分体式封装，可实现独立回收，也
可实现电子仓回收。设计水深 3 000 m，设计压力 68.95 MPa（10 000 psi）。

MPM 水下多相流量计使用文丘里流量计、伽马探测器、三维多频介电测量系统和
与多模态参量的层析测量系统结合的流动模型进行三相流流量测量。结构上采用分体
式封装技术，最高设计压力可以达到 103.4 MPa（15 000 psi）。

Pietro Fiorentini 的水下多相流量计采用文丘里与电容电导序列相关信号测量混合
流体的总流量，电容电导技术与伽马密度计测量相分率。结构上采用了分体式设计，可
独立回收，设计压力最高可达到 103.4 MPa（15 000 psi）。

海默科技的研制水下多相流量计采用了海默科技成熟的地面多相流测量技术，采
用文丘里测量总流量，双能伽马射线测量相分率，结构上采用了分体式分装设计，可有
效避免集成封装引起的电子设备互相干扰以及系统温升，提高整个系统的可靠性和使
用寿命。设计水深 1 500 m，设计压力 34.48 MPa（5 000 psi），设计温度-18～121℃，设
计寿命 20 年。与已经商用的水下多相流量计相比，海默科技设计的流量计在计量技术
方面已达到行业先进水平。

1）水下多相流量计设计关键技术

（1）水下高压密封技术

从流量计本体、电子仓、传感器和源仓探头接液端密封设计水下多相流量计高压
密封。

（2）通讯控制系统设计

从下位机控制系统和上位机控制系统开展通信控制系统设计。

（3）高稳定性伽马探头设计

从散热、减震、尺寸优化、元器件选型及电路优化等方案进行高稳定性伽马探头
设计。

2）水下多相流量计制造关键技术

（1）电子仓焊颈法兰焊接工艺

电子仓焊颈法兰的焊接是关键加工工艺。水下多相流量计模块中涉及的焊接类型
一共有 3 种：线缆管对接焊、金属密封槽堆焊以及法兰对接焊。

（2）本体装配

水下多相流量计本体部分主要由本体、文丘里及相关密封组成。平放本体，使源安
装位置朝上，依次装入 C 形环密封圈。装配完成之后，翻转本体，进行探头侧压紧座的
装配，密封圈和陶瓷密封垫的装配流程同源侧一致，装配完成后将探头压螺装入对应位
置，通过螺钉进行锁紧。

3）水下多相流量计测试关键技术

（1）机械性能实验测试

通过静水压、压力循环试验，可以验证水下多相流量计本体机械结构承压性能及金属密封圈的密封性。基于此实验，再通过气压试验进一步验证水下多相流量计本体结构中各种密封形式的密封性能。通过压力/温度循环试验验证水下流量计本体在极限高低温、高低压工况所带来的本体及密封圈的形变情况下的密封性能和可靠性。

（2）计量性能测试

水下多相流量计可以基于文丘里和伽马射线技术在线测量单井气量、液量和含水率。为了充分验证设备测量精度，需要在多相流环线进行计量性能测试，通过设计不同的油气水配比来检验设备在不同工况及不同流量下的测量性能。

（3）环境应力筛选试验测试

通过对元器件、产品施加一定的环境应力，以激发并剔除因工艺或元器件引起的、用常规检验手段无法发现的早期故障，以达到提高产品可靠性的目的。典型的环境应力筛选为随机振动、温度循环和电应力试验。

（4）环境试验测试

通过环境试验可以进一步检测产品在各种环境极值条件下的工作能力。根据 API 17F 要求，对于水下流量计主要进行高温试验、低温试验、振动试验、冲击试验等。

（5）电磁兼容性实验测试

通过对水下多相流量计电子仓进行电磁环境效应试验，验证其对各类电磁环境的适应性。

（6）高压舱测试

为验证水下多相流量计工程样机承受外压能力是否满足设计要求，需要利用高压舱模拟水下多相流量计在深水外压下的工作情况，参考标准需要进行整机和电子仓的高压舱测试。

（7）氦气泄漏测试

鉴于水下流量计的恶劣应用环境、超长寿命要求特别是稳定性和安全方面的要求，需要充分验证样机的密封性能。该技术具有检漏灵敏度高、可靠性好、对漏孔既能定位又能定量等优点，在化工、航天及原子能等领域有广泛应用。

5.2.8　水下变压器

在深海远距离油气田开采时，为降低远距离电力传输的线路压降和损耗，需要提高水下电力传输的电压等级，进而需要在海底负载端将高电压降低为负载需要的低电压，因此水下变压器一般为降压变压器。

水下变压器主要由壳体、变压器绕组铁芯、压力补偿装置、综合监测装置、输入电连接器、输出电连接器、底座等组成。水下变压器一般为油浸式变压器，变压器绕组铁芯浸泡于壳体内的绝缘油中。压力补偿装置用于平衡水下变压器壳体内外压力,确保壳体内绝缘油介质压力等于或略高于壳体外海水压力;综合在线监测装置用于监测水下变压器绝缘状态、电气参数、绝缘油的温度压力等,提高系统运行可靠性;输入输出电连接器为水下湿插拔电连接器或干插拔电连接器,方便水下变压器在陆上或水下完成电力的连接和分离。

　　壳体、压力补偿装置、水下电连接器都是需要具有优良的耐海水腐蚀、抗海水水压、密封、绝缘等性能,因此水下变压器外部结构所采用的结构、材料等尤为关键。变压器内部是由变压器铁芯、绝缘油、变压器绕组等组成,由于水下变压器安装、运行都是在海底,维护维修成本高,所以要求其运行可靠性很高。水下变压器主要适用于为水下增压泵、压缩机、管道加热系统、水下配电系统、水下变频器和海浪中枢系统等大型电力负荷供电。

　　图 5 - 11 所示为水下变压器图示。

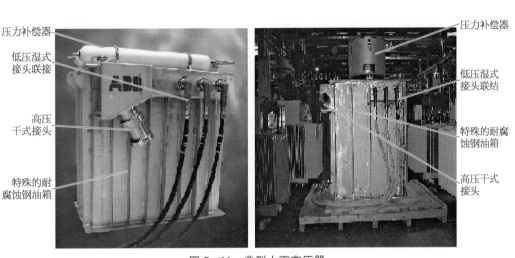

图 5 - 11　典型水下变压器

　　水下变压器国外生产制造厂商主要有 ABB、西门子、GE 公司。这几家公司都有成熟的技术产品。在水下变压器设计生产领域,ABB 公司起步比较早,发展比较快。ABB公司在 1984 年就开始水下电气设备的可行性研究,1998 年生产的第一台水下变压器得到实际应用。ABB 公司的产品容量范围大,从 750 kV·A 到 20 MV·A,均有相关的设计经验,是目前全世界水下变压器的主要供货方。国内针对水下变压器目前处于研究阶段,国家科技重大专项"十三五"课题与中船重工第七一九研究所联合攻关,开展500 m 水深水下变压器样机研究。

　　水下变压器的关键技术有:

　　① 压力补偿技术。

　　② 深海环境防腐蚀技术。

③ 静密封技术。

④ 综合在线监测技术。

5.2.9　水下生产系统集成测试技术

水下生产系统集成测试(subsea production system integration test，SIT)主要是对水下多个设备(包括水下管汇、水下采油树、脐带缆、跨接管、水下脐带缆终端、水下控制模块、水下多相流量计、水下阀门、水下连接器、水下增压模块等)集成的系统性能指标测试。在进行 SIT 测试前，各设备及子系统都应通过工厂验收测试(factory acceptance test，FAT)等测试，SIT 主要测试各设备及子系统之间的接口是否符合规定的设计要求，包括水下采油树、水下控制系统、水下管汇、水下跨接管及水下控制模块等各组件的安装及功能要求测试，确保水下生产系统安全运维。

基于重大专项水下生产管汇集成测试要求，重点是对"十三五"阶段研制的成熟工程样机，包括水下阀门(含球阀、闸阀两种)、水下控制模块、水下多相流量计、水下连接器(含垂直、水平两种)等，集成至水下管汇以便开展系统集成测试。整个测试内容主要包括：

(1) 管汇管道清洗和通球测试

清除管道内焊渣、杂物；检测主管道的过球性能。

(2) 管道系统水压测试及温压一体传感器测试

通常水下管汇系统测试压力为 1.25 倍设计压力，保压时间为 8 h。在进行水压试验的同时，进行温压一体传感器的测试，保证温压一体传感器的数据监测、数据传输及 SCM 监测的相关功能正常运行。

(3) 连接器的安装及压力测试

通过水平和垂直连接器安装装置将连接器集成在管汇指定位置，并在管汇界面连接出进行压力测试，确保连接完好无泄露。

(4) 液压控制回路的管线冲洗及压力测试

水下管汇的液压控制管线系统包括 HPU 到 SCM 的供油管路及 SCM 到各个闸阀、球阀的控制管路。对控制回路进行冲洗，确保清洁度等级达到要求标准。对水下管汇所有液压控制管线进行压力试验，验证是否满足压力要求。

(5) SCM 与多相流量计连通性测试

连接下位机和 SCM 通信线和电源线，确保连接无误，SCM 输出电源正常。连接水下流量计下位机与 SCM 通信接口，采用可调 AC/DC 电源给水下流量计下位机供电，将电压调节到 DC20V 输出，观察下位机能不能正常工作、通信是否正常。

(6) SCM 与阀门液压控制测试

通过 SCM 实现阀门液压顺利开启，实现 SCM 液压系统的控制性能以及阀门液压系统的可用性。

5.3　展　　望

经历了 60 多年的发展,水下生产技术和装备逐渐成熟。同时,为了适应海洋油气开发向更深更远的目标发展,水下生产技术正在发展与更深、更远相适应的技术和装备。今后水下生产系统的发展趋势主要集中在全电控水下生产系统、水下增压设备(水下增压泵、水下压缩机)以及水下分离器等。

(1) 全电控水下控制系统

随着电子技术的不断发展,自 2008 年起,各大水下控制系统供应商逐步研制并推广应用了一种全电控水下控制系统。目前,全电控水下控制系统有两种系统组成方式:一种基于电力载波通信原理,例如应用于荷兰 K5F‐2 油田的系统;一种基于光纤通信原理,例如应用于荷兰 K5F‐3 油田的系统。从 2016 年开始在 K5F‐3 油田中已经采用全电控的井下安全阀。全电控系统的出现为水下油气生产开发向更深水深、更远距离的水下控制发展提供了可能。

全电控制系统技术包括水下高压湿式接头、水密接插件、水下电气控制的阀门、执行机构,该技术能扩大水下远距离控制半径,减小控制脐带缆直径和液压液泄漏风险。

全电控水下控制系统与传统复合电液控制系统相比,不需要液压单元。这不仅节约了硬件的费用,还节约了平台的空间、减少了重量(每个液压动力单元 HPU 达 10～15 T)。全电控水下控制系统都可为用户节省 10% 的运营成本,节约的原因主要是由于停产时间缩短,全电控系统能够让节流系统更加快速地关断。

(2) 电驱水下增压泵

电驱水下增压泵分为容积式水下增压泵和离心式水下增压泵。目前水下增压泵安装最深的区域是 BP 公司在墨西哥湾的 King 油田,水深达到 1 670 m,距离 Marlin 张力腿平台 24 km,整个泵站由 Aker Solutions 公司集成,采用的是双螺杆泵以及电机。目前水下电驱增压泵已属于较为成熟的产品,除了湿式接头、电动机驱动外,电驱增压泵的设计与水泵相同。动力系统由上部电力单元、海底电缆、水下输配电设施、高低压湿式电接头等构成。在海底电缆中有一根润滑冷却液供应管线,以保证泵、轴承、密封的正常工作。目前最长无故障运行时间已达到 10 年。国内除了陆丰 22‐1 应用电驱水下增压泵以外,其他项目尚未应用,但它未来具备非常广阔的应用前景。

(3) 电驱水下压缩机

电驱水下压缩机分为水下干气压缩机和水下湿气压缩机。其中水下湿气压缩机可以适用于气体含量超过95%的气田,适用于较高气体体积含量的场合。经过压缩后的湿气体积缩小,压力提高,使水下设备和依托设施之间的管线管径变小,节约设备投入资金。目前全球范围内水下压缩机组项目产品的应用业绩如表5-1所示。

表5-1 水下压缩机应用业绩

项 目 名 称	供货商	水深/ m	回接距离/ km	流量/ $(m^3 \cdot h^{-1})$	单机功率/ μW	项目开 始时间
Asgard	Aker	300	40	20 000	11.5	2015.9
Gullfaks South Brent	OneSubsea	135	15.5	9 600	5	2017.6

全球目前仅有两个项目应用了水下湿气压缩机系统,其中Asgard气田应用的水下湿气压缩机是最成熟的应用产品。2015年,挪威国家石油公司北海Asgard气田水下湿气压缩机系统最终由Akersolutions集成Man Turbo水下湿气压缩机组,并完成了水下安装,水深300 m,回接距离40 km,电机功率最大为11.5 MW,实现了世界范围内首套水下湿气压缩机系统的应用。截至2018年,水下湿气压缩机在Asgard气田连续运行三年,运行时间超过50 000 h,两台HOFIM压缩机自2015年运行至今其可靠性高达99%,在该水深范围和对应操作条件下达到了成熟产品的要求。

(4) 水下分离器

在深海油气田开发中,采用水下生产系统是降低开发成本、实现油田有效开发的先进措施。其中,水下分离器是整个水下生产系统中的关键部分,用于海底气液分离或油气水分离。海底气液分离后,气体自然举升,液体通过电潜泵增压输送可减小井口背压、提高采收率、加速油田生产,同时可有效避免水合物的生成。海底油气水分离和采出水回注有效补充地层压力,提高采收率,使开发深水低储层压力油田得以实施,为水下生产系统的流动保障提供有力支持。分离器结构形式的选取取决于油田布置面积、分离效果(不同油质)、处理量、水深等因素。在目前已经投产的国外水下分离器项目中,有卧式分离器、沉箱式分离器、立式分离器、管式分离器(紧凑式)等形式。

随着我国深水油气田的开发,水下生产技术的应用前景将更加广泛,水下生产系统的新技术将助力我国深水油气田的开发,并将成为深水技术核心竞争力的重要组成。创新技术的应用给海洋石油的今天带来了勃勃生机,深水高新技术将为海洋石油走向深水奠定坚实的基础。

第6章　深水流动安全保障技术

随着北海、墨西哥湾等海上油气田的陆续建成投产,海洋石油进入快速发展时期,深水正在成为海洋石油开发的前沿。深水恶劣的自然环境,不仅对井筒设施、水下和水面生产设施提出了苛刻的要求,也使连接各个卫星井、边际油气田以及中心处理系统间的海底管线和油气集输系统面临更为严峻的考验。由于井流的多相性、海底地势起伏、运行操作所带来的一系列问题(如水合物和蜡等固相生成、段塞流、多相流冲蚀等),已经严重威胁到井筒、设备、海底管线、立管等流动体系的安全运行。因此,从井筒到管线以及下游设备的多相流动安全技术研究一直是深水油气田开发和运行管理中热点、难点和技术前沿。

图 6-1 所示为深水油气田涉及的主要流动安全问题。

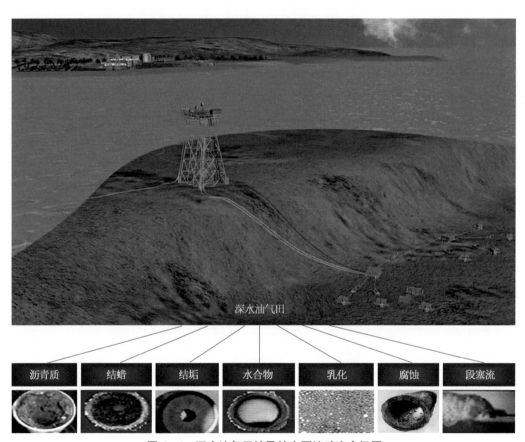

图 6-1 深水油气田涉及的主要流动安全问题

深水油气田流动安全保障就是保障整个油气田开发周期内由井底、水下生产系统至平台工艺设施整个系统的流动畅通,所要解决的主要问题是油气不稳定的流动行为,包括原油的起泡、乳化和固体物质(如水合物、蜡、沥青质和结垢等)的沉积、海管和立管段塞流以及多相流腐蚀等,流动行为的变化将影响正常生产运行,甚至会导致油气井停产。因此,在工程设计阶段就必须提出有关流动保障的计划和措施,而对现有的生产设施,可进行流动保障检查以优化运行,或采用新技术来实现流动安全保障。

本章主要围绕海底多相流动安全设计技术、海底多相管道内流动规律及段塞预测技术、海底多相管道内蜡沉积规律及预测技术、海底多相管道内水合物防控技术、流动安全处理设备及工艺,以及海底多相管道内流动监测技术、海底多相流动安全实验技术进行一系列介绍。

6.1 海底多相流动安全设计技术

随着海上油气田的开发,海底管道流动安全保障设计技术不断得到应用和发展。流动安全工作范围就是保障生产流体从油气藏到生产设施在油气田全寿命周期内任何工况条件下的经济安全输送。流动安全保障涉及的主要问题包括水合物形成、结蜡、沥青质形成、乳状液、起泡、结垢、出砂、段塞流,以及与材料有关的各类问题。

流动安全设计应根据油气田开发规模、油气物性、环境条件、输送方案等具体情况,结合油气处理、储运工艺流程,进而确定海管管径、操作参数等,主要设计原则包括:

① 首先满足近期油气田开发规模需要,必要时考虑周边油气田接入的可能性。

② 根据具体情况积极采用先进可靠的新工艺和新材料,提高经济性和安全性。

③ 进行多方案的经济技术比较来确定输送工艺和输送参数,尽可能降低工程造价。

6.1.1 设计规范、标准及相关模拟软件

目前,海底管道流动安全设计遵循的相关设计规范和标准主要包括如下:

① GT/T 21412 石油天然气工业 水下生产系统的设计与操作 第一部分:一般要求和推荐做法(2010 年版)。

② 海洋石油工程海底管道设计(2007 年版)。

③ SY/T 10042—2002 海上生产平台管道系统的设计和安装的推进作法。

④ GB50251—2015 输气管道工程设计规范。

⑤ GB50253—2014 输油管道工程设计规范。

⑥ SY/T 0004—98 油田油气集输设计规范。

⑦ SY/T 0007—99 气田集气工程设计规范。

⑧ SY 5737 原油管道输送安全规定。

⑨ APIRP1111 海上烃类管道的设计、建造、操作和维修推荐作法。

⑩ ANSI B31.4—2002 液态烃和其他液体输送管道系统。

⑪ ANSI B31.8—2003　天然气输送和分配系统。

海底管道流动安全设计计算软件常用的主要有：PIPRFLO、PIPESIM、PIPEPHASE、OLGA、LEDAFLOW 等。其中 PIPRFLO、PIPESIM、PIPEPHASE 等软件具有较强的稳态模拟计算功能，可较好地应用于单相液体管道和多相混输管道的工艺计算，而 OLGA 和 LEDAFLOW 软件则具有较好的动态模拟功能，主要应用于多相混输管道的模拟。

6.1.2　海底多相流混输管道的流动安全设计技术

1）流型预测

目前已定义了 100 多种多相流型和子流型。对于垂直管中的流动（管道与水平位置的倾角为 10°～90°），通常公认的流型有：泡状流、段塞流、弹状流和环状流；水平管中的流动（管道与水平位置的倾角为 0°～10°），通常公认的流型有：泡状流、段塞流、分层流和环状流。多相流流型的确定是准确进行多相流管道压降计算的前提。多相流流型研究发展至今，总的状况还停留在以实验为主，通过目视或借助某些仪表或技术对流型进行观察测量，由此而得到一些经验的图表或公式的程度。目前也有些学者在实验基础上进行了少许简单的理论分析，建立了半经验的关系式，人们正在朝全面数学模化合大型电子计算机程序预报的方向努力。由于多相流流动问题的高度复杂性，流型及其转变问题又极其强烈地与流动过程中的所有特性和因素联系在一起，因此至今尚无比较完善的，既能反映问题全部或大部分特征又能用于实际的半理论公式。

流型预测就是在给定部分流动参数下，确定管道内多相流发生何种流型。常见的流型识别方法较多，主要有：经典流型图法；根据流型转变机理得到转变关系式，并利用流动参数进行预测具体流型的方法。虽然不同的流型可以画在一张流型图中（表观液速为 Y 轴，表观气速为 X 轴），但是由于涉及变量很多，流型之间的边界从没有被清楚地刻画出来，并且变化很大。

段塞流是混输管线特别是海底混输管线中经常遇到的一种典型的不稳定工况，表现为周期性的压力波动和间歇出现的液塞，往往给集输系统的设计和运行管理造成巨大的困难和安全隐患，因而段塞流的控制一直是深水流动安全保障技术研究的热点。

由于海洋油气混输管线操作条件的改变（如管线的停输、再启动、开井或关井、清管等），以及地形的起伏都有可能造成段塞流，所以建立一套合理的水动力模型非常困难。目前已有的气液段塞流理论模型可以分为稳态模型和瞬态模型两类。对清管引起的段塞流而言，一般采用清管模型与段塞流模型耦合进行模拟。

目前 OLGA2000、TACITE、PLAC 等软件都能够预测段塞流的长度、压降以及持液率，但只有 OLGA2000 采用双流体模型附加段塞流跟踪模型，能够计算段塞流流量以及压力波动参数等。尽管如此，当段塞较大或跟踪移动断塞时，现有的计算软件不仅计算效率低，而且容易发散，同时现有计算软件大多建立在气液两相流或简化三相流基础之上,所以油气水三相流研究是改进现有模型和计算方法的根本。

2)压降计算

多相流管道压降计算公式分为均相流模型、分相流模型和流型模型。

(1)均相流模型

均相流模型将混合物看作是无相间滑移的均匀混合物,并符合均相流的假设条件:

① 气液相速度相等。

② 气液相介质已达到热力学平衡状态。

③ 在计算摩擦阻力损失时使用单相介质的阻力系数。

符合均相流假设条件的多相流管道可作为单相流管道进行水力计算,关键是确定介质混合黏度和混合密度。压降计算模型通常用杜克勒Ⅰ法。

(2)分相流模型

分相流模型是将两相流动看成气液各自分开的流动,每相介质有其平均流速和独立的物性参数,需要分别建立每相的流体特质方程。关键是确定每相所占流动界面份额,即真实含气率或每相的真实流速,以及每相介质与界面的相互作用,即介质与管壁的摩擦阻力和两相介质间的摩擦阻力。分相流模型建立的条件为:

① 两相介质分别有各自的按所占据截面计算截面平均流速。

② 两相之间处于热力学平衡状态。

常用的压降计算模型为杜克勒Ⅱ法,假定沿管长气液相间的滑动比不变,可进行相间有滑脱时的压降计算。

(3)流型模型

流型模型的计算首先要确定多相管道内流型。相对以上其他模型,流型模型计算最为准确。然而,保证流型模型计算精度的前提是准确预测管道流型。通常把团状流、段塞流合并为间歇流;把典型层状流、波状流统称为分层流;雾状流多按照均相流进行计算。常用的压降计算方法为 Lockhart-Martinelli 法,经验相关式适用流型主要包括气泡流、气团流、分层流、波浪流、间歇流和环状流等。

3)设计裕量

由于各种软件的预测在输入数据和模拟方法上都存在误差,因此在设计过程中应酌情考虑计算分析的误差:

① 在热力学水合物抑制剂注入速率的基础上应考虑 30% 的余量,以包括湿气流量计、药剂注入流量计表等测量的不准确性,以及乙二醇再生回收方面的不确定性。

② 热力—水力计算的摩阻压降应考虑 10% 的余量。

③ 热力—水力计算的液塞体积应考虑 20% 的余量。

④ 热力—水力计算的持液率应考虑 20% 的余量。

⑤ 采用热力学水合物抑制剂抑制水合物生成时应考虑 3℃ 的余量。

6.2　海底多相管道内流动
规律及段塞预测技术

6.2.1　两相及多相流流型研究现状

对单相流体,为研究其流动特性而把流型分成层流与湍流;对两相与多相流,由于相界面的存在使得问题大为复杂,通常为研究其流动特性而根据相界面的不同分布结构将流动进行分类,形成了所谓的"流型"。流型及流型转变的研究,是两相流中最基本也是最重要的问题之一,任何真正反映流动的现象特征与本质,并能精确预报两相流动与传热特性的两相及多相流模型,都必须以对各种流型及其转变的细致观察、对特定流型的属性及规律、相互间转变的机理与条件的精确掌握为前提或基础。

1) 流型

自 1954 年 Baker 发表第一张气液两相流型图开始,流型图作为一种对两相与多相流进行研究的基本方法起了重要的指引作用,半个世纪以来,经过世界各国学者的共同努力,对水平直管和垂直向上管内低压两相流系统的流型的认识和理解已比较全面和充分,试验数据大量积聚,重复性比较高,理论分析也比较完整合理,先后出现了 Scott 的修正 Baker 流型图、Mandhane 流型图、Weisman 流型图和 Hewitt&Rokerts 流型图。

(1) 垂直多相管流流型

对于垂直上升管流,主要流型有细泡状流、气弹状流型、块状流型、带纤维的环状流型和环状流型,典型流型图见图 6-2 所示。

对于垂直下降管流流型,典型的流型图如图 6-3 所示。

气液两相在下降流动时的细泡状流型和上升流动时的细泡状流型不同。前者的细泡集中在管子核心部分,后者则散布在整个管子截面上。如液相流量不变而使气相流量增大,则细泡将聚集成气弹。下降流动时的气弹块状流比上升流动时稳定。

(2) 水平/微下倾管中的多相流流型

气液两相流流体在水平管内流动的流型种类比垂直管中的多。这主要是由于重力的影响使气液两相有分开流动的倾向所造成的。气液两相流体在水平管中流动大致分为 7 种,即:平滑分层流、波状分层流、段塞流、弹状流、环状流、泡状流和雾状流,图 6-4 中有这 7 种流型的结构示意图。

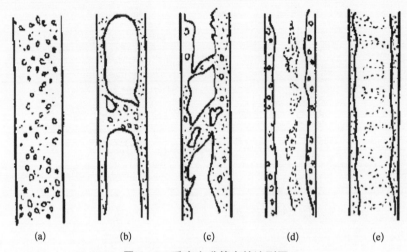

图 6-2　垂直上升管内的流型图

（a）细泡流；（b）气弹流；（c）块状流；（d）带纤维的环状流；（e）环状流

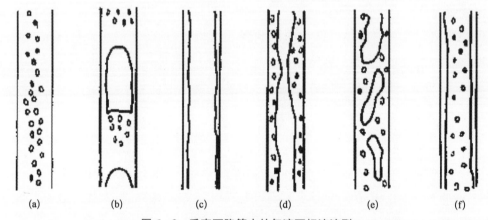

图 6-3　垂直下降管中的气液两相流流型

（a）细泡状流；（b）气弹状流；（c）下降液膜流型；（d）带气泡的下降液膜流型；
（e）块状流；（f）雾式环状流型

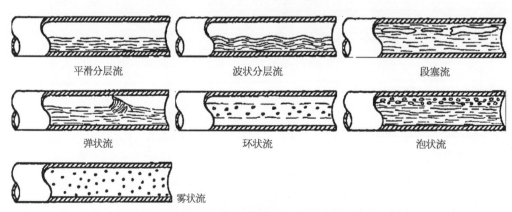

图 6-4　水平和近水平倾斜管中气液两相流的各种流型

2）流型转变机理与模型

流型图虽然能根据气液相的表观速度或动量流率大体预测出流动处于哪一种流型，但是由于形成流型图所采用数据的范围有限，因此导致了流型图的局限性较大，基本在其原先的实验系统适应性较好，而移植到其他系统上时，往往需要进一步修正，这对流型图的工程应用也存在较大的不确定性，因此流型转变的机理和流型预测/判别方法具有更实际的应用意义。

对于每一个特定的流型已经提出了很多预测模型，相比较而言，对于水平以及倾斜管内分层流向非分层流（包括间歇流和环状流）的转变、间歇流向（分散）泡状流的转变，以及间歇流向环状流转变准则的研究相对更为深入。

Taitel 和 Dukler 对水平管中气液两相流的流型和转变机理进行了全面的理论探讨，建立了相应的数学物理模型，从而改变了过去仅仅依靠实验流型图来判别流型的方法，真正从理论上有了突破。但其不足在于理论的推导过程仅限于水平管气液两相流动，并没有考虑工质物性的影响，在很大程度上有一定的局限性。随后，Kadambi 详细研究了水平管内气液两相流的截面含气率和压降，涉及了对于各种流型的具体预测。Barnea 等应用电导探针具体地研究了管内各流型的特征，提出了各流型之间转换界限方程的理论预测模型。Lin 和 Hanratty 应用线性稳定分析方法理论上分析了水平管内弹状流的起始条件。随后许多研究者又进一步发展了水平管中流型转变预测的理论模型。Spedding 和 Spence 曾对几种主要的预测模型和流型图进行了全面的实验比较，他们认为现有的流型图和流型转变预测模型在流型判别方面还不尽人意，主要缺陷在于管路几何尺寸和流体物性等因素的影响。图 6-5 是对已有各种文献中不同转变机理的总结。

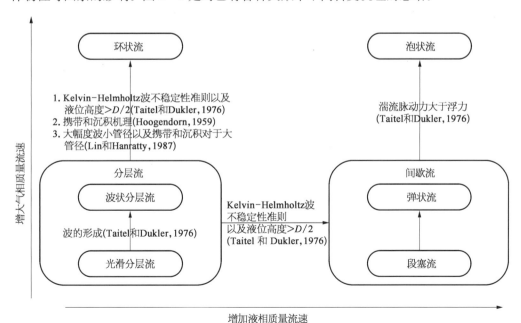

图 6-5　典型的水平管气液两相流流型转化图

人们对于气液两相流的研究已经进行了大量的研究,并且积累了大量的实验数据和理论模型。气液两相流体在管道中产生的压力降、截面相份额、传热传质规律、结构传播速度、相界面的稳定性等都与流型有着密切的关系,流型的不同对流动参数的准确测量有着重要的影响。只有在考虑流型影响的前提下,气液两相流的研究工作才能趋于完善,否则其相应研究结果的使用范围比较狭窄,结果比较片面、主观,不能广泛地在工程应用中加以应用。

6.2.2　段塞流理论预测模型研究现状

段塞流作为气液两相与多相流流动中的一种典型流型,广泛存在于油气井开采与油气混输管道、锅炉管束和换热器等工业设备中,严重段塞流现象则常见于海洋油气混输系统,对这些流动现象开展研究具有重要的理论和实际意义。段塞流的典型特征为某一特定管道截面上气泡与连续液相的间歇性流出,严重段塞流则常发生于立管系统中,通常是指液塞长度大于立管高度的段塞流,由于其发生时会导致下游设备经受巨大的流量与振动冲击,对海洋平台及海底管线的流动安全危害较大,因此称之为严重段塞流。严重段塞流对海上平台的安全生产和稳定运行带来了极大的威胁。对段塞流进行充分的实验与理论研究,建立能够预测起伏管、立管及清管过程中的段塞流预测模型,对海洋油气田的安全生产具有重要的意义。

对段塞流的预测是以对气液界面起塞机理的研究为基础的,气液界面的起塞机理之所以受到人们的关注,一方面是因为只有深入理解气液界面起塞机理才能进一步研究段塞流的发展过程,同时基于对气液界面起塞机理的认识可提出流型转变准则和段塞流液塞频率的计算模型。目前用于分析气液界面起塞机理的理论模型主要可以分成两类,即界面失稳理论和液塞稳定理论。

尽管国内外对多相流管道的清管进行了广泛研究,取得了不少研究成果,但大多数清管研究都是以稳态和准稳态假设为前提的。许多清管模型并没有应用于实际生产,与实际生产存在着较大的差距。因此,在今后的研究中,要加强对瞬态清管规律的研究,开发研制清管模拟软件,使理论研究能够更好地应用于实际生产中。

6.3　海底多相管道内蜡沉积
规律及预测技术

石油开发走向海洋,特别是深海,是全球石油工业的发展趋势。然而,由于深海环境温度低,管输系统会遇到比陆上更严重的流动障碍与风险,流动保障是深海石油开发的关键技术之一。随着海上石油资源的开发,尤其是含蜡原油的不断开采,多相混输技术正面临一个新的问题——多相流动中的蜡沉积问题。在管输过程中,含蜡原油蜡分子的析出过程受温度直接影响:一方面,在深海低温环境中,当海底管道的管壁温度低于油温,并且低于原油析蜡点温度(wax appearance temperature,WAT)时,在管壁附近溶解于含蜡原油中的蜡分子将会析出,形成固相小颗粒,并在温差等因素的驱使下移动到管壁,导致在管壁处发生沉积,蜡沉积的发生减小了管道的流通面积,增大了管输压力,降低了管道的输送能力,严重时甚至会造成堵塞管道的事故;另一方面,随着海底管道长度的增加,管道中低于原油析蜡点温度的管段更长,蜡沉积造成管道堵塞的风险加大。目前,海上含蜡原油的开采正在不断地向着深海和较冷的水域延伸,结蜡现象尤其严重,在世界范围内因结蜡问题已造成了巨大的经济损失。因此,在海上油气开采和输送过程中,蜡质等固相沉积问题是目前国内外石油工业研究的热点和难点。

　　管流蜡沉积是原油组成、流体温度、液壁温差、流速、流型、管壁材质及沉积时间等多种因素共同作用的结果,是一个相当复杂的过程。国内外学者已对单相流动条件下的蜡沉积问题展开了多年的研究,对影响蜡沉积的因素及蜡沉积机理有了较为深刻的了解。然而,与单相管流中蜡沉积问题的研究相比,多相管流蜡沉积的研究开展得较晚,可查到的关于多相管流蜡沉积规律研究的文献极少,研究仍处于起步阶段。多相体系蜡沉积问题的研究主要以气—液两相和油—水两相的蜡沉积规律研究为主,力求为油—气—水三相蜡沉积的研究奠定基础。目前,在油—气两相流动蜡沉积研究方面,学者们主要针对不同气—液流型对蜡沉积的影响展开了实验研究:美国 Tulsa 大学用含蜡量较低的原油和天然气对分层流、间歇流和环状流流型下的蜡沉积进行了实验研究,然而由于其在同一流型下的实验组数过少,其实验结果仅对蜡沉积物在管段横截面的分布及形态进行了笼统的描述,实际并未得到蜡沉积层厚度随液体折算速度和气体折算速度等流型影响因素的变化规律。在油—水两相体系蜡沉积研究方面,Ahn 用冷板装置实验研究了非离子型表面活性剂对油水两相蜡沉积的影响;Couto 用冷指实验装置研究了含水率、冷指温度对油水两相蜡沉积规律的影响;Sergio 实验研究了油—水两相分别在分层流和环状流流型下的蜡沉积特点;Bruno 实验研究了油包水流型反相对蜡沉积的影响。

6.3.1　蜡沉积机理及其影响因素

　　目前,由于多相体系蜡沉积的复杂性,多相管流蜡沉积模型的预测精度还不理想,要提出未来能够用于准确预测多相流动条件下的蜡沉积模型还有相当多的研究工作需要开展。其原因一方面是由于多相流流动特性及传热特性十分复杂,油—水两相、油—气两相、油—气—水三相流动和传热特性的研究还并不成熟,仍需深入研究;另一方面,蜡沉积的研究是一门涉及多种学科知识的交叉学科,应结合流变学、胶体及界面化学和沉积学等学科的知识,从不同的角度对多相流动条件下蜡沉积的动力学特性和热力学特性进行研究。国内已开展多相流动中蜡沉积问题的研究,对海底含蜡原油混输管道的安全运行具有重要的指导作用。

(1)单相流蜡沉积研究

目前,国内外学者提出很多关于蜡沉积形成机理的理论,包括分子扩散、剪切弥散、布朗运动及重力沉降。随着对蜡沉积问题的不断探索,学者们又相继提出了剪切剥离、老化及胶凝机理。

为了研究含蜡原油的蜡沉积规律,精确模拟蜡沉积过程,学者们开展了大量的室内试验研究。目前,单相蜡沉积实验研究常用的方法包括冷指法、冷板法、室内环道试验法等。冷指试验是将可以控温的金属棒(冷指)插入含蜡原油中,当冷指表面温度调节至析蜡点温度之下时,冷指与原油接触面附近的蜡分子结晶析出并沉积在接触面上。利用该装置可以研究油温、油壁温差、沉积时间、沉积表面特性等因素对蜡沉积的影响。冷板试验原理与冷指试验基本一致,其区别在于蜡沉积发生的表面不同。冷指、冷板试验装置操作方便、控制简单,但与真实管道存在差别,只能定性研究管道中的蜡沉积规律。为了更加贴近工程实际,准确模拟管输油品的蜡沉积规律,通常采用环道试验进行研究。环道试验通过调节测试段内冷却水的温度来控制壁温,当壁温低于油温且低于析蜡点温度时,在测试段会产生蜡沉积;同时调节参比段壁温与油温一致,此时参比段无蜡沉积。试验测得参比段与测试段的压差,计算得出测试段管径变化与蜡沉积厚度。

国内外学者对单相输油管道蜡沉积的研究很多,但由于各地所产原油含蜡量、油品物性等参数不同,且蜡沉积研究又涉及溶解度理论、传热学、传质学、流体力学、原油流变学、蜡分子结晶动力学等多方面知识,因此蜡沉积仍是当前研究的重点与难点。

(2)多相流蜡沉积研究

相比单相管流蜡沉积的研究,多相管流蜡沉积的研究开展得较晚,现今仍处于起步阶段。多相流流动特性十分复杂,油—水两相、气—液两相、油—气—水三相流动的流动特性以及传热的研究目前还不成熟,这在很大程度上也制约了多相管流蜡沉积研究的开展。

多相流蜡沉积规律的实验研究方法基本同单相流蜡沉积规律实验研究方法一样,主要包括冷指法、冷板法、室内环道试验法等。

6.3.2 蜡沉积预测模型

单相管流蜡沉积研究通常采取模拟装置进行蜡沉积试验,通过实验结果结合理论分析总结得到蜡沉积的影响因素,建立蜡沉积预测模型并应用于实际管道,通过对比实际测量值,验证模型的准确性。蜡沉积动力学模型均以 Fick 扩散定律为基础,国内外研究建立的蜡沉积动力学模型较多,如 Burger 模型、Singh 模型、Hamouda 模型等。大多学者认为分子扩散和老化机理是管道形成蜡沉积的主要机理,但是也有学者提出胶凝机理同样能够较好地解释蜡沉积形成；目前蜡沉积机理尚未在业界达成共识。关于蜡沉积机理研究，应该从蜡分子在油流和多孔介质中的扩散特性入手，结合油流—沉积层表面温度特性进行分析，并考虑管内油流对蜡沉积层的冲刷、剪切剥离作用及蜡沉积层中蜡分子的浓度分布规律等因素。

目前大部分多相流蜡沉积动力学模型都是基于单相流动修正得到的，主要是基于Fick 分子扩散定理，分别考虑分子扩散、剪切弥散、布朗扩散、重力沉降和剪切剥离对多相混输管道蜡沉积速率的影响程度而提出的。在开展多相管流蜡沉积研究的过程中，学者引入单相管流蜡沉积机理进行分析，认为影响多相管流蜡沉积的主要因素是分子扩散作用和剪切弥散作用。

多相管流蜡沉积问题的研究应从蜡沉积机理入手，通过实验寻求多相混输过程中影响蜡沉积行为的关键因素，并结合多相流动的规律，建立不同流型下的蜡沉积物理模型。沉积物中的含油量、导热系数、碳数分布对蜡沉积厚度的测量、预测模型的建立均有重要影响。蜡沉积动力学模型是目前研究实际管道蜡沉积规律最有效的方法，如何将室内小型环道研究成果准确地应用于实际管道是当前亟须解决的问题。

目前已有的多相流蜡沉积模型主要分别针对油—气两相流、油—水两相流等，油—气—水多相流蜡沉积模型还需进一步研究。

总体而言，目前已初步形成了一整套蜡沉积预测理论体系，包括热力学、单相蜡沉积预测、油水蜡沉积预测和油气蜡沉积预测。对蜡沉积机理认识深刻，所建模型较全面地考虑了各蜡沉积机理，对单相蜡沉积预测精度高。然而，这些模型对多相流动的流动和传热特性刻画不细致，需要提高其多相流模型的理论性。

6.3.3　蜡沉积测试方法

目前蜡沉积的测试方法有很多，一般有静态与动态方法之分。静态法常有偏光显微镜法、冷指测试方法、差示扫描量热法、黏度法等；动态法有环道法等。

偏光显微镜法主要是利用偏光显微镜研究晶体光学的偏振光。蜡是具有结晶构造的物质，在高于析蜡点温度时蜡是以溶解状态分散在原油中，此时偏光显微镜观察不到蜡晶体。当温度低于析蜡温度点时开始有蜡的晶体析出，利用偏光显微镜可观察到细小明亮的蜡晶。

静态冷指法的原理是将通有冷却液的金属管浸入原油中，用来控制原油和冷却液体的温度，在规定时间内测定金属管上沉积的石蜡量。冷指实验装置体积小、可操作性好、温度控制精度高，因此被广泛采用。

差示扫描量热法是指在控制温度的前提下，测量实验介质物性与温度之间关系的方法，可用于测定原油体系的析蜡点，也可用来测定析蜡量。

黏度法主要是利用实验介质有蜡晶析出时黏度会相应增大，由测试的体系黏度变化测定析蜡点。

环道法通常用于动态实验,其原理是将实验介质在管道内循环,管道浸于冷却介质之中,控制实验介质流量和温度、冷却介质温度,当测试管段壁温低于实验介质析蜡点以下时,测定一定时间内实验流动条件下测试段管壁上的蜡沉积量,进而模拟蜡在流动中的沉积规律。

实验结果表明,不同的实验方法各有其优缺点,应根据测试内容和测试精度要求,选择合适的测量方法。

6.4 海底多相管道内水合物防控技术

6.4.1 天然气体系中水合物堵塞的机理

天然气水合物是天然气(如 CH_4、C_2H_6、C_3H_8、CO_2 等)分子与水在一定的温度和压力条件下形成的类似于冰的晶体。因其天然气组分多以甲烷为主,故又称甲烷水合物。虽然气体水合物在很多性质上与冰相似,但是它的一个重要特点是它不仅可以在水的正常冰点以下形成,还可以在冰点以上结晶、凝固。水合物通常是当气流温度低于水化物形成的温度而生成。在高压下,这些固体可以在高于 0℃ 的条件下生成。

石油工业的发展逐步走向深水,输送压力逐渐提高。在天然气的集输过程中,在一定的温度、压力等条件下,天然气中的饱和水可能在管道中冷凝、积累,进而生成水合物。在天然气长输过程中,因地形起伏导致凹处管线积液、形成局部节流,加剧了天然气水合物的形成。水合物的存在会给石油天然气工业带来许多危害,例如在油气井开井过程中,由于物理条件的变化,可能形成水合物对地层油气藏流体通路以及井下设备造成堵塞;在天然气运输和加工过程中,尤其是产出气中含有饱和水蒸气时,寒冷的天气很容易对管道、阀门和处理设备造成堵塞;在海上,通常需要将混合油气流体输送一定距离才能进行脱水处理,这样,海底管道很容易形成水合物;此外,水合物也可以在天然气的超低温液化分离过程中形成。

水合物形成堵塞所需的两个条件:充分的水、气共存,和一定的过冷度。两个条件缺少一个,水合物难以形成。塔尔萨大学 flowloop 设备和科罗拉多矿业大学实验装置的研究表明,当大量气泡在水合物形成的温度和压力下通过积水时,在下游表面积较大的地方气体大量释放时水合物最易形成,这种堵塞很可能是含有水合物的气泡聚集的结果。天然气体系中水合物堵塞的形成有一种假设——管壁形成说,该假设认为金属壁面有利于水合物结晶成核,因此水合物更容易首先在管壁生成,在逐步生成造成堵塞。

6.4.2　水合物生成预测方法

水合物生成条件的精确预测是管道内水合物防控的基础,它首先判断管道所处的条件是否能生成水合物,只有存在生成水合物造成堵塞的风险,才需要采取进一步的防控措施。水合物生成条件的计算可以分为理论模型和经验模型两种,前者是在理论基础上建立的算法,一般计算比较复杂、适用范围广;后者是根据大量实验数据回归的算法,一般比较简单,但超过回归数据范围的计算可能误差较大。

20 世纪 50 年代早期确定了水合物的晶体结构后,得以在微观性质的基础上建立描述宏观性质的水合物理论,即通过统计热力学来描述客体分子占据孔穴的分布。这也被认为是将统计热力学成功应用于实际体系的范例。

最初的水合物热力学模型由 Barrer and Stuart(1957)提出,van der Waals and Platteeuw(vdW-P)(1959)将其精度改进提高,建立了具有统计热力学基础的理论模型,因此他们被看作水合物热力学理论的创始人。

基于 vdW-P 理论,Nagata and Kobayashi(1966)和 Saito 等人(1964)开发了有关水合物生成条件的算法。Parrish and Prausnitz(1972)对 Kobayashi 等的方法进行了改进,建立了更实用的方法,该方法目前仍被广泛应用。其后 Ng 和 Robinson(1976,1977)、Sloan(1984)、Holder 等人(1985)、Anderson 和 Prausnitz(1986)等对上述方法进行了改进。但总体而言,vdW-P 模型存在计算过程复杂,不同文献测量的参数不一致等问题,使用不方便。

针对 vdW-P 模型计算复杂的问题,Chen-Guo 模型对此进行了很大简化,使水合物热力学计算所需输入的参数大为减少,特别是那些因报道不一致容易引起混乱的参数,不再直接输入,所输参数都是以气体特性特征化了的参数。水合物的热力学计算和一般的溶液热力学计算统一起来,为实际应用带来了很大的方便。经大量实验数据检验可得,Chen-Guo 模型计算稳定性好。

经验模型由于使用简单性,在工程计算上应用较多,几种常用方法有比重法(又称图解法)、相平衡常数法(又称 K 值法)、Hammerschmidt 经验公式、Yousif 计算模型等,可根据使用范围参考专业文献选择使用。

6.4.3　海底油气混输管道水合物控制

海底油气混输管道水合物控制方法包括机械控制、热法控制、热力学抑制剂控制和低剂量水合物抑制控制。

海底油气混输管道机械法控制水合物方法主要包括流体置换和清管。流体置换法控制水合物通常用于海底油气混输管道在长时间停输后容易生成水合物的流体介质置换,置换后保证在长时间停输期间不生成水合物;置换介质来自平台或 FPSO 上。清管法是一种常用的机械控制水合物的方法,如果管道中没有形成水合物,可通过定期清管操清除管道内积液,减少管道中含水量来防止水合物;如果管道中已经形成了水合物,也可通过清管操作来清除水合物,但需要谨慎操作以防止大块水合物可能存在卡住清管器的风险,建议在清管操作前提前注入水合物抑制剂并同时实施端部泄压,减少大块水合物的出现。流体置换控制水合物的方法与常规高凝、高黏原油管道中流体置换操作类似,清管法控制水合物的方法与常规海底油气管道清管操作类似,这两种方法比较成熟。

管道加热控制水合物的方法是海底油气混输管道热管理策略之一,通过海底管道加热使流体介质输送温度高于水合物形成温度,防止水合物形成或促使水合物分解。管道加热分为热介质循环加热和电加热。目前管道加热技术在国外比较成熟,在国外陆上和海底油气管道中已有成功应用的案例,在我国陆上油气管道中已有工程应用,但在海底油气管道中没有工程应用的案例。热介质循环加热系统一般由闭合管道回路和平台上部热介质系统组成。

水合物热力学抑制剂是目前广泛采用的一种防止水合物生成的化学剂。向含天然气和水的混合物中加入这种化学剂后,可以改变水在水合物相内的化学位,从而使水合物的形成条件移向较低温度或较高压力范围,即起到抑制水合物形成的作用。热力学抑制剂应尽可能满足以下基本要求:

① 尽可能大地降低水合物的形成温度。

② 不和天然气中的组分发生化学反应。

③ 不增加天然气及其燃烧产物的毒性。

④ 完全溶于水,并易于再生。

⑤ 来源充足,价格便宜。

⑥ 凝点低。

目前广泛使用的热力学抑制剂包括电解质水溶液(如 $CaCl_2$ 等无机盐水溶液)、甲醇和甘醇类化合物(常用的有乙二醇、二甘醇)。

水合物低剂量抑制剂包括动力学抑制剂和阻聚剂,其作用机理不同于热力学抑制剂,加入量一般在水溶液中的质量分数不高于 3%。动力学抑制剂是一些水溶性或水分散性聚合物,可以使水合物晶粒生长缓慢甚至停止,推迟水合物成核和生长的时间,延缓水合物晶粒长大。在水合物成核和生长的初期,动力学抑制剂吸附于水合物颗粒表面,抑制剂的环状结构通过氢键与水合物晶体结合,从而延缓和防止水合物晶体的进一步生长。

动力学抑制剂加注浓度一般为水溶液中质量分数的 0.5%~3%,具体用量根据实验室评价结果确定。在动力学抑制剂适用过冷度范围内,动力学抑制剂可单独使用;超出过冷度范围,可同热力学抑制剂复配联合使用,以降低热力学抑制剂用量。动力学抑制剂具有时效性,管道停输时间应不能超过加入动力学抑制剂后油气田体系水合物生成诱导期,否则应提前加注足量水合物热力学抑制剂。动力学抑制剂在应用中面临通用性差,受油气田体系的组分和盐分等因素影响等问题,同时有药剂本身适用过冷度的限制,在实际油气田应用前应进行药剂适用性测试评价,如油气田体系物性发生变化,应重新评价药剂适用性。

阻聚剂由某些聚合物和表面活性剂组成,可以防止生成的水合物晶粒聚结,使水合物晶粒在油相中成浆状输送而不堵塞油气输送管线。阻聚剂在实际应用中也面临一些问题:只有水相和油相共存时才能防止水合物晶体的聚结;使用效果与油相和水相的组成、物性,含水量大小及水中含盐量有关,还取决于注入处的混合情况及管内的扰动情况。在实际油气田应用前应进行药剂适用性测试评价,如油气田体系物性发生变化,应重新评价药剂适用性。

6.4.4　海底油气混输管道水合物堵塞解堵

整体上,目前还没有通用的、成熟的海底管道水合物堵塞检测方法,一般可通过流体参数如温度、压力和组分的变化判断水合物堵塞。流体参数变化有以下分析方法:

① 取样分析法——对管道清管过程中的物流进行检测,判断是否有水合物颗粒存在。

② 管道出口物流组成分析法——多相混输管道管输量平稳情况下,若下游设备(如分离器)内分离的水量明显减少,表明管道内可能产生了水合物。该方法适用于产水量较低而且管输流量变化不大的情况。

③ 管输压降分析法——当气体管道中有水合物形成时,管道的直径会减小,导致气体流速增加,管道内压降增加。该方法预警时效性差,通常有一定数量的水合物在管壁形成后才能进行预警,而且不适用于压力波动较大的管道。

此外,最新发展的正压波法、管道模拟仿真法、声波、压力波和伽马射线等水合物堵塞检测方法,宜根据实际情况选用。

水合物解堵方法包括降压法、注剂法、加热法和机械法等,实际过程中需根据堵塞位置等具体情况选择适当的解堵方法。解堵方法的选择需要考虑多段堵塞同时存在、堵塞状态和位置等因素。水合物堵塞解堵时,水合物分解产生的气体需及时排出,避免造成气体在管线中积累造成超压,破坏管线。

降压法是一种降低管道内部水合物堵塞段压力从而促使水合物分解的方法,可分为一端降压法和两端同时降压法。

注入化学药剂解堵的关键在于化学药剂能否接触到天然气水合物,在堵塞物与药剂加注点之间的气体或液体空间阻碍了药剂的作用。所以,药剂必须将管线或设备中的液体替换后接触堵塞物,在立管中药剂必须通过流动替换来接触堵塞物,在直管中最好的办法是从两端注入药剂,使其快速接触堵塞物。

通常注入的甲醇或乙二醇根据它们与管线中液体密度的差异而接触到堵塞物,正因为这一点,所以乙二醇的应用更为广泛。

随着海底管输距离和海底深度的增加,越来越多的油田使用加热的方法来解除天然气水合物的堵塞。通过加热使天然气水合物堵塞处的温度升至热力学平衡温度之上,从而使水合物分解,此过程中需保证整个水合物均处在同一温度下,否则,逸出的天然气会由于附近的高压状态而重新形成水合物。

水合物堵塞解堵还可采用连续油管、水合物治理橇等机械法。水合物治理橇是近些年新发展的一种用于解除海上油气输送管道中由于生成固体水合物而造成的堵塞的专用装置,可根据实际情况选用。水合物解堵的注热、注剂和降压等方法可借助水合物治理橇等辅助设备完成。

6.5 流动安全处理工艺技术

随着海上油气田的开发水深和回接距离不断增加,由于井流多相性、海底地势起伏、运行操作等带来的一系列挑战起伏段塞流和立管段塞、水合物、蜡等流动安全问题频繁出现,已经严重威胁到井筒、设备、海底管道、立管等流动体系的安全运行。据统计,仅用于水合物控制与清除费用就占到海上油气田运行费约$15\% \sim 40\%$,通过水下油气水处理与集输送技术降低段塞发生频率、降低化学药剂用量成为研究热点之一。

在深水、超深水油气田的开发中,浮式平台+水下生产系统开发模式的应用越来越多。在这种开发模式下,由于海上平台处于多变的海洋环境中,规模有限,对平台设备的尺寸和重量都有严格的限制,为了有效减少宝贵的平台空间,水下增压技术、水下分离技术等水下生产技术应运而生,近些年来被逐渐应用到各大油气田中。

水下生产技术是一个技术密集、综合性很强的海洋工程高技术领域,其中的深水水下油气集输处理技术是今后开发深水、超深水油气田的关键技术之一,主要涉及水下油气水分离技术、水下油气水多相混输增压技术。目前,国外已初步形成了相关的技术产品,并初步在深水油田得到成功实施。我国逐渐在水下油气集输处理技术方面开展研究,在"十二五"期间开始了水下油气水分离技术的研究及相关装置样机的研制,在增压技术方面也已着手开展研究。

6.5.1 水下增压技术

水下增压技术就是将增压设备放置在靠近井口的位置对油气水等进行增压,从而弥补油藏压力不足的问题,同时还能降低关井压力、提高采收率、提高经济效益。水下增压技术就是不通过分离设备,解决单相泵增压汽蚀问题和压缩机增压喘振等问题。水下增压技术实际上就是各种形式单相泵、多相增压泵在水下的应用与扩展,目前已得到现场应用的主要有水下离心泵、水下螺旋轴流式多相泵、水下双螺杆式多相泵,湿气压缩机也可看作是一种特殊类型的多相泵。

水下增压设备按照处理物流的气液比主要分为水下增压泵和水下压缩机。水下增压泵又细分为水下单相泵和水下多相泵。水下单相泵主要是指水下离心泵,水下多相泵根据叶片类型的不同主要可以分为螺旋轴流式多相泵、双螺杆式多相泵、半轴流式多相泵等,其中发展较快、应用较成熟的主要是螺旋轴流式多相泵和双螺杆式多相泵。水下压缩机主要有离心式压缩机和对转轴流式压缩机两种。

在技术应用方面,水下增压泵业绩较多,水下压缩机业绩较少。水下增压泵业绩中主要为 OneSubsea 的螺旋轴流式增压泵(原 Framo 泵),另外还有少量其他厂家的水下泵。

6.5.2　水下分离技术

水下分离技术作为水下集输处理技术的一种,对于水下生产系统的流动安全保障起着至关重要的作用。对油气田的生产流体进行气液分离,不仅能够减少乙二醇的用量,而且能够减小输送海管的管径,有利于降低开发成本。在油气田开发初期使用水下分离器,可以提高油气田的采收率达 20% 以上,在油气田开发后期使用水下分离器,可以降低井口背压,解决生产后期压力降低的问题,提高油气田的采收率。因此,水下分离器的设计成为各大厂家争相研究的热点问题,如 FMC 公司的沉箱式分离器和三相海底分离系统(SSAO)、GE 公司的海底分离泵送系统 SUBSIS 系统等。目前,国内水下分离器的设计技术处于起步阶段。在该技术方面面临的挑战主要有高效水下油气分离技术、可靠的湿气增压技术以及配套的设备加工制造及撬装化、系统控制等技术。

水下分离器有多种类型,按照分离介质的不同,可将水下分离器分为液液分离器、气液分离器和气液固分离器;按照分离原理可将水下分离器分为重力分离器、在线分离器和旋流分离器。从全球范围来看,巴西、墨西哥湾及西非等都是深水开发的代表,这些区域深水开发的经验成熟,已经有很多在役工程实例。迄今为止,相继有 9 个油气田的水下分离器投入实际运营,分别是 Troll 油田三相分离系统、Tordis 油田三相分离系统、Perdido 和 BC-10 油田沉箱分离与增压系统、Pazflor 油田气液分离系统、Marlim 油田三相分离系统,以及 Marimba 油田、Gongro 油田和 Corvina 油田的垂直环空泵送系统。

成熟的水下油气处理技术可以高效经济地开发深海中蕴藏的巨大油气资源,对我国海洋油气工业的发展具有重要的战略意义。

6.6 海底多相流动安全实验技术

由于多相流自身组成、海底地势起伏、运行操作等带来的一系列问题如固相生成（水合物、析蜡）、段塞流、多相流腐蚀、固体颗粒冲蚀等已经严重威胁到海底生产系统和混输管线的安全运行，由此引起的险情时有发生。上述问题需要专门技术来解决，建设工业规模的实验环路显得尤为重要。

6.6.1 国内外研究现状

目前油—气—水多相流理论尽管取得较大的进展，但总的来说，油—气—水多相流动安全保障技术是一项以实验为主的技术。以室内缩尺机理研究、中等规模的试验乃至近似实尺的大型试验评价系统是油气田开发过程流动安全的基本保障。中国海油通过国家科技重大专项，联合国内高校等团队建立了多类型、多功能的流动安全实验系统，比如室内高压低温固相沉积环路、高压 35 MPa 多相流动及立管段塞实验环路，但还无法较为全面地反映油气田现场的流动问题，因此建立相应的中试规模的实验环路，可以为现场决策和设计方法、理论、工艺改进提供有效的研究手段。

在欧洲、美国、巴西等深水开发的主要区域，已经形成了不同规模、尺度、功能的实验装置，拥有从研究院所机理研究到近似现场应用的实尺模拟试验系统，包括墨西哥区域 EXXOMOBILE、壳牌公司的大型实液测试系统、挪威技术研究中心、法国石油研究院的中大型实验测试系统、巴西里约热内卢大学和石油公司的实验环路。基于这些实验环路，各国研究者相继发起了多个深水多相混输技术研究项目，在段塞流模拟、蜡沉积研究、水合物抑制措施、多相管流压降计算、多相混输泵、多相流量计等方面开展了大量的研究工作，以期应用于工程实际，提高深水流动安全输送的稳定性。

目前实验环路从功能主要分为以下几种。

（1）油—气—水、油—水、油—气流动特性研究实验系统

油—气—水、油—水、油—气流动特性研究实验系统的主要特征为中等压力、实验介质可以是模拟介质和空气，实验主要目的是寻找多相流流动规律、流型的划分，近年来研究热点在于起伏段塞和立管段塞的实验模拟系统，基于这些实验设施发展了基本多相管流设计软件，并可进行段塞等特殊流动监测和控制技术的研究，最典型的为挪威技术研究中心的大型试验环路系统，管径为 10.16 cm（4 in）、20.32 cm（8 in）、30.48 cm（12 in），水平管 800 m、立管高 55 m。

（2）固相沉积实验系统

随着深水开发面临典型水合物、蜡沉积等建立的多相流试验系统，特点是具有中高压力、低温环境，可以进行水合物、蜡沉积实验，以及防控措施的评价。典型代表为法国石油研究院的多相沉积实验系统，管径 7.62 cm(3 in)，长度 140 m，压力 10 MPa。

（3）多相流腐蚀环路

国际上较为大型和复杂的多相流腐蚀试验环路建设主要是 20 世纪 90 年代以后发展起来的，有代表性的研究机构是美国俄亥俄大学、塔尔萨大学以及挪威能源技术中心（IFE）、北京科技大学等单位。目前多相流流型对腐蚀影响已经从室内研究逐步引起工业界的重视。

（4）大型工业级别的实验系统

美国能源部依托陆上油田建立了大型多相流动安全试验系统，根据实验功能分区，是目前最大的实验基地，为深水水下分离、测试等系统的研究和应用评价提供了支持。

目前油—气—水多相流理论尽管取得较大的进展，但总的来说，油—气—水多相流动安全保障技术是一项以实验为主的技术，目前已有多相流混输环路实验装置存在的不足主要在于：

① 实验室环路的功能单一，不能模拟深水流动保障安全问题多种工况。

② 实验室环路主要集中在中低压系统研究，不满足深水高压低温的实际工况。

③ 我国进行深水流动安全保障技术的研究不够深入，相关多相混输环路设计规模和测试方法均与深水实际的工况差距很大，其实验结果难以推广到深水工程应用。

6.6.2　水合物实验技术

随着海洋石油开发向着深海进军，海底的多相混输管路需要承受更低的温度与更高的压力，海底井口到生产平台的管路中很容易发生水合物的聚集及蜡沉积所导致的堵塞事故。为了安全生产和对水合物进行研究的需要，科研工作也正在向着水合物输送的水动力学发展，各国也相应建立了一些高压环路来模拟水合物浆液的流动特性。比较著名的有法国石油天然气研究中心（IFP）的 lyre 环路，挪威 NUTU 环路，美国得克萨斯州休斯敦埃克森美孚公司的环路，美国塔尔萨大学的 FAL 环路，澳大利亚联邦科学与工业研究组织（CSIRO）的 Hytra 环路等。这些环路进行与水合物输送流动保障相关的研究工作，设计各有特色，可以模拟出不同的管路输送情况。

6.6.3　蜡沉积环道实验技术

蜡沉积与油—气—水多相流的流型密切相关，在不同流型下，蜡沉积物在管壁截面的分布相态不同，沉积层中蜡含量差异较大。与单相管流中蜡沉积问题的研究相比，多相管流蜡沉积的研究开展得较晚，研究仍处于起步阶段。目前，多相管流蜡沉积模型的预测精度还不理想，对部分关键参数的修正还需借助实验的方式来进行。世界上著名的蜡沉积实验装置主要有：美国塔尔萨大学多相流研究中心气液两相流蜡沉积试验装置、法国石油研究院 Lyre 蜡沉积试验环道、荷兰壳牌公司多相沉积环道、加拿大卡尔加里大学实验装置、美国俄亥俄大学实验装置、挪威泰勒马克大学蜡沉积实验装置、荷兰代尔夫特理工大学实验装置、挪威生命科学大学蜡沉积实验装置以及中国石油大学蜡沉积实验装置等。

6.6.4 段塞流实验技术

段塞流是水平和近水平管内油气采输过程中最常见的管内流型，这种流型经常给管线造成安全问题，导致系统压力剧烈波动和整个管线的振动。因此研究管线中尤其是深海管线中段塞流的生成、界面结构、控制消除等将对深水管线流动安全起到重要的作用。

实验台作为开展严重段塞流实验研究的重要基础，其各项参数、指标、性能对于实验能否准确有效开展起着至关重要的作用，好的实验台设计具有精确的计量系统、广泛的测量范围、准确的再现能力、较低的系统误差。为了研究严重段塞流的形成、发展及转变机理，国内外学者搭建了一系列平台对其规律进行研究。目前国内外典型的严重段塞流实验平台包括美国塔尔萨大学实验平台、挪威科技大学实验平台、Prosjekttittel 研究团队实验平台、英国克兰菲尔德大学实验平台、荷兰壳牌石油研究与技术中心、中国石油大学研究平台、挪威科技工业研究所（SINTEF）多相流试验平台、西安交通大学多相流实验平台等。现阶段国内外研究多相流的实验系统，尤其是研究集输—立管多相流动的实验系统，多集中在常压、低压、较短距离、较小管径等参数下设计而成，对于近浅海的油—气—水多相输运可以实现较好的实验室模拟，然而目前还没有能模拟石油生产现场产生的高压环境下的多相流的实验系统，对高压环境下，气液、液液、油气水以及油气水固等更为复杂的多相流的流体物性，流动以及更为本质的界面结构的研究也刚刚起步。

6.6.5 多相腐蚀实验技术

多相混输过程流动状态不稳定，尤其含有二氧化碳等腐蚀性介质时，腐蚀会更为严重。多相腐蚀受到多相流动动力学和腐蚀动力学的共同作用，腐蚀理论十分复杂，目前对多相腐蚀的研究很不成熟。目前国内多相流腐蚀的研究主要采用旋转方式模拟流动状态，但与现场实际的管流差别较大，为此国内建立了多套动态腐蚀实验环道，主要开展腐蚀机理以及缓蚀剂评价等方面的工作。

目前围绕海上油气田特别是深水油气田开发区域的墨西哥湾、巴西桑托斯盆地、挪威北海等海域已初步建立了相对完备的从高校、产业研究机构到海上现场相互衔接的各种功能配套的多相流动安全试验评价系统，为解决油气田生产中实际问题走向深水提供了强有力的支持。

6.7　海底多相管道内流动监测技术

深水流动安全保障技术及其相关装备是世界深水油气田勘探开发核心技术,其中的深水流动安全监测和管理技术是保障深水油气田安全经济运行的关键技术之一,具体主要包括虚拟计量技术、泄漏监测技术等以及在此基础上的管道流动参数监测及运行管理优化。

6.7.1　虚拟计量技术

在油气生产实践中,通过单井计量新技术实现油气井的产油量、产气量及含水率的高效测量和分析,是进行油气藏动态预测与生产管理的关键环节,是实现现代化油气田生产井生产参数动态优化、高效生产管理的有效途径,高效、经济的虚拟计量新技术正是围绕油气田生产实践的迫切需要而发展的一项创新技术。

常规油气田生产中单井计量设计方案为:每口生产井单独安装一台多相流量计。首先,多相流量计多为国外技术垄断、价格昂贵;其次,多相流量计的测试、校准及安装维护都存在一定问题;第三,多相流量计对油气田的油品物性、多相流的流型、流态适应性不强,在边际油气田特别是海上边际油气田使用中存在技术和经济多方面的问题。因此,依据油气田的特点,结合油气田流体的工艺系统的基本流动参数,研制投资小、技术性能可靠的单井计量新技术对于降低油气田的开发投资、同时实现单井计量技术的数字标定,具有至关重要的意义。虚拟计量技术研究应运而生,它可实现单井计量、同时实现单井计量仪表的在线数值标定,是流量计量领域的一项创新技术,在海上油气田水下生产系统中具有广阔的应用前景。

虚拟计量是种创新的计量方式,由硬件和软件分析平台组成。硬件主要是工控机系统:它无须增加流量计量仪器/仪表,直接通过常规的通信协议和过程控制系统,利用生产井井筒、井口、油嘴及生产平台上已有压力、压差和温度数据作为虚拟计量系统的输入数据;软件分析是虚拟计量技术的核心:主要核心为针对用户的多相流动分析模型以及神经网络计算方法。软硬件部分相互集合,实现了油气田生产过程高效经济的单井计量,从而为生产井特别是水下生产井提供了多相流量的精确计量方法。

虚拟计量技术环保安全、可靠性高,除了能够得到多相井流的实时数据外,在配备水下多相流量计的场合还可作为多相流量计的备用、同时实现在线数字标定,即可以替代造价高昂的多相流量计(特别是水下多相流量计),也可以与多相流量计配合使用,或在维修和标定期间作为的备用计量、标定方法之一。

6.7.2 泄漏检测、监测技术

海底管道造价昂贵,且所处海洋环境条件非常复杂,存在许多不确定性因素。随着管道铺设距离的增加和运行时间的延长,海底管道泄漏事故时有发生。海底管道所输送的原油天然气易燃易爆,对环境的污染大,且海底管道一旦发生泄漏事故会造成严重的经济损失,甚至会造成人员伤亡。海底管道安全已成为海洋油气开发和安全生产的一个重要难题,日益受到重视。

对管道进行实时监测,及时发现管道泄漏等异常状态并预报隐患,对海底安全生产十分重要。海底管道泄漏监测技术是保护管道安全的一种既经济又有效的方法。海底管道泄漏监测系统能够实时显示现场的管道流量、压力等状态,并实时计算管道发生泄漏的概率,能够及时进行泄漏报警,并给出泄漏定位和泄漏量。

根据检测位置的不同,可分为管内检测和管外检测两种方法。根据原理的不同,可分为基于硬件的检测和基于软件的检测。在此我们按照基于内部检测、外部检测以及间歇性泄漏监测方法进行分类,大体有如图 6-6 所示。基于内部检测的方法主要包括压力/流量监测、声压力波法即负压波法、平衡法、统计监测法、实时瞬变模型法;另外,外接实时瞬态模型法、液下气泡法、神经网络法以及套管监测也较为常用。基于外部检测系统主要有光纤法、声波法,其他还有电容法、蒸汽感应法、光学相机法、生物传感器

图 6-6 泄漏监测常用方法汇总

法、特性阻抗检测法以及遥感法。还有一些间歇性监测系统为周期性泄漏监测系统,包括智能清管器、声学清管器、ROV/AUV 监测、荧光法以及水下拖曳系统。

对于基于内部系统开发的泄漏检测软件均可以应用于海底管道,但是陆上和海上对管道泄漏检测系统性能仍有影响,例如仪表的安装,SCADA 和遥测单元等。海水对海洋管道有静水压力,外部的压力可能会降低泄漏量,对于静水压力泄漏可能导致外部水流的情况下进入管道,使泄漏检测更加困难。另外,海底生产系统中,管道内大多是多相流体,其泄漏检测和定位难度更大。因此,用于水下应用的泄漏检测系统必须:

① 足够坚固以确保能在极其恶劣的环境中安装和运行。

② 精确,误差小。

③ 已经证明可以使用于海上生产系统。

世界范围内常见海上生产系统的各种检测、监测方法主要有压力监测法、平衡法、负压波法、光纤法、声波法、管内监测法、RTTM/E‑RTTM 等。

6.7.3　流动管理技术

当水下生产工艺诞生之后,传统的技术手段面临诸多新的问题。基于虚拟计量技术以及泄漏监测技术等方面的研究成果,由于油气生产具有一定的不可预见性,又由于海底管道的运行和维护具有长期性,因此油气田的作业者更希望有一套即时在线的装置,能够实时提供流动信息,为油气的生产和集输提供不间断的技术保障。

国外相关技术公司已经开发出了多种适用于深水油气田流动安全保障的在线监测与管理系统,并在北海、墨西哥湾及西非等地区的一些深水油气田上得到成功使用,取得了良好的结果。如 FMC 旗下的 FAS 系统,提供了在线流动安全保障的一揽子解决方案,包括虚拟计量、海底管道动态监测、乙二醇注入量控制、油嘴开度优化及地层水监测 5 个模块。SPT 公司为在中国南海的崖城气田提供了包括虚拟计量及段塞流跟踪的 OLGA online 系统,另外还有 BP 的 ISIS 系统、TOTAL 的 WPM 系统等。一些国际大型石油公司(例如 Chevron、Shell、TOTAL 等)已将流动安全保障在线监测与管理系统列为其新油气田开发的标准设计,并在已有油气田上推广使用。

流动监测技术实质上是依托于多相流模拟技术的软件系统,由虚拟流量计系统(virtual metening system,VMS)和海底管道的在线模拟系统两个子系统组成。该系统通过采集油气田的常规工艺参数(组分、井深结构、导热系数、试井数据等),及常规生产所收集的即时生产数据(各个位置的温度压力),通过计算机及相应的软件实时计算所需的流动信息,提供相应的油气田管理对策。

流动监测技术是一套以油气田的实时生产数据为依据的可用于反映生产流动过程的计算分析系统。基于这个设计理念,流动监测系统可用于水下气井井口流量测量及海底管流动在线模拟。

为了完成实时井口流量及海管流动的计算,需要的参数分为 3 部分:流体基础参数、流动系统基础参数、实时生产数据。通过该系统的分析计算,可以实时获得相关的压力、流量数据。流动监测系统主要由软件系统和硬件系统 2 部分构成。硬件系统主要承担与现场的 DCS 的数据通信,并作为该系统的运行平台;软件系统是该系统的核心,包括了数据库、组态软件及核心计算软件等部分。该系统的系统结构和基本工作原理参见图 6-7。

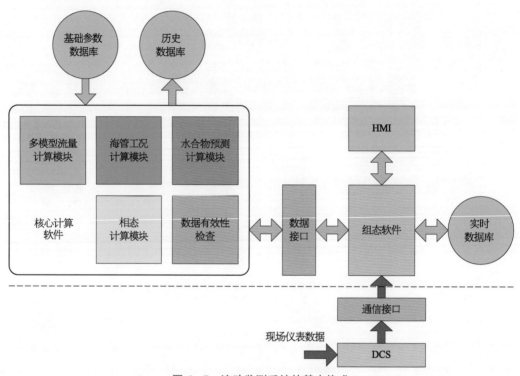

图 6-7　流动监测系统的基本构成

由于计算结果的准确性直接依赖于现场仪表的数据,而 DCS 获取的实时的各类生产数据总是受到各种因素的影响,可能产生各类误差甚至错误,从而导致程序异常。该系统进行数据有效性处理,主要包括识别井的工作状态、修正仪表参数和剔除异常参数,从而防止程序异常,提高运算效率以及修正仪表变差所造成的影响。

图 6-8 为一个较为典型的水下气田流动系统的示意图。根据节点分析的原理,从井底至采油平台的流动存在 3 种流动形式,即地层中的渗流、井筒和海管中的多相流动以及过油嘴的多相流动。流动监测系统就是利用这 3 种流动的特点及形式,建立相应的模型及算法,实现虚拟计量及海底管道的在线模拟。

随着我国海上油气开发进入深海,流动安全保障已成为制定深水油气田最优开发方案和确保现有海洋油气田稳产的核心技术。深水油气田采用在线流动监测系统是海

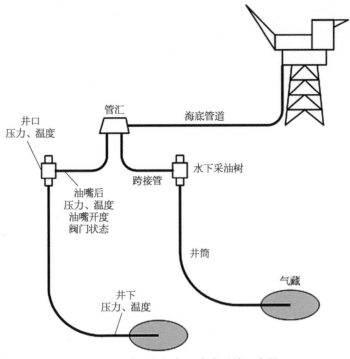

图 6 - 8　水下凝析气田生产系统示意图

底集输管线及保障生产系统流动安全的一个行之有效的手段,也是近年来国际上新兴的技术方案。研究实现该技术将对强化我国海上水下油气田生产系统的安全运行和提高海上油气田开发的经济效益具有十分重要的现实意义。

6.8　展　　望

随着深水油气田开发水深的逐步增加,由多相流自身组成(含水、含酸性物质等)、海底地势起伏、运行操作等带来的流动安全问题更为突出。因此,围绕深水流动安全设计及相关研究工作亟待加强,主要体现在新理论、新工艺、新技术以及新装备等方面的研发。

深水流动安全技术发展方向主要在于以下几方面。

1) 深水流动安全保障模拟分析与设计技术

深水流动安全保障模拟分析与设计技术决定了深水油气田开发模式,即干式采油、湿式采油，或者采用全水下生产系统、深水浮式进行海上油气田开发的具体组合模式；同时该方面技术也决定了深水油气田开发的半径。

目前国外具有大型试验研究系统，较为成熟的商业软件，形成了相对成熟的技术产品，并得到较为广泛的应用。国内已经建立室内机理研究的试验系统，具备独立设计的能力，但所用软件全部依赖进口，迫切需要自主开发。

建立先进的实验室、中试基地，利用大数据技术建立水合物、蜡沉积、段塞预测等模型，研发智能设计软件，实现设计与工程实践循环验证，提升设计软件对现场自适应、自学习能力，是深水流动安全保障模拟分析与设计技术的发展趋势。

2）深水流动安全监测和管理技术

深水流动安全保障技术及其相关装备是世界深水油气田勘探开发核心技术，其中的深水流动安全监测和管理技术是保障深水油气田安全经济运行的关键技术之一。目前国外已经形成了相对成熟的技术产品，并得到较为广泛的应用。国内已形成初步的技术产品，在我国海上油气田得到初步应用，尚有待进一步完善。

基于大数据的深水流动安全监测和管理技术，实现对深水油气田流动安全的区域化智能管理且具有一定的自学习功能，有助于解决深水油气田的安全运营，是深水流动安全监测和管理技术的发展趋势。

3）水下油气管网可靠性评估技术

针对水下油气管网，建立全生命周期的水下油气管网可靠性评估方法和系统分析方法，概率化定量表征水下油气管网多相流动的安全程度或可靠度，为水下油气管网规划、设计、运行管理等决策提供技术支撑，保障海底油气管网的本质安全和运行安全。深入研究海底油气管道多相流动机理与流动保障问题，同时采用概率来表征管网的本质安全和运行安全的程度，完成定性评价到定量表征的转变，是水下油气管网可靠性评估技术的发展趋势。

4）深水水下生产系统安全评价与应急处理技术

深水水下生产系统失效后果预测与应急处理技术包含深水管道和装备失效后，水下生产系统的动态响应预测、溢油（气）扩散预测及应急处理技术。主要针对水下生产系统中油气管道和设备在发生失效后，水下生产系统的动态响应预测及相应的流动保障技术，以及溢油（气）在深水水下环境与风浪流作用下流动扩散规律预测及相应的及应急处理技术。深入研究失效后生产系统动态响应预测及相应的流动保障技术，失效后溢油（气）流动扩散规律预测及相应的快速应急处置技术，是深水水下生产系统安全评价与应急处理技术的发展趋势。

总之，鉴于深水流动安全保障技术涉及多学科领域，其发展趋势就是突破深水油气田流动安全关键技术，形成深水油气田流动安全工程技术体系，构建深水油气田流动安全监测、控制与管理技术和水下装备体系，推动流动安全保障技术成果的产业化，为深水油气田安全开发提供技术支撑和保障。

海洋深水油气田开发工程技术总论

第7章 深水海底管道和立管工程技术

在海上油气田开发中,被称为海上油气田开发生命线的海底管道和立管始终扮演着重要的角色,负责海底地层油气的集输、化学药剂的注入、注水、注气等等。近年来,随着海上油气田开发不断向深远海推进,海底管道和立管应用水深不断增加,推动深水海底管道和立管工程技术快速发展,目前 3 000 m 水深以内的海底管道和立管工程技术已渐趋成熟,在西非、墨西哥湾、巴西等海域大量工程项目中得到应用。图 7-1 是墨西哥湾 Stone 油田开发示意图,Stone 油田水深达到 2 895 m,它采用缓波形钢悬链立管将来自水下井口的油气输送到 FPSO 上进行处理。

图 7-1　墨西哥湾 Stone 油田开发示意图

同浅水海底管道和立管相比,深水海底管道和立管面临的环境和工作条件更加恶劣,对海底管道和立管设计、制造、安装等工程技术提出许多挑战,这些挑战主要表现为:

① 水深增加带来的管道压溃问题。

② 水深增加带来的铺管问题。

③ 高温高压油藏带来的管道屈曲问题。

④ 海底低温环境带来的管道保温问题。

⑤ 深水恶劣环境条件下立管设计问题。

深水高温高压油藏和高静水压力给深水海底管道和立管制造和材料选择带来许多难题。常规管材需要钢管壁厚更大,厚壁管不仅对管子制造工艺、焊接工艺提出更高要求,而且厚壁管较大重量增加了水面浮式平台的负载,对安装船铺设能力也提出更高要求。为了解决水深增加所带来的管道压溃、浮体负载增大、对铺管设备要求更高以及高温高压油藏所带来的管道屈曲等问题,API 5L X70 以及更高强度等级碳钢逐渐被用于深水海底管道和立管工程中,尽管这些高强碳钢在应用中仍面临着可焊性等诸多问题,但这些问题正在被研究和被逐渐解决。除了高强碳钢外,钛合金由于具有高强、轻质、耐蚀性好的特点也被用于深水海底管道和立管中,尽管目前钛合金昂贵的价格制约了它的应用。总体而言,开发高强、轻质、价低的深水海底管道和立管新材料是未来的发展方向。

浅水海底管道主要采用 S 形铺管船进行铺设,S 形铺管存在管道拱弯区和触地区受力较大问题。对于深水海底管道铺设而言,随着水深增加,该问题更加严重,增加托管架长度虽然能解决问题,但托管架过长会影响铺管船稳定性并要求更大的甲板面积。J 形铺管船可以将管道接近垂直铺设,不会出现 S 形铺设局部受力过大问题。尽管目前一些 S 形铺管船也能够实现 3 000 m 水深管道铺设,但 J 形铺管船无疑更适合深水海底管道铺设,也是将来深水铺管船的发展方向。TechnipFMC、Heerema 和 Saipem 等国际著名海洋工程公司都拥有可铺设 3 000 m 水深的 J 形铺管船,目前我国还没有 J 形铺管船。

在深水油气田开发中,浮式平台取代浅水固定式平台,深水立管不能像浅水立管那样固定在平台上,而是悬挂在浮式平台上,受环境载荷和浮体运动的影响非常大,是深水海底管道和立管系统设计的重点。目前,世界上许多公司已经开发出许多专业软件如 Orcina 公司的 Orcaflex、Wood Group 公司的 Flexcom 等,这些软件能够辅助完成深水海底管道和立管设计。但是由于立管受力非常复杂,目前许多问题如立管涡激振动、立管触地区管土相互作用等并没有被完全认识,还需要开展大量研究,建立更合理可靠的分析方法。

为了适应深水油气田开发,国外公司提出了许多新的立管形式,这些立管形式很多已得到实际应用。钢悬链立管、顶张紧立管、柔性立管和混合立管是目前世界深水油气田开发中 4 种典型的立管形式,这 4 种立管形式在墨西哥湾、西非、巴西海域、中国南海等海域得到广泛应用。

深水海底管道和立管安全运行是海上深水油气田正常开发的前提。复杂的运行环境和各种不确定因素增加了海底管道和立管破坏的风险。为了尽量降低海底管道和立管运行风险,国外公司有针对性地开发深水海底管道和立管监测和检测技术,建立深水海底管道和立管监测和检测系统,通过对海底管道和立管进行实时监测和定期检测,保障海底管道和立管安全运行。

7.1 深水海底管道和立管类型

7.1.1 深水海底管道类型

深水海底管道可以按许多方式分类,如输送介质类型、截面结构型式、保温方式等,按截面结构型式可分为刚性管和柔性管两类。刚性管是基于钢管的管道,柔性管是由金属和/或非金属形成的复合管,能够承受较大的变形而不发生破坏。刚性管又可以分为单层管、双层管和集束管。单层管是基于单根钢管,根据需要在钢管外敷设防腐层、保温层或配重层。双层管是基于同心的两根钢管,在两根钢管间填充保温材料,也称为管中管。集束管是在大直径钢管内布置多根小直径钢管或在大直径钢管外绑缚小直径钢管。图 7-2~图 7-4 分别是典型单层管、双层管和集束管截面示意图。

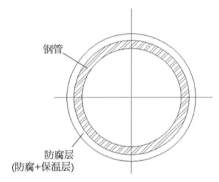

图 7-2 典型单层管海底管道
截面示意图

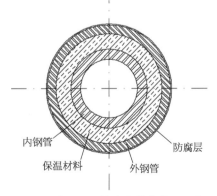

图 7-3 典型双层管海底管道截面示意图

图 7-4 典型集束管海底管道截面示意图

　　集束管由于设计、制造复杂而且必须采用浮拖法进行铺设,在深水油气田开发中很少应用。双层管将保温材料放在两层钢管之间,不与海水接触,保温效果好,属于干式保温。在浅水中,海底管道多采用双层管干式保温。随着水深的增加,双层管干式保温由于管道自身重量增加,对浮式平台吃水影响增大,对铺管船张紧器和稳性要求增高,因此,在深水油气田开发中,更倾向于用单层管湿式保温代替双层管干式保温。深水湿式保温材料要求具有材料导热系数小、抗压强度高、长期海水中性能稳定性好等特点。目前主要的湿式保温材料有含中空玻璃微珠复合聚氨酯(glass syntactic polyurethane,GSPU)和多层聚丙烯(polypropylene,PP)材料。图7-5和图7-6是典型的 GSPU 和多层 PP 保温管结构图。表7-1给出 GSPU 和多层 PP 湿式保温材料性能参数。开发导热系数小、密度大、耐高温高压的湿式保温材料是未来湿式保温材料的开发方向。

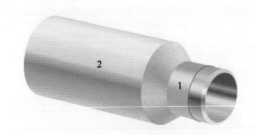

图7-5　聚氨酯保温管

1—熔结环氧涂层;2—聚氨酯复合涂层

图7-6　聚丙烯保温管

1—熔结环氧涂层;2—胶黏剂涂层;3—实心 PP 涂层;4—发泡 PP 涂层;5—外防水层

表7-1　湿式保温材料性能参数

材　　料	$K/$ $[W \cdot (m \cdot K)^{-1}]$	最大适用温度/ ℃	最大适用水深/ m
玻璃微珠复合聚氨酯(GSPU)	0.14~0.17	115	>3 000
多层聚丙烯(PP)	0.21~0.24	140	>3 000

　　海底管道湿式保温材料主要被国外加拿大的 Bredero Shaw、瑞典的 Trelleborg、意大利的 Socotherm 等公司垄断,它们对海底管道湿式保温材料开展了几十年的研究,开发出各自的海底管道湿式保温系列材料。国内从"十二五"开始对海底管道湿式保温材料和湿式保温管技术进行研究,经过近十年的研究,目前已经形成了湿式保温材料和湿式保温管国产化能力。

　　湿式保温和双层钢管干式保温属于海底管道被动保温,除此之外还有海底管道主动保温的方式,目前海底管道主动保温有直接电加热和电伴热两种方式。直接电加热是通过在海底管道钢管上施加电流直接对海底管道加热。电伴热是利用敷设在海底管道上或海底管道中的电缆对海底管道进行加热。图 7-7 是 Aker Solutions 公司开发的直接电加热保温管道。图 7-8 是 TechnipFMC 公司开发的电伴热保温管道。

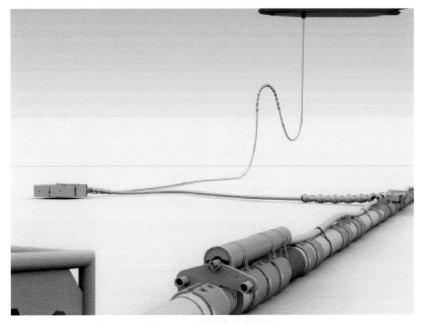

图 7-7　直接电加热保温

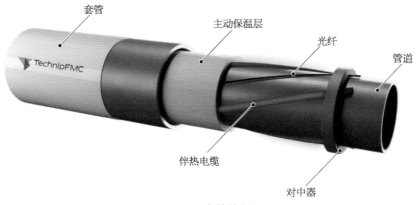

图 7-8　电伴热保温

　　柔性管具有良好的动态性能、抗腐蚀性、便于铺设安装回收再利用等优点,在深水油气田开发中得到广泛应用。根据制造工艺不同,柔性管可分为粘结柔性管和非粘结柔性管两类。粘结柔性管是通过挤压、成型和硫化等特殊工艺将金属加强件和弹性体材料粘结在一起,两者间不允许相互滑动;非粘结柔性管是金属层和非金属聚合物层单独缠绕或挤塑到管上,层间没有粘结在一起,允许相互滑动。粘结柔性管轴向刚度小、抗挤压能力低,而且受制造工艺限制,制造长度有限,通常为 12～200 m,不适用于海底管道和立管,常用作卸油漂浮软管和钻井节流、压井跨接软管。非粘结柔性管抵抗外压和张力能力强,可以连续长距离制造,适用于海底管道和立管。

目前世界上非粘结柔性管供应商主要有法国 TechnipFMC 公司、美国 NOV 公式和 GE 公司,美国 Deepflex 公司尽管也提供非粘结柔性管,但其产品全部是由非金属材料制成,应用水深受限。国内的天津市海王星海上工程技术股份有限公司通过"十二五"和"十三五"技术攻关,也具备了非粘结柔性管制造能力,但与国外公司相比仍存在不小差距。表 7-2 给出非粘结柔性管供应商的制造能力。由于柔性管特殊的结构型式,目前能够制造的柔性管最大管径仅为 53.34 cm(21 in),承受的最高温度为 170℃,承受的最大内压为 138 MPa,最大适用水深为 3 000 m,远低于钢管。

表 7-2 非粘结柔性管供应商制造能力

公 司	TechnipFMC	GE	NOV	天津市海王星海上工程技术股份有限公司
年生产能力/km	950	570	200	120
管径/in	1.5～21	2～19	2.5～16	2～14
最大水深/m	3 000	3 000	2 000	500
最大内压/MPa	138	103	103	40
适用温度范围/℃	−50～170	−50～130	−50～130	−40～90

为了更好地应用到深水油气田开发中,柔性管供应商不断开发高性能保温材料和高强复合材料来制造适用于更大水深、可承受更高温度和压力的柔性管。TechnipFMC 开发了非金属抗压铠装层柔性管,将抗压铠装层材料由常规的钢材改为碳纤维材料,降低了柔性管重量,更适于深水应用。

在"十二五"之前,海底管道湿式保温材料和柔性管被国外公司垄断,国外公司的产品价格昂贵、采办时间长、服务不及时等原因制约了海底管道湿式保温技术和柔性管在国内海上油气田开发中的应用。为了打破这种被动局面,在国家科技重大专项支持下,中海油研究总院有限责任公司分别联合中海油能源发展股份有限公司和天津市海王星海上工程技术股份有限公司对湿式保温管和柔性管关键技术进行了研究。经过"十二五"和"十三五"技术攻关,实现了湿式保温材料、湿式保温管、非粘结柔性管国产化和工程应用。

在湿式保温材料和湿式保温管方面,国内开发了适用于 1 500 m 水深的 GSPU 湿式保温材料配方及成型工艺,开发了 GSPU 湿式保温管涂敷预制工艺,建立了国内首条GSPU 湿式保温管涂敷预制生产线,该生产线能够生产最大管径 60.96 cm(24 in)、最大保温层厚度 120 mm 的湿式保温管,年生产能力达 80 km。针对湿式保温管的工程应用,我国成功开发了湿式保温管阳极安装及配重技术和湿式保温管现场节点接长浇注工艺,研制了湿式保温管现场节点接长浇注装置。我国还建立了一套基于 ASTM、DIN、DSC 标准的湿式保温材料、湿式保温管、湿式保温管节点性能测试体系,对湿式保温材料密度、吸水率、导热系数及湿式保温管外观检测、保温层厚度、静水压强度等性能指标的检测方法、检测频次、验收标准等进行了详细规定。开发的湿式保温管预制技术和现场节点接长技术在 2018 年 5 月成功用于蓬莱 19 - 3 油田 1/3/8/9 区块海底管道上。图 7 - 9 是研制的含 GSPU 湿式保温管,适用水深 1 500 m,总传热系数 2.73 W/(m² · ℃),长期耐温 115℃。GSPU 湿式保温管国产化将大大促进湿式保温技术在国内油气田开发中的应用。

图 7 - 9　中空玻璃微珠复合聚氨酯湿式保温管

在非粘结柔性管方面,中国自主开发了非粘结柔性管管体和端部接头等附件的设计方法,自主研制了柔性管压溃、爆破、拉/弯/扭刚度、疲劳、快速泄压、挤压等原型试验设备,建立了柔性管材料性能测试试验室和原型试验室。自主开发了非粘结柔性管制造技术,研制了柔性管 S 形互锁钢骨架、Z 形钢抗压铠装层、扁钢抗拉铠装层成型设备及工艺,建成了国内首条非粘结保温输油柔性管生产线,年产能力达 120 km。非粘结柔性管研制从设计、材料选择、制管、材料试验、原型测试等全过程经过了法国 BV 船级社的审核和认可,并取得了 API 体系和徽标认证。自 2012 年以来基于研发成果设计、生产的柔性管已成功应用于国内渤海、南海、东海以及国外马来西亚的油气田开发中,总长度已经超过 150 km。

图 7 - 10 是天津市海王星海上工程技术股份有限公司研发的保温输油非粘结柔性管。图 7 - 11 是天津市海王星海上工程技术股份有限公司建立的柔性管生产线。

7.1.2　深水立管类型

钢悬链立管、顶张紧立管、柔性立管和混合立管是目前深水油气田开发中常见的 4 种典型立管形式,这 4 种立管各自特点见表 7 - 3。

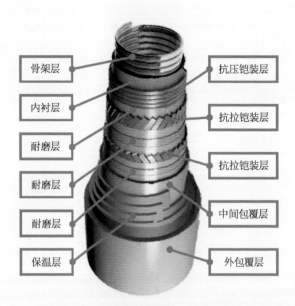

图 7‑10 研发的保温输油非黏结柔性管

骨架层　　　　　抗压铠装层

内衬层　　　　　抗拉铠装层

耐磨层　　　　　抗拉铠装层

耐磨层

耐磨层　　　　　中间包覆层

保温层　　　　　外包覆层

图 7‑11 天津市海王星海上工程技术股份有限公司柔性管生产线

表 7‑3 4 种典型立管的特点

立管形式	优点	缺点
钢悬链立管	适用于各种浮体； 结构简单； 安装方便； 造价低	布置空间要求较大； 浮体负载大； 疲劳问题相对突出

(续表)

立管形式	优　　点	缺　　点
顶张紧立管	适用于干式采油； 可用于进行钻井、完井和修井； 布置紧凑	目前只适用于 TLP 和 SPAR 平台； 结构复杂； 作用在浮体上的载荷大； 不能与浮体快速解脱
柔性立管	适用于各种浮体； 通常不存在疲劳问题	造价高； 管径、应用水深受制造能力限制； 布置空间要求较大
混合立管	适用于深水和超深水； 浮体与立管间的耦合作用小； 疲劳问题小； 可与浮体快速解脱和连接； 布置较为紧凑	部件较多； 设计、安装复杂

立管形式选择受许多因素制约，如浮体类型、工作水深、环境条件、水下布置等，表 7-4 给出这 4 种典型立管对各种浮体的适用性。从表 7-4 可以看出，柔性立管和钢悬链立管较顶张紧立管和混合立管对各种浮体具有更好的适用性。目前这 4 种立管形式在墨西哥湾、西非海域、巴西海域、南海等海域的深水油气田开发中得到广泛应用。

表 7-4 4 种典型立管对各种浮体的适用性

立 管 形 式		浮 体 类 型			
		TLP	SPAR	SEMI	FPSO
钢悬链立管	自由悬挂	应用	应用	应用	应用
	缓波形	概念研究	概念研究	在开发	应用
混合立管		概念研究	概念研究	概念研究	应用
柔性立管(非粘结)		应用	应用	应用	应用
顶张紧立管	浮力罐	概念研究	应用	不适用	不适用
	液压张紧器	应用	应用	不适用	不适用

（1）顶张紧立管

顶张紧立管适用于 TLP 和 SPAR 这两种浮式平台开发方案，用于将水下井口头垂直回接到 TLP 或 SPAR 上的干式采油树，利用张紧器或浮力罐提供的张力保持立管竖直。自从 1984 年首次用于北海 Hutton TLP 以来，顶张紧立管已用于 30 多个生产平台（TLP 和 SPAR）。目前世界上顶张紧立管应用的最大水深为 2 393 m，应用于墨西哥湾 Perdido 项目，采用 SPAR 浮式结构，见图 7-12。顶张紧立管由于设置在浮体内部，其尺寸通常不大于 25.4 cm（10 in）。

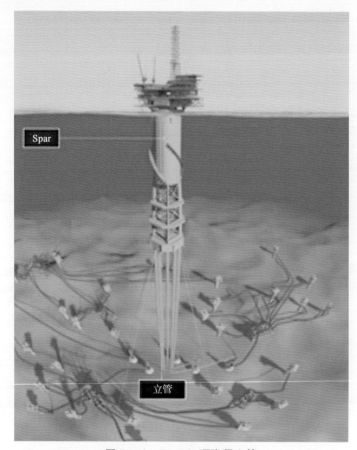

图 7-12　Perdido 顶张紧立管

一般来说,顶张紧立管主要包括以下部分。

① 刚性节点。刚性节点包括张力节点、飞溅区节点、标准立管节点、锥形应力节点或柔性节点。这些节点可以由钢、钛、铝或复合材料制成,主要是钢。

② 节点连接器。节点连接器通常采用机械连接器如螺纹连接器、法兰连接器等。

③ 张力系统。对于 TLP,张力系统通常是液压张紧器;对于 SPAR,张力系统可以是液压张紧器或浮力罐。

④ 涡激振动抑制系统。当顶张紧立管可能发生涡激振动疲劳破坏时,需要安装涡激振动抑制系统。顶张紧立管涡激振动抑制系统常采用导流罩,见图 7-13。

图 7-14 所示是典型顶张紧生产立管示意图。

(2) 钢悬链立管

钢悬链立管可用于 TLP、SPAR、SEMI 和 FPSO 的开发方案,用于将来自海底井口油气回输到浮式平台或将浮式平台处理后的油气外输。自从 1994 年在墨西哥湾的 Auger TLP 平台安装第一根钢悬链立管以来,钢悬链立管由于具有结构简单、造价低等

图 7‑13　异流罩涡激振动抑制装置

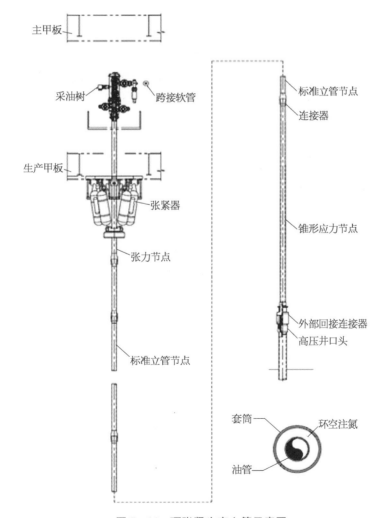

图 7‑14　顶张紧生产立管示意图

优点,在深水油气田开发中得到广泛应用。目前钢悬链立管应用的最大水深为2 984 m,为墨西哥湾 Stone 项目,利用缓波形 SCR 将海底油气回输到可解脱 FPSO。钢悬链立管应用的最大尺寸为 Thunder Horse 项目 60.96 cm(24 in)输油立管和 Na Kika 项目 60.96 cm(24 in)输气立管。

钢悬链立管结构简单,通常由以下部分组成。

① 刚性节点,主要是钢管段,刚性节点通过焊接连接。

② 悬挂系统,可以是柔性接头或应力接头。

③ 涡激振动抑制系统。当钢悬链立管可能发生涡激振动疲劳破坏时,需要安装涡激振动抑制系统。钢悬链立管常用的涡激振动抑制系统是螺旋列板,见图 7-15。

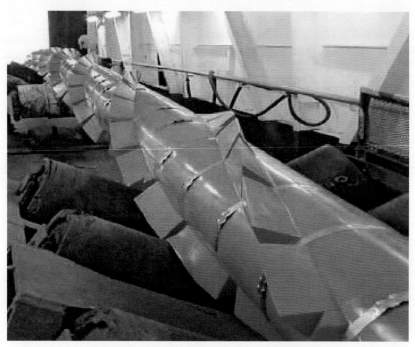

图 7-15 螺旋列板涡激振动抑制装置

图 7-16 所示是典型钢悬链立管示意图。

在图 7-17 中,钢悬链立管自由悬挂在浮体上,顶部悬挂区和底部触地区通常是自由悬挂钢悬链立管的高危险区。为了避免自由悬挂钢悬链立管在顶部悬挂区和底部触地区发生疲劳破坏,或产生过大拉力/压力,可通过在钢悬链立管上设置浮力块或将钢悬链立管支撑在水下浮力装置上将其设计成缓波、陡波、缓 S、陡 S 等形式来改善钢悬链立管受力,如图 7-17 所示。

(3) 柔性立管

柔性立管由于具有良好的动态性能,非常适合环境条件恶劣的深水油气田开发,广

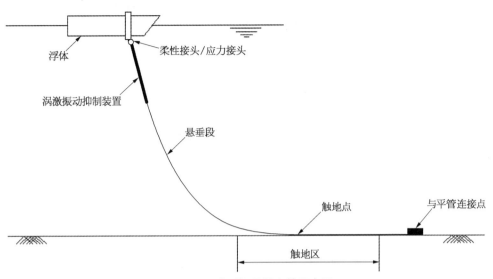

图 7 - 16　典型钢悬链立管示意图

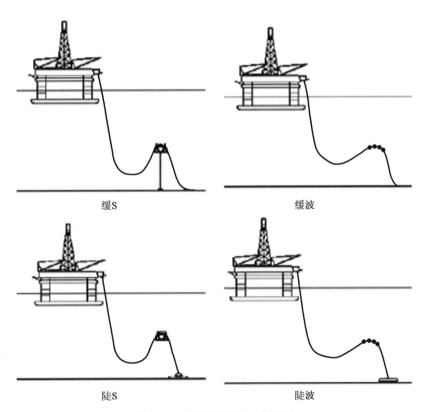

图 7 - 17　不同钢悬链立管构型

泛用于 TLP、SPAR、半潜式平台和 FPSO 开发方案。目前,世界上柔性立管应用的最大水深为 2 300 m,用于巴西 Libra 油田开发,浮体类型为 FPSO,见图 7 - 18。为了避免水下布置拥挤,TechnipFMC 将气举管、电缆、光纤集成到柔性立管中形成综合的生产束(integrated production bundle, IPB)软管,实现气举、电伴热和监测功能,见图 7 - 19。

图 7 - 18　Libra 柔性立管

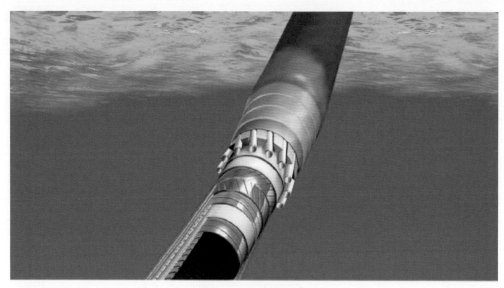

图 7 - 19　IPB 柔性管

同钢悬链立管相似,柔性立管也可以根据需要设计成缓波、陡波、缓 S、陡 S 等各种形式。

柔性立管主体是柔性管,除了柔性管外,通常还包括以下附件:

① 抗弯器,为倒锥形聚氨酯浇注体,安装在柔性立管外部,增加柔性立管局部刚度,防止柔性立管发生弯曲破坏。通常设置在弯矩较大的柔性立管在浮体的悬挂点附近。

② 限弯器,为互锁结构,限制柔性立管发生过大弯曲变形。通常设置在柔性立管与水下结构连接处。

③ 浮块和浮拱,将浮块附加到柔性立管上或将柔性立管固定到浮拱上,以获得期望的柔性立管构型。

图 7 - 20 所示是柔性立管及其附件示意图。

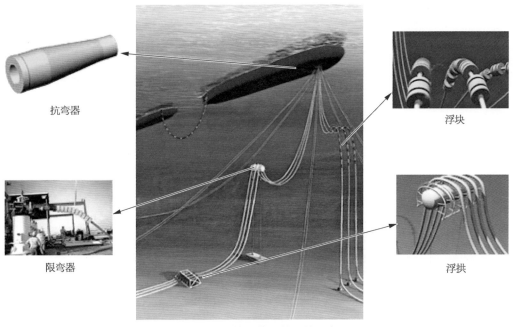

抗弯器

浮块

限弯器

浮拱

图 7 - 20　柔性立管及其附件示意图

（4）混合立管

混合立管是将柔性立管与刚性立管结合起来的立管型式,适用于 FPSO 或大型半潜式平台的开发方案。刚性立管可以是单层钢管,也可以是双层钢管或集束管。刚性立管顶端通常连接浮筒,以保持竖直状态,用柔性跨接管连接到浮体上。刚性立管可以是单根也可以是多根,彼此间可以相互独立,为了避免彼此相互碰撞,也可以利用框架将所有刚性立管顶端连接到一起。目前世界上混合立管应用的最大水深为 2 600 m,用于墨西哥湾 Cascade-Chinook 项目,采用 FPSO 浮式结构,见图 7 - 21。

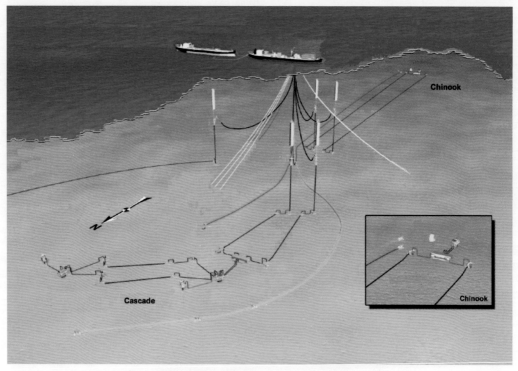

图 7 – 21　Cascade-Chinook 混合立管

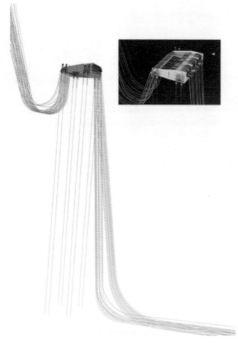

图 7 – 22　BSR 立管系统

除了以上 4 种典型立管外，为了适应深水油气田开发需要，国外公司还开发了许多立管形式，如自由站立式立管群（grouped single line offset riser，GSLOR）、浮块支撑立管（buoy support riser，BSR）等，图 7 – 22 所示是巴西 Sapinhoa 油田采用的 BSR 立管系统，它将立管悬挂到浮力框架上，浮力框架由 4 个浮力块组成，布置在水下 250 m 处，利用 Tether 锚固在海床上，钢悬链立管连接到浮力框架上，浮力框架和 FPSO 间用柔性跨接管连接，可以有效避免钢悬链立管所面临的疲劳问题。

7.2　深水海底管道和立管设计

7.2.1　深水海底管道设计

1）刚性海底管道设计

深水刚性海底管道结构设计与浅水刚性海底管道结构设计方法和采用的标准相同，由于水深增加和高温高压油藏使深水刚性海底管道较浅水刚性海底管道更易发生压溃和屈曲破坏，因此对管材性能要求更高。

目前，在刚性海底管道设计中采用的标准主要有以下几种：

① 挪威船级社（DNV）DNV‐OS‐F101，"Submarine Pipeline Systems"；

② 美国石油学会（API）API RP 1111，"Design，Construction，Operation，and Maintenance of Offshore Hydrocarbon Pipelines‐Limit State Design"；

③ 美国机械工程师学会（ASME）ASME B31.4 "Pipeline Transportation Systems for Liquid Hydrocarbons and Other Liquids"；

④ 美国机械工程师学会（ASME）ASME B31.8，"Gas Transmission and Distribution Piping Systems"；

⑤ 英国标准协会（BS）BS8010‐3，"Code for Practice for Pipeline — Part 3. Pipeline Subsea：Design，Construction and Installation"；

⑥ 美国石油学会（API）API 5L，"Specification for Line Pipe"。

除以上标准、规范外，还常采用一些推荐作法对深水海底管道在某一状态下的安全进行分析，如：

① 挪威船级社（DNV）DNV‐RP‐F105，"Free Spanning Pipelines"；

② 挪威船级社（DNV）DNV‐RP‐F109，"On‐bottom Stability Design of Submarine Pipeline"；

③ 挪威船级社（DNV）DNV‐RP‐F110，"Global Buckling of Submarine Pipelines Structural Design due to High Temperature/High Pressure"。

深水海底管道结构设计目的是通过对海底管道在不同工况（安装、测试、运行等）下强度和稳定性分析，在保证海底管道安全的前提下，兼顾经济性和可行性，选取适宜的管道结构型式和几何参数。

深水刚性海底管道结构设计主要包括以下内容：

① 海底管道爆裂分析；

② 海底管道压溃分析；

③ 海底管道屈曲分析；

④ 海底管道在位稳定性分析；

⑤ 海底管道悬跨分析；

⑥ 海底管道铺设分析。

深水刚性海底管道结构设计流程见图 7-23。

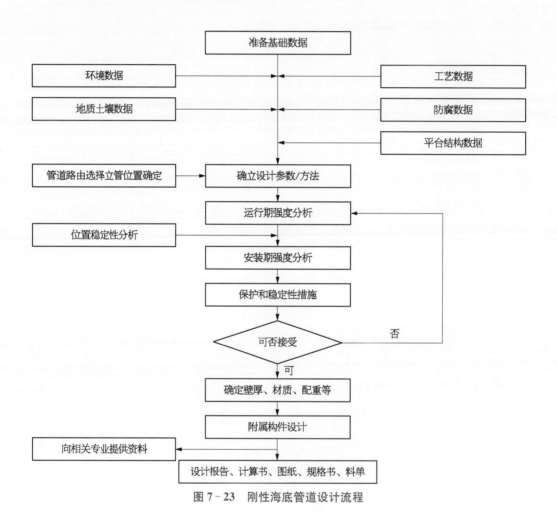

图 7-23　刚性海底管道设计流程

2) 柔性海底管道设计

目前，在深水柔性海底管道设计中采用的标准主要有以下几种：

① 美国石油学会（API）API RP 17B,"Recommended Practice for Flexible Pipe";

② 美国石油学会（API）API RP 17J,"Specification for Unbonded Flexible Pipe";

③ 美国石油学会（API）API RP 17L1,"Specification for flexible pipe ancillary equipment";

④ 美国石油学会(API)API RP 17L2,"Recommended Practice for Flexible Pipe Ancillary Equipment";

⑤ 国际标准化组织(ISO)ISO 13628 - 2,"Petroleum and natural gas industries — Design and operation of subsea production systems — Part 2: Unbonded flexible pipe systems for subsea and marine applications";

⑥ 国际标准化组织(ISO)ISO 13628 - 11,"Petroleum and natural gas industries — Design and operation of subsea production systems — Part 11: Flexible pipe systems for subsea and marine applications"。

除了以上标准外,在柔性海底管道设计中还要参考刚性海底管道部分标准,如海底管道在海床上稳定性设计标准。

按照 API RP 17B,柔性海底管道设计包括以下步骤:

① 步骤 1:材料选择;

② 步骤 2:截面结构设计;

③ 步骤 3:系统形态设计;

④ 步骤 4:细部设计和使用寿命设计;

⑤ 步骤 5:安装设计。

柔性海底管道设计具体流程见图 7 - 24。

7.2.2 深水立管设计

深水立管设计中采用的标准主要有以下几种:

① 挪威船级社(DNV)DNV - OS - F201,"Dynamic Risers";

② 挪威船级社(DNV)DNV - RP - C203,"Fatigue Strength Analysis of Offshore Steel Structures";

③ 挪威船级社(DNV)DNV - RP - F203,"Riser Interference";

④ 美国石油学会(API)API RP 2RD,"Recommended Practice for Design of Risers for Floating Production Systems and Tension Leg Platforms"。

以上是刚性立管设计标准,对于柔性立管设计,采用与柔性海底管道相同的设计标准。

深水立管设计主要内容包括:

① 立管布置;

② 立管壁厚设计;

③ 立管干涉分析;

④ 立管强度分析;

⑤ 立管疲劳分析(包括波致疲劳、涡激疲劳、浮体涡激运动疲劳、安装疲劳等);

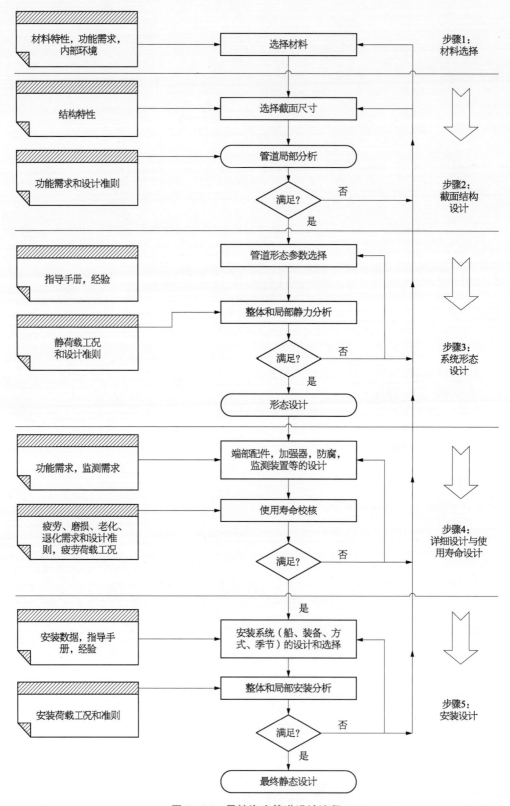

图 7-24　柔性海底管道设计流程

⑥ 立管安装分析。

深水立管设计过程见图 7 - 25。

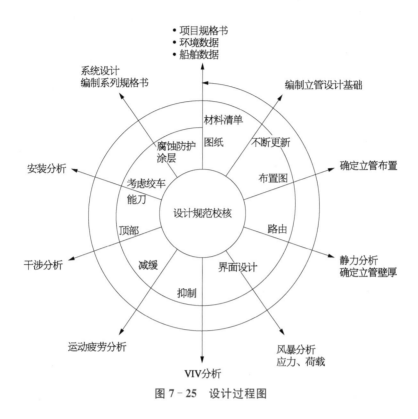

图 7 - 25　设计过程图

7.3　深水海底管道和立管铺设

1）深水海底管道和立管铺设方法

目前深水海底管道和立管主要有 S 形、J 形和卷管 3 种铺设方法，3 种铺设方法各有特点。

（1）S 形铺管法

图 7 - 26 所示是典型的 S 形铺管法示意图，利用 S 形铺管船进行海底管道 S 形铺设。在 S 形铺管船尾部设有托管架，海底管道在 S 形铺管船上接长后，通过张紧器沿着托管架释放到水中，海底管道在水中呈 S 形。

由于上弓段的张力远远大于悬垂段，因此上弓段的应变是 S 形铺管控制的关键，它取决于托管架形状和控制悬垂段应变所需的张力。深水铺管时,上弓段的应变通常大于弹性应变,产生一定的塑性应变,因此现行规范要求将累计塑性应变控制在 0.3%以下。

深水 S 形铺管的关键是控制上弓段和悬垂段的应变在合理的范围内,确保管线不因过度的塑性变形而损伤,影响管道的使用寿命。

随着水深增加,张紧器张力增大,操作中风险变大;托管架增长,托管架长度变大后,铺管船稳定性变差,S 形铺管受水深限制。

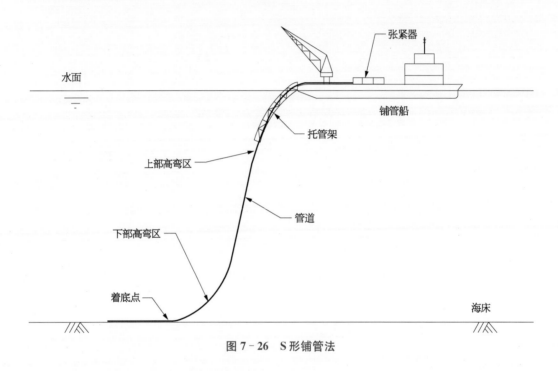

图 7 - 26 S 形铺管法

（2）J 形铺管法

图 7 - 27 所示是典型的 J 形铺管法示意图,利用 J 形铺管船进行海底管道 J 形铺设。J 形铺管法是为解决 S 形铺管法上弓段大应变问题而发展起来的一种深水铺管法。J 形铺管法不需要托管架,而是利用 J 形塔架将管道近似垂直地下放到水中,可以根据管道铺设需要调整 J 形塔架倾斜角度。由于管道近似垂直下放,对张紧器张拉力要求非常小。由于受到 J 形塔架高度的限制,J 形塔架铺管时,管道在甲板上接长至 J 形塔架可以容纳的长度,然后吊至 J 形塔架完成与已铺设管段的连接,因此 J 形铺管法的铺管速度较慢。

（3）卷管法

图 7 - 28 所示是典型的卷管法示意图,利用卷筒铺管船进行海底管道卷管铺设。在陆上基地进行管道接长并缠绕到卷筒上,在海上铺设时将管道从卷筒上解绕并拉直

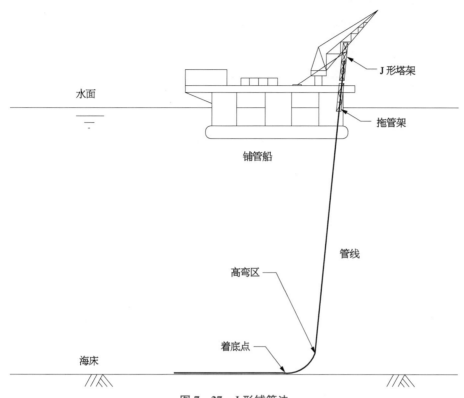

图 7‐27 J 形铺管法

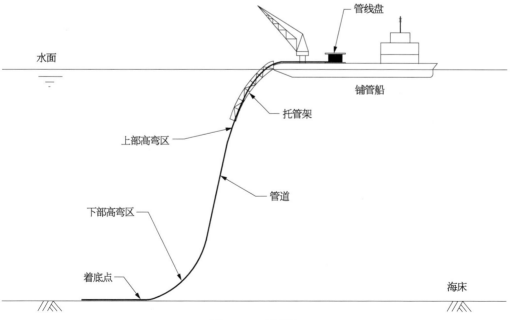

图 7‐28 卷管法

后连续铺到海底。根据卷筒在铺管船上的放置方式,卷筒铺管法可分为垂直卷管铺设和水平水管铺设。垂直卷管铺设的卷筒立式放置,水平卷管铺设的卷筒卧式放置。由于没有管道接长作业,铺管船不需要锚泊,因此卷管法的铺管速度快。同时,由于在陆上基地进行管道接长也大大提高了焊接质量。但是,由于管道的缠绕引起塑性变形,卷管法对管道的损伤较大,因此必须经过计算来确保管道的塑性应变和椭圆变形满足规范要求。卷管法管道长度和直径受到卷筒尺寸的限制,管道直径必须满足弯曲应变和椭圆变形要求。

表7-5对S形、J形和卷管铺设方式进行了比较。刚性管道可以利用S形、J形和卷筒铺管船进行铺设安装。如果水深过大,S形铺管船受限于张紧器张力和托管架长度,管子铺设应力较大,利用J形铺管船铺设更合适。柔性管道通常利用卷管铺设。

表7-5 铺设方式比较

铺设方式	适用管道类型	主 要 优 点	主 要 缺 点
S形铺设	刚性管	焊接站多,铺管速度较J形铺设快	要求托管架张紧器要求高;产生残余管应变;不能安装FLET和ILT
J形铺设	刚性管	不需要托管架;对张紧器能力要求低;可以安装FLET和ILT;基本没有残余管应变	焊接站少,铺管速度慢
卷管铺设	刚性管和柔性管	铺设速度快;因在陆上进行焊接,焊接质量高	需要岸上基地支持;管子产生塑性弯曲;对管径和壁厚有限制

2) 深水铺管船

目前,国外的许多公司如TechnipFMC、Saipem、Heerma等都拥有3000 m水深海底管道和立管铺设安装能力的深水铺管船,表7-6所示是目前世界上主要的深水铺管船。海底管道铺设最大水深记录不断被刷新,2014年TechnipFMC的DeepBlue J形深水铺管船在墨西哥湾Stones油气田2984 m水深铺设的海底管道是目前海底管道铺设最深记录,图7-29所示是Deep Blue深水铺管船。

表7-6 国外主要深水铺管船

船 名	Solitaire	Castorone	Dcv Aegir	Saipem 7000	DeepBlue
主尺度（长×宽×高）	300 m×40 m×24 m	329.8 m×39 m×23.8 m	210 m×46.3 m×15.8 m	198 m×87 m×43.5 m	206.5 m×32.0 m×17.8 m

（续表）

船　名	Solitaire	Castorone	Dcv Aegir	Saipem 7000	DeepBlue
铺设形式	S 形	S 形＋卷管	J 形＋卷管	J 形	J 形＋卷管
起重能力/t	300	48 000	7 000	14 000	400
张紧器能力/t	1 050	750	2 000	525	770
铺设管径范围/cm(in)	5.08～152.4 (2～60)	20.32～152.4 (8～60)	15.24～81.28 (6～32)	10.16～81.28 (4～32)	5.08～71.12 (2～28)
作业水深/m	15～3 000	11.5～3 000	90～3 500	33～3 000	75～3 000
定位方式	DP3 定位	DP3＋锚泊定位	DP3 定位	DP3＋锚泊定位	DP3 定位

图 7-29　Deep Blue 铺管船

　　目前国内具备深水海底管道铺设船舶有"海洋石油 201"和"海洋石油 286"。"海洋石油 201"是起重铺管船，能够对刚性管道进行 S 形铺设。"海洋石油 286"是深水多功能船，能够对柔性管进行卷管铺设。

　　"海洋石油 201"起重铺管船是世界上第一艘同时具备 3 000 米级深水铺管能力、4 000 吨级重型起重能力和 DP3 级动力定位能力的船型深水铺管起重船，能在除北极外的全球无限航区作业。"海洋石油 201"起重铺管船外形见图 7-30，性能见表 7-7。

　　"海洋石油 286"是我国首艘集吊装、铺管等作业能力于一体的多功能水下工程船，总体技术水平和作业能力在国际同类工程船舶中处于领先地位。"海洋石油 286"深水多功能船外形见图 7-31。"海洋石油 286"能够进行深水大型结构物的吊装和海底安装、海底深水柔性管敷设、ROV 和饱和潜水作业支持、深水锚处理和锚泊作业以及海洋工程的综合检验、维护和修理。"海洋石油 286"配备了垂直卷管铺设系统,可以实现 3 000 m 水深柔性管垂直敷设。

图 7-30 "海洋石油 201"起重铺管船

表 7-7 "海洋石油 201"起重铺管船性能

船　　名	"海洋石油 201"
主尺度 (长×宽×高)	204.65 m×39.2 m×14 m
铺设形式	S 形
起重能力/t	4 000
张紧器能力/t	400
作业管径/cm(in)	15.24~152.4(6~60)
作业水深/m	15~3 000
定位方式	DP3 定位
铺管速度/(km·d^{-1})	5

图 7-31 "海洋石油 286"深水功能船

7.4 深水海底管道和立管检测和监测技术

受目前认知的限制,人们还无法精确地评估复杂运行环境条件下海底管道和立管真实受力状态,海底管道和立管事故时常发生,定期检测是目前保证海底管道和立管安全运行的重要手段,实时监测由于可以提供海底管道和立管实时安全状态而成为人们致力深水海底管道和立管发展的方向。

海底管道和立管检测包括外部检测和内部检测。外部检测是由潜水员或 ROV 通过目视或携带照相设备、专用检测设备对海底管道和立管情况进行检测。专用检测设备包括水下超声波检测、水下漏磁检测、水下涡流检测、水下磁粉检测等无损检测设备。通过外部检测可以得到海底管道和立管外部钢管/防腐层的破坏情况、海底管道冲刷悬跨情况、牺牲阳极损失情况、涡激振动抑制装置海生物附着情况等。内部检测主要是通过在管道内部运行智能清管器对海底管道和立管管体几何形状、管壁腐蚀、裂纹等进行检测,常见的智能清管器有几何变形检测器、漏磁检测器、超声波检测器和涡流检测器等。这些检测技术在深水海底管道和立管工程中已得到广泛应用。

国内外对海底管道和立管监测技术已开展了大量研究,但同海底管道和立管检测技术相比,实际工程应用相对较少。海底管道监测主要集中在对海底管道泄漏的监测,但无论是负压波法、声波法还是光纤监测法,由于监测准确率低、施工困难等原因,导致了实际应用受到限制。国外 2H offshore 等公司曾在西非海域、墨西哥湾对混合立管、SCR、TTR 安装了监测系统,利用应变片、加速度仪等对立管应力、疲劳等进行监测,获得了一些宝贵的数据,为立管安全评估和设计方法验证提供基础。国内曾利用光纤对渤海锦州 25-1 南 WHPC 平台和 WHPE 平台间的混输海底管道进行了监测,目前正在开发的南海陵水 17-2 气田已计划在 SCR 立管系统上安装监测系统对其运行状态进行实时监测。

7.4.1　海底管道超声导波检测

依托国家科技重大专项,中海油研究总院有限责任公司联合大连理工大学和中科院金属研究所,成功研制了国内首套具有自主知识产权的海底管道超声导波检测样机(图 7-32),建立了超声导波技术用于海底管道检测的整套技术及方法。

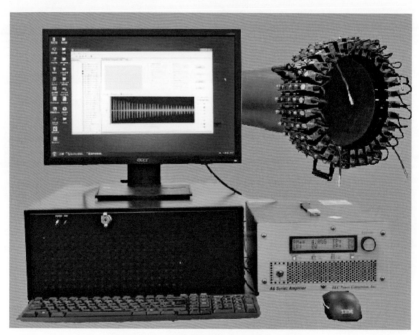

图 7-32　海底管道超声导波检测样机

研制的超声导波检测样机主要包括探头、探头系统、数据采集传输处理系统 3 部分。研制过程中重点解决了探头设计、探头系统设计、数据采集传输处理系统集成、探头系统防水、耐压等关键技术。

（1）高灵敏度、小体积探头

该探头为国内首例小尺寸、高灵敏度导波检测专用探头,在充分消化吸收国内外关于超声导波检测技术的基础上,科研团队通过大量实验突破了核心元器件设计、总体结构设计等关键技术,最终成功研制出了可用于海底管道超声导波检测的专用探头,该探头相比英国 GUL 公司的探头在尺寸上大约小 1/3。

（2）多模式模块、链式柔性结构设计

所研制的探头系统在充分吸收国外探头系统设计经验的基础上,采用探头单元模块利用销轴组成链式柔性结构的创新性设计,该设计与国外探头系统最大的不同为无须针对不同管径管道设计专用卡具,管径适应性更强,可有效降低系统成本。

（3）数据采集传输处理硬件系统

该系统由激励信号产生、采集单元,功率放大单元,多路转换开关单元组成,满足激励探头所需的 8 路信号产生,采集探头输出信号的 8 路输入以及检测过程中所需的高速信号产生、采集、处理功能。其中功率放大单元、多路转换开关单元均为自行设计。功率放大单元用于将激励信号放大至激励探头所需的 300 V 峰值电压,属高频、宽带、大功率放大单元。多路转换开关实现激励与接收间的无延时、多路信号转换。

（4）分析软件系统

分析软件系统利用 c. net 软件开发,采用多文件、数据库管理方式,除具备参数设置,采集数据显示等基本功能外,集成了管道损伤诊断的核心算法,使得样机的使用更方便。

（5）探头系统防水、耐压技术

由于样机系统用于水下管道的检测（检测水深 1 500 m）,而探头系统直接与海底管道接触,因而探头系统的防水、耐压技术尤为重要。在充分消化吸收国外防水、耐压技术的集成上,科研团队在探头系统制作材料选取、信号线缆密封处理等方面均进行了大量试验、测试,并最终成功研制出了适用于水深 1 500 m 检测的探头系统。

表 7-8 是研制的海底管道超声导波检测样机的性能指标,各项指标都达到了预期的技术要求,但与美国 PI 公司、英国 GUL 公司的导波设备相比,在功能性和检测有效性方面仍存在差距,还需要进一步改进。

表 7-8　超声导波检测样机性能指标

信号激励方式	压 电 陶 瓷
检测距离	光管,5%缺陷,±169 m 3 mm PE 管,5%缺陷,±51 m
检测界面精度/%	>3.0
检测轴向精度/cm	<±10

（续表）

信号激励方式	压 电 陶 瓷
检测管径范围/cm(in)	10.16～60.96(4～24)
管道检测方式	外检测
适用水深/m	1 500

7.4.2 水下结构气体泄漏监测系统

依托国家科技重大专项,中海油研究总院有限责任公司联合昆明灵湖科技发展有限公司研发了基于水声技术的水下结构气体泄漏监测系统。该系统由水下气体泄漏探测水听器阵、信号汇集处理装置、光电复合缆、数据处理存储和显控设备、气体泄漏位置和泄漏量评估软件组成。

（1）基于水声探测的水下基阵

科研团队自主研发了一种针对长期在复杂海洋环境下服役的水下基阵设计技术,开展了水下基阵架设计、水下基阵防护与稳固设计等技术研究,攻克了多通道信号光电变换、水下前放电路除噪技术,解决了对 24 阵元水听器基阵的多通道、大数据量信号的转换和处理难题,确保水下基阵能够长期服役于海床上,保证水下基阵服役期间声学性能不变。

（2）基于水声信号特征提取及自动识别的气体泄漏监测

科研团队自主研发了一种水下结构气体泄漏水声信号特征提取及自动识别相互验证和补充的方法,针对水下结构气体泄漏水声信号的特点,解决了油气田水下结构气体泄漏远距离、不停产监测的技术难题。

（3）基于主被动联合方式水声定位的气体泄漏位置判断

科研团队自主研发了一种针对海洋复杂环境情况下的泄漏位置估计方法,掌握了水下基阵阵列布置技术、恒定束宽波束形成技术、被动式水声定位技术、主动图像声呐定位技术,建立了主被动联合方式估计水下结构气体泄漏位置的系统,解决了深水油气田水下结构大范围、高精度气体泄漏位置定位难题。

该系统利用恒定束宽波束形成技术对气体泄漏信号进行提取,采用向量机识别方法和人工神经网络识别方法评估气体泄漏位置和泄漏量,有效监测半径可达 226 m,定位误差不大于 3.4%。该系统可实现对管汇、阀门、海底管道等水下结构物气体泄漏情况进行实时在线监测,识别气体泄漏位置和泄漏量,根据泄漏量自动报警,为水下结构的安全运行提供技术保障,降低海上油气田气体泄漏造成的经济损失和海洋环境污染风险。

图 7-33 和图 7-34 所示分别是水下结构气体泄漏监测系统应用示意图和湖试吊装图。

图 7 - 33　水下结构气体泄漏监测系统应用示意图

图 7 - 34　水下结构气体泄漏监测系统湖试吊装

7.5 展　　望

目前,深水油气田开发已经推进到 3 000 m 水深海域,并将进一步向超过 3 000 m 水深的超深水海域挺进。面对更加恶劣的超深水海域环境条件,无论是海底管道和立管设计方法和制造材料,还是监测检测技术都需要创新以适应超深水海域油气田开发需要。

深水海底管道的立管工程技术发展趋势如下:

① 更加先进的海底管道和立管工程设计方法和设计工具。

② 新型的深水立管型式不断涌现以适应更深油气田开发需要。

③ 高强质轻、耐腐蚀的新型材料在深水和立管中得到不断应用。

④ 更高性能的柔性管被开发并得到应用。

⑤ 深水海底管道和立管监测技术日趋完备。

海洋深水油气田开发工程技术总论

第 8 章　浮式钻井生产储油卸油装置关键技术与装备

浮式钻井生产储油卸油装置是一种新型的在深水油田应用的钻井、生产、储卸油一体的平台。FDPSO 的概念在 20 世纪末期被提出——巴西国家石油公司在项目 PROCAP3000 中最先提出 FDPSO 技术,即在 FPSO 的基础上进行扩展增加钻井功能,可在钻井的同时生产。图 8-1 所示为 FDPSO 概念图。

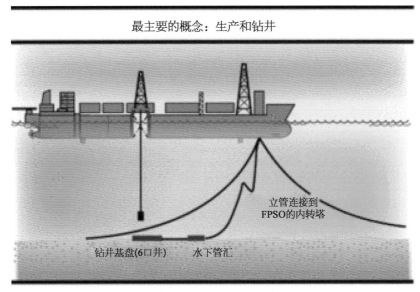

图 8-1　FDPSO 概念图

本章主要介绍了 FDPSO 的发展现状与应用模式、设计基础、总体设计和关键系统设计。

8.1　发展现状与应用模式

8.1.1　发展现状

1) 第一艘投入使用的 FDPSO

2009 年 8 月,世界上第一艘 FDPSO 在非洲 Azurite 油田投入使用(目前世界上正在使用的 FDPSO 仅此一艘),作业方为摩菲石油公司。该 FDPSO 为旧油轮改造而成,其储油能力达到 1.3 mmb/d,处理能力达到 40 000 b/d,见图 8-2。

图 8-2 世界第一艘 FDPSO

（1）油田开发背景

Azurite 油田位于刚果海上 MPS 区块，与 Cabinda 的 14 区块北面相连，水深为 1 100～2 000 m。该项目在 2006 年开展可行性研究，当时油价大幅攀升导致深水钻机短缺。最终项目组采用了 FDPSO 的开发方案（FDPSO＋水下井口＋穿梭油轮）。选择 FDPSO 最主要的一个因素是可以早期投产，逐步滚动式开发。

（2）Azurite 油田开发的采油装备

Azurite 油田开发选择了湿式采油树，主要原因是深水湿式采油树技术更成熟。 FDPSO 通过 3 根柔性高压立管与水下管汇连接，该管汇有 10 个井槽（6 个用于油气生产，4 个用于注水）。3 根柔性立管中的 2 根是生产立管，1 根立管用于注水，10 座增强型立式深水采油树通过柔性跨接管与水下管汇连接。

（3）FDPSO 上配置的钻井装备

Azurite 油田的 FDPSO 采用了一个模块化可搬迁的钻机。该钻机每个模块的重量限制在 100 t 以内，因此可采用 FDPSO 上的甲板吊机（最大吊装能力 110 t）进行拆卸和安装，不必要再额外动用浮吊，大大节约了搬迁、安装费用。

Azurite 油田的 FDPSO 采用了水上防喷器组（图 8-3）＋高压隔水管＋水下隔离阀的井控系统，这种井控系统在深水油田比较少见，常规的深水井控系统一般采用水下防喷器组。由于西非的海况好，隔水管受力情况较好，因此可通过采用水上防喷器降低开发费用。

隔水管张力器为主动气—液型的张紧系统，适合于中等海况条件下工作，并且可适应在生产和卸油期间船体吃水的变化。

图 8-3　水上防喷器

（4）Azurite 油田的 FDPSO 特点

Azurite 油田的井口数量不多，在前期评价井钻完后，不再动用钻井船而采用 FDPSO 和水下采油树的开发模式。由于采用了滚动开发模式，一边投产一边钻井，而且 FDPSO 为旧船改造，因此大大提前了投产时间。

2）MPF-1000 FDPSO

世界第一座新建的 FDPSO 为 MPF-1000，船体在中国大连建造，主船体长 297 m、宽 50 m、高 27 m，设计最大工作水深为 3 000 m，最大钻井深度为 10 000 m，设计存储能力为 1 000 000 桶原油。该 FDPSO 船体中间有两个月池：一个是钻井月池，一个是生产月池。MPF 1000 采用动力定位（DP3 等级），可在恶劣海况下作业。

MPF-1000 的设计理念为：一个多功能的可在深水恶劣环境条件作业的油气开发装置，采用动力定位，具有钻井、生产储油及卸载油的功能。MPF-1000 结合了 FPSO 和钻井船的功能，并且可以单独设置为钻井船来使用，或者单独设置为 FPSO 使用。

MPF-1000 的特点如下：

① 具有钻井功能和采油、储卸油功能。

② 采用动力定位（DP3 等级）。

③ MPF-1000 采用湿式采油树、混合立管（站立式立管）。

④ 有两个月池，分别为钻井月池和采油月池。

⑤ 船体有 8 个推进器，船首和船尾各 4 个推进器。

⑥ 钻机的升沉补偿采用天车补偿装置。

⑦ 钻机固定,不可搬迁。

MPF-1000 的外形结构见图 8-4。由于各种原因,MPF-1000 最终未能找到目标油田,因此在建造后期船厂将 MPF-1000 定位为一个钻井船,附加测试和早期试生产功能,并更名为 Dalian Developer。

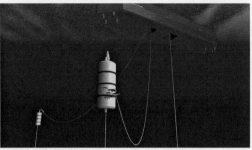

图 8-4　MPF-1000 的效果图

8.1.2　FDPSO 相关船型/结构

1) Sevan 船型

Sevan 是一种新船型,为新型圆柱主体浮式结构,这种船型既可以建成 FPSO,也可以建成钻井平台,如图 8-5 所示。Sevan 船型有比较大的甲板空间和可变载荷,而且可以在较恶劣的海洋环境条件下作业,因此 Sevan Marine 公司认为该船型也适合用来做 FDPSO。Sevan 的船型已经成功用于建造多座 FPSO 和钻井平台,但目前还没有用于建造 FDPSO。

(a)　　　　　　　　　　　　　　(b)

图 8-5　Sevan 船型

(a) FPSO;(b) 钻井平台 Sevan Driller

Sevan Driller 钻井平台的功能比较接近 FDPSO。Sevan Driller 的功能定位是钻井、试油、储油(无油气处理模块,预留原油外输设备空间)。

Sevan 平台为圆筒型,抵御环境载荷的能力高于船型,且对于风浪流的方向不敏感,Sevan 船型具有较大的甲板可变载荷和装载能力,横摇和纵摇优于半潜式平台,垂荡运动幅度大于普通半潜式平台,而且 Sevan 船型的水线面积远大于普通半潜式平台,储卸油对平台的吃水影响不是很大。综合以上特点,Sevan 船建造 FDPSO 的确具有较高的可行性。

2) 隐藏式立管浮箱

美国 Novellent LLC 公司结合传统 FPSO 和 TLP 的优点,提出将带有钻井功能的隐藏式立管浮箱(sheltered riser vessel,SRV)技术应用于 FPSO,以适应西非 2 500 m 深海域的特殊环境。其中,SRV 设计理念的功能类似于 TLP,利用紧绷状态下的立管产生的拉力和上部浮箱的剩余浮力获取平衡,如图 8-6 所示。

图 8-6　SRV 箱示意图

3) 张力甲板

SBM 公司提出了 FDPSO - TLD 的概念,将 FPSO 和干式完井装置(dry completion unit,DCU)结合,可以实现干式采集。TLD 是在 FPSO 中建造一个月池,月池中放置一个钻井甲板,甲板下面受张力腿的拉力,甲板上面通过钢丝绳和滑轮连接到配重上,钻井甲板类似小 TLP 平台。钻井系统的主要设备布置在 TLD 上,BOP 和采油树也在 TLD 上。FDPSO - TLD 结构如图 8 - 7 所示。

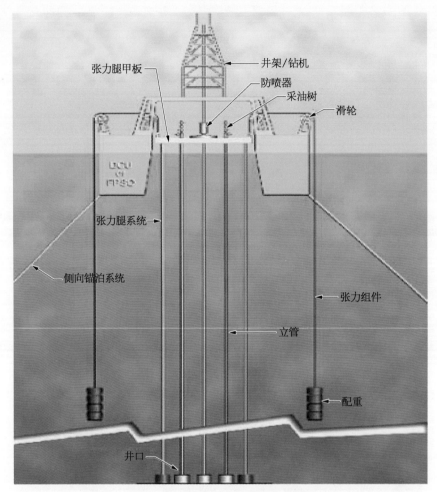

图 8 - 7　FDPSO - TLD 结构示意图

4）八角形和半潜型 FDPSO

由中海油研究总院有限责任公司牵头的重大专项项目自主开发了八角形 FDPSO（图 8 - 8）和半潜式 FDPSO（图 8 - 9），这两种类型的 FDPSO 与以上概念皆不相同。

8.1.3　应用模式

FDPSO 的应用模式目前还在探索中。FDPSO 可以偏重生产功能，例如西非 Azurite 油田的 FDPSO 最终将作为一个 FPSO 使用（钻机井完成后）；也可以偏重钻井功能，例如 MPF - 1000，且由于 MPF - 1000 未能找到目标油田而被定位为一个钻井船

图 8-8　八角形 FDPSO

（附加测试和早期试生产功能）在钻井市场上寻求作业合同。

总体来说，FDPSO 的应用模式大致可分为以下几种。

1）早期试生产系统

早期试生产系统以钻井功能为主，附加采油功能和不太强大的储油功能，FDPSO 不在一个位置长期生产。在深水油田开发的早期，宜采用钻井为主的早期试生产系统，因为钻井发现油气后，可迅速利用 FDPSO 进行早期试生产，不需要复杂的海上设备安装，可在早期获得资金回报，为将来进一步开发获得信息，可以灵活调整开发策略。

对于新开发的油田，采用大规模的三维精确勘探，采用 FDPSO 进行钻井，发现油气后进行试采，可减少钻井的费用（减少探井的数量），同时降低油田开发风险（不需要大规模的海上建设和安装）。

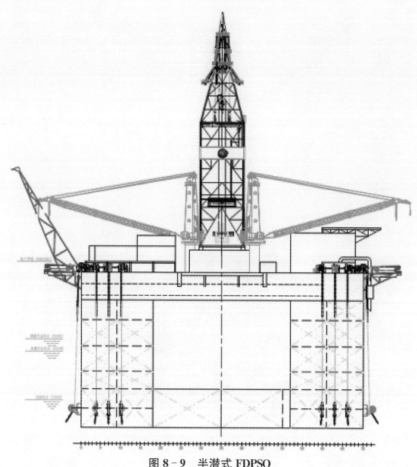

图 8-9 半潜式 FDPSO

2）油田分阶段开发模式

油田分阶段开发模式是指在一个大油田的多个区块或者多个邻近的油田滚动开发，通过钻井平台在第一个油田/区块完成勘探和评价，发现油气后利用 FDPSO 钻开发井，并且利用 FDPSO 进行生产。通过钻井平台在第二个油田/区块完成勘探和评价，发现油气后还用这个 FDPSO 钻开发井及采油，第一个油田/区块的油气可通过海底管道回接到 FDPSO 上，以此类推，可完成多个邻近油田的滚动开发。

可采用油田分阶段开发模式的情况有以下几种：一是油藏条件尚不完全明确，但是现有发现已可以支撑油田开采；二是深水边际油田；三是油田具有多个钻井中心，将 FDPSO 布置在油田的主力油藏中心，其他井口中心回接到 FDPSO。

3）Azurite 油田模式

Azurite 油田为目前唯一成功采用 FDPSO 进行开发的油田，因此单独将该油田的 FDPSO 应用模式分成一类。

Azurite 油田采用 FDPSO 的主要背景是：深水钻井装备非常短缺，油田开发方想尽快投产收回成本,而且邻近没有合适的 FPSO 和其他依托油田、依托工程。此外,西非海域环境条件良好,适合多点系泊的 FDPSO。

Azurite 油田 FDPSO 的主要特点如下：采用旧船改造,可降低初期投资并缩短建造周期,使油田能够尽快投产；租赁可搬迁模块钻机,进一步降低初期的一次性投资；采用多点锚泊定位,长期固定(不需要解脱)；钻井完成后将模块钻机搬迁走,成为一个 FDPSO。

4) 可转换模式

早期试生产系统的 FDPSO 以钻井功能为主,但是如果油田有了较大的发现以后,也可以将 FDPSO 转换为以生产功能为主。因此可以在设计的时候就考虑到模式转换的问题,将钻井系统和采油系统均采用模块化布置,便于移动和组装,支持系统亦可具有一定互换性,方便将钻井系统转化为生产系统。先将 FDPSO 定位为早期试生产系统,一旦油田有较大发现,可以迅速转化为长期生产系统。

8.2　设　计　基　础

8.2.1　功能要求

FDPSO 是一种集钻完井、生产、储油与外输功能于一体的可移动浮式装置,可用于深水油气田的开发。FDPSO 主要用于深水油气田的早期开发生产、延长测试,或作为解决油田出现突发事件的紧急救援系统。一般情况下,FDPSO 应用于深水油气田处于开发初期、油田离岸距离远、无依托设施、海洋环境条件比较恶劣的油田开发中。

FDPSO 的功能设计要求是 FDPSO 船型与主尺度选择的衡量标准。因此在进行船型和主尺度方案选择研究之前需要明确 FDPSO 的主要功能设计要求。

在 FDPSO 设计中必须明确需要实现的功能,不同功能的实现会对 FDPSO 的结构形式选择、船型设计、总尺度设计等带来很大的变化。一般情况下,FDPSO 除了钻井功能之外,还具有以下这些功能：原油生产处理、储油、卸油、重型起重、生活支持、作业支持(水上、水下)等。除了具有钻井、生产、储卸油和支持功能以外,FDPSO 的设计还需要满足在最大设计波浪时能稳定支持有效载荷,把波浪响应降至最小。

8.2.2 环境因素

FDPSO 的环境载荷主要来自风、浪和流。在复杂多变的海洋自然环境中,FDPSO 会受到风、海浪及海流形成的载荷作用,在发生地震的情况下,它们还将受到地震载荷的作用。设计海况是根据这些方面的海上常年统计资料及经验所决定的。

环境载荷对海洋工程结构物的作用以及结构物与环境之间的相互作用具有明显的动力性质、随机性质和非线性性质。为了确保 FDPSO 在恶劣海洋环境条件下的安全和保证能达到业主提出的作业性能,设计者必须解决环境条件、环境资料和环境载荷这几项工作。

1) 环境条件

FDPSO 是在开敞海面长期工作,固定于一定的地方,它对于海上的恶劣天气如风暴等,不能像船舶那样预先躲避,海况、气象等环境条件对结构的安全,以及开工作业率影响很大。因此,它的设计必须考虑到海上可能发生的最恶劣情况,设计时如果考虑不周密将会造成严重的灾害性事故。

确定 FDPSO 设计所依据的海况及气象条件是 FDPSO 设计中的重要前提,设计中应该考虑的环境条件内容很广,包括海底地形、水深、波浪、风、海流、潮以及地震等,视具体设计的型式而异。主要的环境载荷来自其工作地点的波浪,它是由有义波高、谱型和相关联的波浪周期为控制因素的。这些数据以波浪散布图的形式给出,这个散布图应包括能估计百年一遇重现期的数据。波浪的特征值,如波高、波周期等的统计分布等,与波谱有直接关系,因此,如何确定波谱是一个很重要的问题。

波浪的产生主要是由于风的作用引起的,但是直接根据风从理论上估算波谱是很困难的,这是由于风生波物理机理很复杂的缘故。因此,到目前为止,实用的海上波谱资料,还是根据大量实测统计资料,在半经验、半理论的基础上分析得到的。

作用在 FDPSO 上的环境载荷的设计工况一般包括拖航、作业和自存 3 种工况。拖航工况一般指从一个地点转移到另一个地点的过程中所处的状况。作业工况是 FDPSO 在井位上进行生产作业,其环境和作业的总载荷不超出为进行这种作业而确定的设计限度。作业状态考虑与结构或装置在一年中的作业率,或作业时间,以及疲劳强度有关的问题,把根据这些因素确定有关的发生概率的波浪作为设计依据。自存工况是 FDPSO 在可能受到最大的设计环境载荷时,作业中止的状态。FDPSO 在自存工况下必须是安全的。生存状态考虑结构在最恶劣的外力条件下的情况,主要是保证在极限负荷下的安全。因此,要按长期波浪统计资料,取 50 或 100 年一遇的最恶劣海况中的极大波,作为设计条件。

2) 环境资料

FDPSO 在复杂的海洋环境条件下工作。因此,它的设计计算牵涉到相当复杂的问题,加上海洋工程发展的时间相对较短,不像船舶设计有丰富的实践经验资料可以作为经验依据。因此,对于结构在各种海洋环境条件,主要是波浪,以及风海流等作用下的载荷以及动力响应等,必须从理论上及实验上进行细致深入的分析,从而为结构的设计求得可靠的依据。

浮式生产储油船长期系泊在定点海域,对海洋环境具有强烈的依赖性。因此,设计中海洋环境资料的使用与分析至关重要。海洋环境因素的短期特性,直接关系到维持FDPSO 的正常作业;海洋环境因素的长期特性直接关系到 FDPSO 的生存可靠性与使用寿命。而相邻海域的海洋环境的特性,又关系到 FDPSO 拖航的安全可靠性。满足FDPSO 设计和营运的需要,海洋环境资料分析有以下结论。

① 海洋环境因素有广泛的内涵,从工程应用的意义上重点关注的主要是风、浪、流三个要素。海浪中的主要成分是风生浪,所以海浪和海流的参数是设计中重要的输入数据,以保证结构物各种性能响应的预报计算的需要。

② 从能量的角度分析,风和流的参数以定常部分承载了大部分能量,是为设计所关注的。波浪运动则是随机的,值得关注的不仅是性能参数的统计平均值,而且包括概率密度函数和能量谱密度函数及其它们在海面上各个方向上的分布函数,因此海洋工程设计需要的海洋环境资料是全方位的瞬时纪录子样的集合,以保证海洋环境性能参数在不同范围分布预报的精度。

③ 对于 FPSO 一类海洋浮式结构物,为了保证其正常作业的效率,海洋环境性能参数的短期特性是重要的;为了保证其设计寿命和生存状态的可靠性,海洋环境性能参数的长期特性也同样重要。因此,海洋工程设计需要的海洋环境资料必须具有足够大的容量,以保证极端海况参数预报的可信性。

工程设计中的海洋环境资料通常由海洋观测部门和工程委托方提供,包括历史的观测资料和近期的调查数据。根据海洋环境资料统计分析的需要,往往需对所提供的资料进行必要的筛选处理和补充。

3）环境载荷

对于 FDPSO 而言,环境载荷主要包括风载荷、波浪载荷、流载荷,以及设计装载模式对应这些环境载荷在不同重现期时的具体计算方法和取值大小。

在一些必要的情况下,内波、地震、海床承载能力、温度、污底、冰/雪等对载荷的影响,以及 FDPSO 内部产生的载荷等业主/设计者认为必要的载荷等,也都应考虑。

设计环境条件应根据可靠及足够的实测资料由统计分析确定,自存工况设计环境条件的重现期建议不小于 50 年,一般取 100 年。

（1）风载荷

稳性计算分析中使用的风载荷在 MODU 规则、各国法规及船级社规范中规定的最低值是确定值,一般为:自存状态对应 100 kn、作业及迁移状态对应 70 kn、破损状态对应 50 kn,这些确定值可以根据业主的具体要求经主管当局认可后有所变化。

对于除稳性分析外的其他计算分析,如结构分析、定位能力分析等,则需要根据具体设计状态所对应海域的实测风谱或典型的风谱模型及超越概率来确定风速进而计算出具体风载荷的大小,如果这些数据难以获得,稳性计算中所使用的确定风速也可以用于结构计算分析。

(2) 波浪载荷

对于 FDPSO 一般应采用三维频域绕射理论,通过对作用在物体湿表面上整个水压力的积分计算波浪载荷,计算模型的网格单元尺寸要保证足够的精度。

最好直接使用 FDPSO 实际运营海域中的各种海况的实测海浪谱来估算载荷响应,但这往往难以实现。因此,通常是采用已归纳出来的、具有一定波浪特征参数的各种海浪谱表达式来进行分析。

对于 FDPSO 这样的兼有移动平台和浮式生产装置属性的装置,在进行波浪载荷计算分析时如果资料充分,应根据不同计算分析所需的波浪载荷响应输入,采用长期和短期相结合的计算方法确定响应结果。

(3) 流载荷

设计流速应取为在 FDPSO 作业海区范围内可能出现的最大流速值,包括潮流流速、风暴涌流速和风成流流速。应考虑作业海区流速的垂向分布。在波浪存在时,应对无波浪时的流速垂向分布采用认可的方法进行修正,以使瞬时波面处的流速保持不变。

当流速确定,可按 $F = 0.5C_\mathrm{D}\rho_\mathrm{w}V^2A$ 计算流力,其中:C_D 为曳力系数,ρ_w 为海水密度,V 为设计海流流速,A 为构件在与流速垂直的平面上的投影面积。

8.2.3　标准规范

在 FDPSO 整个生命周期内的各个阶段,包括规划、设计、建造、迁移和作业等,在遵循设计规范时,首先要满足 FDPSO 主管当局的法律法规和入级船级社的规范要求。在我国,FDPSO 的设计过程中需要遵循的法律、法规、主管当局以及沿岸国的要求如下。

(1) 中国政府规则

①《海上移动 FDPSO 安全规则》1992。

②《浮式生产储油装置(FPSO)安全规则》。

③《小型航空器商业运输运营人运行合格审定规则》2005 年。

④《船舶与海上设施法定检验技术规则》(1999)和修改通报。

(2) 国际公约、规则、导则

①《海上移动式钻井 FDPSO 构造和设备规则》。

②《国际船舶吨位丈量公约》。

③《73/78 防污染公约》及其修正案。

④《国际控制船舶有害防污底系统公约(AFS 公约)》。

⑤《国际海上避碰规则》。

⑥《国际安全管理规则(ISM 规则)》。

⑦《国际船舶和港口设施保安规则(ISPS 规则)》。

⑧《动力定位系统船舶导则(MSC/Circ.645)》。

⑨《海上安全拖航导则》。

⑩《国际载重线公约》。

⑪《国际海上人命安全公约及其 1988 年议定书》及修正案。

(3) 中国船级社规范标准

①《海上移动 FDPSO 入级与建造规范》。

②《海上浮式装置入级规范》。

③《材料与焊接规范》。

④《海上油气处理系统规范》。

⑤《钻井装置发证指南》。

⑥《船舶与海上设施起重设备规范》。

⑦《钢质海船入级规范》。

⑧ 国际船级社协会(IACS)。

⑨《新造船与维修质量标准》第 47A 部分。

⑩ 国际船级社协会统一要求(IACS UR)。

8.2.4　主要设计参数

(1) 作业水深

作业水深是 FDPSO 设计基本参数,应满足油田开发需求。

(2) 钻机设计参数

钻机设计参数体现 FDPSO 上配置的钻机的能力。主要包括:

① 最大钩载。

② 名义钻井深度。

③ 井架类型(单井架、一个半井架、双井架)。

④ 钻井绞车功率。

⑤ 钻柱补偿补偿参数——最大补偿载荷、补偿类型(天车补偿、游车补偿、绞车补偿、主动补偿、被动补偿)。

⑥ 泥浆泵功率、台数、最大压力。

⑦ 顶驱扭矩和功率。

⑧ 转盘开口直径。

⑨ 隔水管张力器参数——最大张力、张力器类型(DAT 型、IN‐Line 型)。

⑩ 隔水管长度和外径。

⑪ 防喷器组配置(压力等级、闸板防喷器数量、万能防喷器数量)。

⑫ 管子堆场面积。

⑬ 泥浆池容积。

(3) 工艺系统设计参数

工艺系统设计参数体现 FDPSO 的生产处理能力。主要参数包括:

① 油日处理量、年处理量。

② 生产期间(台风)是否解脱。

③ 穿梭油轮的卸油能力 DWT。

④ 原油密度。

⑤ 原油进货油舱温度。

⑥ 货油舱维持温度。

(4) 储油能力

根据 FDPSO 功能、油田产量、原油比重、穿梭油轮能力等配置 FDPSO 的储油舱室容量。

(5) 定位方式

FDPSO 根据不同的环境条件和作业要求,其定位方式是不同。海上浮式装置的定位方式一般分为多点系泊、单点系泊、推进器辅助式单点系泊和全动力定位式系泊等几种模式。通常 FDPSO 需要考虑同时开展钻井作业和采油作业,因此一般 FDPSO 采用多点系泊方式。

(6) 船型和主尺度

FDPSO 的船型包括半潜型、圆筒型、八角型、船型。根据使用环境条件、功能需求等进行设计。

主尺度由船型、储油量、甲板面积、海洋环境条件、舱内的装载容积、甲板的装载量等因素决定。

(7) 定员

FDPSO 定员要考虑钻完井作业、修井作业和生产作业的最大作业人数。

(8) 环境条件参数

① FDPSO 生存工况:

波浪——有效波高;

风——1 min 风速 V_w;

流——10 m 深流速 V_c。

② FDPSO 钻井作业工况(动力定位):

波浪——有效波高;

风——1 min 风速 V_w;

流——10 m 深流速 V_c。

（9）设计寿命

可参考 FPSO 和钻井平台的设计寿命，一般设计寿命选择 25 年。

8.3　总　体　设　计

FDPSO 的总体设计包括船型选择、总体布置、重量重心控制、外输系统设计、总体性能设计。

8.3.1　船型选择

FDPSO 的总体设计首先要进行船型选择。

目前，国际海工市场的主流船型主要包括 5 种：船形、TLP、SPAR、半潜式、圆筒形（或类筒形）。

根据调研，目前国际上第一座 FDPSO 采用了多点系泊的船形方案，用于西非海域。因此 FDPSO 可选择船形方案，但是船形方案并不适合全球所有海域。西非海域环境条件很好，风、浪、流远小于中国南海等海域，所以使用多点系泊的船形方案完全可满足使用要求。我国南海不仅风、浪、流远大于西非海域，而且是台风多发海域。根据国家科技重大专项课题的研究，在台风来临时，外型尺寸较大的船形 FDPSO 不能满足定位要求，不适应于我国南海海域较恶劣的海况。此外，TLP 船型不具有储油能力，不可用于 FDPSO 方案。因此对于中国南海海域，主要分析比选了 SPAR 方案、半潜式和圆筒形（或类筒形）方案。研究得出如下结论：虽然多种船型均可用于建造 FDPSO，但是 SPAR 平台由于造价高、储油量小、环境适应性较差、无法再利用等缺点，因此并不适合在中国南海应用。对于半潜式船型，挪威 AKER 公司推出的 DPS - 2000 深吃水半潜 FDPSO 概念用于墨西哥湾，中海油研究总院有限责任公司也开展了半潜式的 FDPSO 设计用于中国南海。对于圆筒形船型，Sevan 公司推出了圆筒形的 FPSO 和钻井平台，其中该公司建造的圆筒形钻井平台 Sevan Driller 具有一定储油功能，已类似于 FDPSO，具有较好的环境适应性。对于类筒形船型，中海油研究总院开展了八角形 FDPSO 的设计用于中国南海。因此，在中国南海建造 FDPSO 可选择圆筒形（或类筒形）和半潜式。

8.3.2　总体布置

总体布置主要考虑 FDPSO 的舱室划分、钻井模块布置、生产工艺模块布置，同时需要考虑防火防爆的要求。

1）舱室划分

半潜式 FDPSO 的舱室划分可参考半潜式钻井平台和半潜式生产平台等较为成熟的划分方法。

圆筒形和类筒形 FDPSO 外形特殊，与常见的船形、半潜式等浮式装置有较大差异，其外形类似圆筒，以圆心所在处为中心，沿径向向外布置舱室总体上可分为 3 层，中间层为货油舱层，最外层为压载舱层，最内层为空舱或压载舱层用以保护钻井和生产隔水管与浮体有可能的摩擦和碰撞。

双层底的设置应满足 MARPOL 公约的相关要求，对于燃油舱和以矿物油为基油的基油舱，建议采用双层底保护。

FDPSO 上的液舱包括装载泥浆、钻井液、燃油、滑油、淡水和压载水舱等。液舱的设置应该考虑到主发电机布置以及管系布置的影响，还应注意其对完整稳性、破损稳性，以及油污泄漏概率的影响，货油舱的尺寸应满足 MARPOL 公约中的要求。FDPSO 的破损稳性应满足 MARPOL 公约的相关要求，应注意 MARPOL 公约中对意外泄油性能的规定不适用于多角形和圆筒形 FDPSO，应对意外泄油性能的计算方法给予特别关注并获得主管机关的认可。在使用 MARPOL 公约对破损稳性和意外泄油性能计算分析时，不应考虑底部破损工况。

压载舱的设置应考虑完整稳性、破舱稳性、压载拖航时最小吃水以及防污染等因素。在划分油、水舱时，应同时考虑管系包括空气管的布置和走向。

2）钻井模块布置

钻机系统布局必须综合考虑生产工艺系统、支持系统和后勤服务等系统，因为后两者与钻井系统关系密切：一方面，FDPSO 支持系统和后勤服务系统对钻井系统提供各种支持和服务；另一方面，这些系统相互配合共同组成完整整体。

按 FDPSO 物理结构特点和材料输送层次特性，可将 FDPSO 按空间作业需要及输送方式的不同分成钻台区、上甲板区和下甲板区（自上向下）。钻台区接收钻杆、套管、隔水管等管具类材料，实施管具的起下、旋转等钻井作业；上甲板区既可堆放管具，又可完成主要大型工具的月池下放作业；下甲板区布置泥浆处理系统、动力支持系统和后勤服务系统，这类设施的处理对象可经管线/管汇输送至钻井中心，运输距离对作业成本影响不大。泥浆固控系统需对钻屑等固相进行处理回收且可能含有可燃气体，因此宜布置在上甲板的开敞区域。

钻井系统设备及部件的布置应使电缆、电缆槽、进排气管、控制和关断系统以及安全系统在钻井作业期间得到保护免受损坏。

甲板和工作区域应布置有污油水及钻井液有效的排泄设施。来自钻台、底座和测试区的危险排放物应予以收集及导入专用的污油水柜系统，并与非危险区的排放相隔离。

司钻应有清晰的视野,能直接或借助可靠的辅助可视设备看清钻台上及井架内的一切作业活动。

钻台应至少设有两条无障碍的直接通向安全区的通道。井架应设有应急脱险设施。

3）生产工艺模块布置

（1）布置原则

① 设备的布置应使流程系统顺畅、管路系统简化以及便于人员操作、维修和利于人员安全。

② 海上设施的各模块和重要装备的布置应符合相关标准和规范的相关要求规定。

（2）布置要求

① 设备应设置在具有良好通风的开敞平台上。对于不适宜露天环境的设备或设备的某些部位,可以设在半围蔽或围蔽处所内。如设在围蔽处所内且有潜在的爆炸危险,其围蔽顶部应为轻型结构或设有有效的泄压装置。此外,该处所还应设有换气次数不低于 12 次/h 的动力通风。

② 设备布置时,各设备间应留有合适的通道,并有足够的照明,以便对设备进行操作和监视。需要登高的地方应设有梯子和扶手,超过 3 m 宜设置带有栏杆的小平台。

③ 在作业期间需要正常维修和拆检的设备应留有足够的维修空间,需要抽出的部件如换热器的芯子,应留有足够的抽出空间。

④ 设备人孔中心线距甲板超过 3.6 m 且有可拆卸内件以及虽无可拆卸内件但人孔中心线距甲板面超过 4.3 m 时,应设置操作维修小平台和栏杆以及通往小平台的梯子、扶手。压力容器安全阀的位置距甲板超过 3 m 时应设置操作维修小平台和供上下的直梯。设备的拆检应能在不动火的情况下进行。

⑤ 对于比较高的设备,当甲板间的层高不满足设备高度的要求时,可以考虑将设备穿越甲板,但要注意其高度对吊机的影响。

⑥ 作业期间,在浮体上工作的设备,其布置应使浮体晃动对设备操作的影响减至最小。

⑦ 直接用火加热油气流程的容器即直接受火容器(如原油处理器)应与无火压力容器分开布置,并靠近油气处理模块的边沿和 FDPSO 的舷侧布置。间接加热油气流程的有火压力容器(如热油加热器)应设置在公用模块上。

⑧ 容器的操作面应与维修、消防和逃生通道共用一个空间;容器的非操作面通常靠近支撑结构和墙壁。

⑨ 泵和压缩机应尽可能靠近被抽吸的设备,以减少吸入口的阻力。

⑩ 烃压缩机通常有离心式和往复式两类,在设计时要综合考虑压缩机组、分液罐、冷却器、润滑油和油封等附属设备以及维修机具的布置。

⑪ 有噪声的设备应布置在远离生活楼的一侧。

⑫ 清管球接收要求和发送器的布置要求符合相关标准规范的规定。

⑬ 在进行设备布置设计时应为将来要增加的设备预留出安装空间。

4）防火防爆对 FDPSO 布置的要求

（1）防火防爆的总体原则

① 凡划分为危险区的区域应与含有引燃源的区域尽量远离，如果远离不可行时应用气密的防爆墙和防火墙进行隔离，这种设计的主要目的是防止火灾和爆炸的发生，防止火势升级，并减轻事故后果。

② FDPSO 总体布置及作业定位应尽量考虑利用主风向：使危险区逸出的可燃气体进入含有引爆源的区域的可能性减至最低。

③ 使火炬和燃烧设备燃烧的废气以及冷空放的可燃气体向脱离 FDPSO 的方向散去。

④ 一旦失火或爆炸时，不应使烟气带入生活区、逃生通道、避难所、应急集合站及放弃装置地点。

（2）具体要求

① 生活区应设在非危险区的上方，并应远离井口区、钻井液处理区、试油区。

② 有人值守控制站应设在非危险区，并应尽量设在生活区内或靠近生活区布置。

③ 井口区应远离生活区并宜与钻井液处理区相邻。

④ 钻井液理区不宜靠近生活区布置。

⑤ 试油区应远离生活区。

⑥ 分流管透气口的设置应使可燃气直接排向 FDPSO 外侧并远离居住区。

⑦ 内燃机、锅炉应设在上壳体内，其排烟管的设置应考虑到烟气的排放不影响直升机和人员的健康。

⑧ 应急发电设备和其他重要的安全设备应设在被保护的位置。

⑨ 直升机甲板应置于非危险区上方，并应靠近生活楼。

8.3.3 重量重心控制

静水力稳性和动态响应对于 FDPSO 质量的大小和分布高度敏感。在 FDPSO 的整个生命周期内，应采用适当的重量重心控制和管理程序来监测 FDPSO 的重量重心变化。

特别地，在设计和建造阶段应采用一个可靠的重量估算方法来估算结构的重量和重心。

在设计和建造的不同阶段应编写重量重心报告，同时在不同的阶段对不同的不确定项目赋予不同的不确定系数。由于 FDPSO 具有钻完井功能，甲板可变载荷是非常重要的作业能力的体现和保障，设计的所有阶段对于甲板可变载荷部分的保证都应是非常重要的工作，也是重量重心控制设计的核心之一。

重量的数据库应一直持续更新到完工状态，以便为所有的营运前工作，如 FDPSO

迁移等提供准确信息。

FDPSO 的完工后的重量及其重心分布应由倾斜试验予以确定。

8.3.4　外输系统设计

1) 原油外输模式的选择

FDPSO 原油外输可以通过"立管＋海底管道"的模式,也可以采用通过穿梭油轮外输的模式。FDPSO 的外输模式根据油田的开发方案来确定。

2) 穿梭油轮外输方式

设计者应根据穿梭油轮外输不同方式的优缺点和油田所处的环境选择较为安全和经济的外输方式,穿梭油轮外输的方式有如下 3 种可供选择:

① 串靠式外输。

② 旁靠式外输。

③ 独立的卸载系泊系统外输。

3) 串靠式外输系统

(1) 串靠式外输系统也称艉输系统,与旁靠输送方式相比,串靠输送方式可以在更苛刻的环境中使用。串靠是比较常用的一种外输方式。

(2) 使用具有独立定位能力的油轮可以提高操作限制并对 FDPSO 的系泊系统带来更低的冲击。

4) 旁靠式外输系统

旁靠式外输系统又称舷靠式或并靠式的外输系统。此系统通常用于气候条件较好的区域的船型浮式装置,但不适用于八角形或圆筒形 FDPSO。

(1) 软管输送

① 浮式装置与旁靠船舶如通过船用软管输送原油,则该软管应符合石油公司国际海事论坛《软管标准》的规定。

② 输油软管应受到输油软管架或起重机的保护。

③ 应有措施防止软管与浮式装置边缘发生有害的磨损。

④ 在外输油船端应设有自动断开型接口以防止过强拉力和碰撞造成软管破裂,并应设计成断开时溢油量最少。

(2) 卸油臂输送

① 卸油臂运动的设计范围应满足系泊和防护物的限制,并且应承受预计的吃水范围及油轮与 FDPSO 之间的相对升沉、横摇、纵摇运动。

② 卸油臂的设计、制造和检验应遵循公认的标准,如石油公司国际论坛的《船用卸油臂设计和建造规范》。

③ 应编制由定位信息和预设定的运动限制组成的报警次序程序,并将程序与卸油臂端部的应急解脱系统相连。

（3）护舷装置

① 护舷装置应设计成能吸收预计中最大油轮停靠在 FDPSO 旁边而对其组成的冲击。

② 护舷装置宜首选漂浮型并充满空气或泡沫的橡胶。

③ 护舷装置的布置应使碰撞力沿浮式装置舷侧均匀分布。

④ 为了避免外输油轮靠近或离开浮式装置时造成碰撞，小的辅助性的防护装置宜安装在艏部和艉部来提供额外的保护。

⑤ 护舷吊装装置应设计成满足所用最大尺寸和最大重量类型的护舷。

⑥ 应对护舷区域的局部失稳进行检查并在设计中适当考虑。

5）独立的卸载系泊系统

① 独立的卸载系泊系统是指穿梭油轮将单独系泊在 FDPSO 较远的地方，并且通过一条或多条输送流体的立管和海底管道与 FDPSO 相连接。

② 当把 FDPSO 与穿梭油轮分离开来对安全非常重要时或空间太有限而不允许安全串靠输送时应使用独立的卸载系泊系统。这种专设的外输终端更能适应恶劣海况。

③ 海底管道和单点系泊应分别符合船级社规范的规定，例如中国船级社《海底管道系统规范》和《海上单点系泊装置入级与建造规范》。

6）原油外输的安全和环保

① 为了保证原油外输作业安全和防止污染海洋环境，应对外输作业所遇到的风险进行系统全面的分析，找出应对之策并编制出书面的原油外输作业程序。该程序至少应包括下列内容：

a. 外输作业的气象和海况限制。

b. 储油舱储量、油轮到达时间和海况周期之间的协调。

c. 与外输作业相关系统（如惰气、压载、氮气扫线、消防等系统）应具备的技术条件。

d. 各外输作业人员的岗位分工和职责范围。

e. 自动和应急解脱程序。

② 穿梭油轮作业应参照独立油轮船东协会出版的《对全世界海上位置穿梭油轮作业的风险降低指南》和石油公司国际海事论坛出版的《海上提油安全指南》进行。

③ 应设有围板以收集软管连接处以及输油管汇处的可能的漏油，围板的高度应考虑到 FDPSO 浮体运动的影响。

④ 原油外输作业应尽量在白天进行。

8.3.5 总体性能设计

总体性能设计是针对 FDPSO 在稳性和运动性能这两个总体性能的方面提出一些主要的设计原则以及需要满足的基本要求。

1）环境载荷

环境载荷的取值和计算可参考本书 8.2。

2）稳性要求

半潜型 FDPSO 的稳性要求可参考柱稳式平台的相关标准规范。

对于圆筒形和类圆筒形的 FDPSO，由于外形特殊，现有公约、法规和规范没有专门针对这种类型装置专门的稳性要求，本书结合移动平台和海上浮式设施的相关适用要求给出以下参考。

（1）不考虑风速影响的完整稳性

① 至横倾角 $\theta=30°$，复原力臂曲线下的面积应不小于 0.055 m·rad；至 $\theta=40°$ 或进水角 θ_f（如该角度小于 40°），复原力臂曲线下面积应不小于 0.09 m·rad。此外，在横倾角为 30°～40° 或 30°～θ_f（如果此角度小于 40°），复原力臂曲线下的面积应不小于 0.03 m·rad，其中 θ_f 指船体、上层建筑或甲板室上不能风雨密关闭的开口浸没时的横倾角。

② 复原力臂在横倾角 $\theta \geqslant 30°$ 时的最大值应至少为 0.2 m。

③ 最大复原力臂应尽量在横倾角 $\theta > 30°$ 时出现，如不满足则最大值出现时所对应的倾角不得小于 25°。

（2）考虑风速影响的完整稳性

① 正浮至第 2 交点或进水角处复原力矩曲线下面积中的较小者，至少应比到同一限定角处风倾力矩曲线下面积大 40%。

② 复原力矩曲线从正浮至第 2 交点的所有角度范围内，均应为正值。

（3）初稳性高度

在所有漂浮作业工况涵盖的吃水范围内，经自由液面修正后的初稳性高度应不小于 0.15 m。

（4）工况调整

当持续风速不小于 51.5 m/s 时，浮式装置应具有在合理的时间段内从作业工况转变到自存工况的能力。在所有情况下，应规定极限风速，并在操作手册中注明通过重新调整可变载荷及装备，或通过调整吃水，或两者兼用以改变浮式装置操作模式的须知，以及上述调整所需的大约时间。这些操作程序和时间长短既要考虑作业工况也要考虑迁移工况。

3）水密完整性

水密分隔上的开口数目应在保证使用和功能的前提下尽可能保持最少。如果为了出入口、管路、风管、电缆等的通过需在水密甲板和舱壁上开孔时，则应采取措施保持封闭舱室的水密完整性。所有水密分隔面包括其上的关闭装置应具备足够的强度和密性用以抵抗 FDPSO 在作业和破损状态下可能产生的压力或其他形式的载荷。负责对压载系统和舱底排水系统操作的控制室应布置在最严重破损水线之上。

（1）内部开口

为确保在漂浮作业时需使用的内部开口的水密完整性，设计应满足：

① 在控制室能对经常使用且通常处在开敞状态的开口进行遥控，该控制室应布置在最终破损水线以上的某层甲板；并且也应能在每一侧进行就地操作，控制室应设置开启/关闭指示器。

② 不经常使用且通常处在关闭状态的开口如配备可向控制室工作人员显示门或舱口等的关闭状态的警报装置，应在这些门或舱口盖上张贴"禁止保持开敞"的标牌。

③ 应在为确保 FDPSO 水密完整性而在 FDPSO 工作时处于永久关闭状态的内部开口盖上张贴"保持关闭"的标牌，法兰固定的人孔盖不必张贴此类标牌。

④ 设置在水密分隔界面上的阀门应具有保证水密完整性的功能，且应能在某控制室进行遥控，该控制室应配备阀门位置指示器；这些阀门还可以通过机械装置在某甲板处遥控，但该甲板应处在最终破损水线以上，同时应在控制站为这些阀门配备位置指示器。

（2）外部开口

FDPSO 正常作业时需使用的外部开口为了保证 FDPSO 水密完整性，应满足：

① 空气管出口下缘（不计及其封闭装置）应在最终破损水线之上。

② 装备风雨密关闭装置的通风口、门和舱口盖下缘应在最终破损水线之上。

③ 由紧密螺栓封闭的人孔和不能开启且配备内部铰接舷窗盖的舷窗和窗口及类似外部开口可以被浸没。

4）风雨密完整性

（1）风雨密门和风雨密舱口盖通常应满足：

① 钢制或等效材料制成。

② 设计成至少与所安装位置的风雨密结构具有相同的强度。

③ 门应设计成向外开启以便能更好地抵抗海浪的砰击。

④ 门槛高度和舱口盖围板高度应符合《1966 年国际载重线公约》的具体要求。

（2）通风口和空气管

通风口和空气管高度应符合《1966 年国际载重线公约》的具体要求，并应配有有效且永久连接的风雨密关闭装置。

（3）位置要求

《1966 年国际载重线公约》所涉及的"位置 1"和"位置 2"概念时，推荐筒形 FDPSO 的相关设计按照"位置 1"的要求进行。

5）运动性能

（1）一般要求

为了保证 FDPSO 的作业率，必须使 FDPSO 在设计海况下运动不超过限值。业主及设计者应根据作业水深、环境条件、钻井/生产立管系统，对钻井作业或生产作业的许用平均偏移和许用最大偏移作出规定。

容许的运动极限又称为操作极限,即与各种操作相对应的 FDPSO 最大的运动幅度,超过这一极限,操作将无法进行。因此,容许的运动极限是对 FDPSO 设计者提出的要求,也是对 FDPSO 运动性能计算结果进行审核的依据。容许的运动极限与运动补偿装置以及操作人员的熟练程度有关。在一定的海况下,大型浮体的运动幅度一般比中小型的小。运动极限不仅与海底状况有关,还应该与水深及运动周期有关。水越深,容许的运动幅度越小;周期越小,容许的运动幅度也越小。

对近海结构来说,结构的运动是限制钻探作业的重要因素。根据大量钻井作业实践,当 FDPSO 摇摆角大于 3°至 5°时,钻井困难、钻杆寿命缩短;而超过 5°时一般已不能作业。因此,FDPSO 运动设计值宜为:垂荡不大于 1 m,摇摆(横摇,纵摇)不大于 3°,漂移(纵荡,横档)不大于工作水深的 5%。

(2) 计算方法

对于 FDPSO,一般应采用三维频域势流理论和谱分析方法对装置在各不同设计状态(作业状态、强风暴自存状态、迁移状态)对应的环境条件情况下采用长短期预报方法相结合的方法,准确预报六个自由度的运动结果,用以指导并优化设计。

8.4　关键系统设计

8.4.1　定位系统设计

1) 一般要求

浮式装置的定位型式包括动力定位型式和系泊定位型式,系泊定位是浮式生产装置的主要定位型式,动力定位的相关要求需满足中国船级社《海上移动平台入级规范》的适用内容。

《海上移动平台入级规范》适用于实现浮式装置系泊定位功能的定位系泊系统,包括辐射式定位系泊系统、单点定位系泊系统和推力器辅助定位系泊系统。

2) 定义

本书对 FDPSO 各定位系泊系统的定义如下。

(1) 辐射式定位系泊系统

由多根连接到固定于海床上桩或拖曳锚的悬链式系泊索组成的系统,一般每根悬链式系泊索的另一段都通过浮式装置上的导向孔连接到绞车或掣链器上,悬链线可以为一段或多段,沿线可布置浮筒或配重块。

（2）单点定位系泊系统

指一个系泊和转运装置，它在海底管道和系泊的装置之间提供一种联系，需要时可供输送流体货物用，在一定环境条件下，系泊的装置能绕系泊点转动，常用的单点定位系泊系统有悬链浮筒式、单锚腿式和转塔式三种形式。

（3）悬链浮筒式单点定位系泊系统

由一个大型浮筒和多根锚固在海床上的悬链式系泊索组成，浮式装置通过柔性缆（可多根）或一刚性轭架臂连接到浮筒上。

（4）单锚腿式单点定位系泊系统

一般包括一段筒柱、筒柱连接海床立管和筒柱连接浮式装置钢臂组成，也可用系缆代替钢臂、锚链代替立管；该系统在水面处有相当大的浮力，此浮力通过预张紧的立管或锚链承担。

（5）转塔式单点定位系泊系统

多根悬链线系泊索连接在一个转塔上，转塔带有轴承，使浮式装置可以绕转塔转动，在浮式装置和转塔之间只允许角位移，因此浮式装置具有风标效应，转塔可设在浮式装置内部或前后端。

（6）轭架臂

指连接浮式装置端部和系泊浮筒的刚性结构。

（7）推力器辅助定位系泊系统

指有一个推力器装置辅助主系泊定位功能的系统，可减轻主系泊系统的载荷。

3）定位系泊系统的组成

悬链浮筒式和转塔式定位系泊系统一般由下列部件和设备组成：

① 锚、吸力锚或锚桩。

② 系泊索，包括锚链、钢丝绳、缆。

③ 系泊索附件，包括卸扣、连接环、缆端嵌环、快速释放装置。

④ 导向装置，包括导向弯管、导向滑轮及导向孔。

⑤ 掣链/缆器。

⑥ 锚机/绞车。

⑦ 构成定位系泊系统的其他结构件或机械件。

推力器辅助定位系泊系统还将包括：

① 推力器及其原动机、传动轴和机构、电气设备。

② 推力器的控制、报警和安全系统。

单锚腿式等其他型式定位系泊系统的组成依靠其型式确定。

4）定位系统分析设计工作内容

（1）环境载荷和浮式装置运动分析

定位系统分析首先应开展环境载荷分析和系泊浮式装置运动分析。此外，由圆柱形结构组成的浮式装置,如深吃水立柱式、张力腿式和半潜式,在流的作用下易发生涡激运动,已有的众多工程经验已经证明涡激运动对深吃水立柱式浮式装置影响显著。因此,在系泊定位系统的设计时应开展涡激运动分析。

(2) 系泊分析和设计准则

① 定位系泊系统应设计成在任一系泊索突然失效时,不会导致其他系泊索相继失效。

② 浮式装置的定位系泊系统分析应考虑下述设计工况。

a. 完整自存工况:在规定的自存环境条件下,所有系泊索完整的定位系泊系统的计算工况。

b. 破损自存工况:在规定的自存环境条件下,定位系泊系统中任一根系泊索失效时的计算工况,在完整状态下承担最大载荷的系泊索破损后不一定导致最恶劣的系泊状态。对于带有快速解脱功能的定位系泊系统,可以不计算该工况;但对于不对称布置系泊索的系统,一般需要计算该工况。对于单锚腿单点系泊系统,可以考虑筒柱的一个舱室进水作为替代。对于推力器辅助定位系泊系统,可以考虑一个推力器或机械装置失效作为替代,但具体失效部件的选择应根据每个项目的具体情况单独分析。

c. 瞬态自存工况:在规定的自存环境条件下,任一根系泊索突然失效而导致的瞬态运动。该工况适用于浮式装置邻近有其他结构物存在,该分析应包括系泊浮式装置在达到新平衡位置以前瞬态运动过程中浮式装置移动路径、方位以及系泊索张力。

③ 系泊系统分析方法有以下几种:

a. 准静力分析法。

b. 动力分析法,又可分为频域法和时域法。

④ 应根据分析对象和复杂程度选择分析方法,永久系泊系统的最终设计应采用动力分析法。

⑤ 对于带有大量立管的深水浮式装置,系泊分析时应考虑立管载荷,以及立管系统与浮式装置相互作用的刚度和阻尼。

⑥ 永久定位系泊系统应进行系泊索的疲劳强度分析。

5) 系泊设备的设计要求

① 锚、系泊索及其附件、导向装置及掣链/缆器的材料、设计、制造及试验等均应符合中国船级社《材料与焊接规范》第 1 篇第 10 章的适用要求,或公认的国家或国际标准的有关要求。

② 浮式装置系泊在单点系泊装置上时,应根据单点系泊装置的系泊能力及作业海区的环境条件设计浮式装置与单点系泊装置的连接形式。

③ 对于通过轭架连接的定位系泊,其结构设计应进行直接计算。与单点系泊的管路相连接的设备应能方便地连接和解脱,轭架式系泊装置应具有尽快解脱的可能。

④ 带有系泊索的系泊定位应设置快速解脱装置,应在控制室设显示浮式装置与单

点系泊装置相对位置监控设备。

⑤ 内部转塔式系泊装置与主船体连接部分的结构应设计进行直接计算。

⑥ 浮式装置应根据运输油轮的尺度、吨位及靠泊形式配备供运输油轮系泊使用的绞车、缆桩、导缆孔等设施。在靠泊运输油轮的舷侧应配备吸收能量的护舷装置,护舷装置的设计应符合 OCIMF 规定。

6) 锚机及推力器

① 供定位系泊用的锚机/绞车应符合中国船级社《海上移动平台入级规范》第 4 篇第 5 章的规定。

② 推力器应符合中国船级社《钢质海船入级规范》的有关要求或认可标准的要求。

7) 电气及控制装置

① 控制站的显示、控制及报警装置以及控制模式应符合中国船级社《海上移动平台入级规范》的规定。

② 推力器辅助定位系泊系统中推力器的控制系统应符合中国船级社《海上移动平台入级规范》第 5 篇第 2 章的规定。

8.4.2 结构设计

FDPSO 主要结构的尺寸应基于特定海域所有预期工况下的载荷分布,用描述性方法和直接计算方法共同确定。

FDPSO 的强度分析应至少包括以下设计状态:作业状态、迁移状态和强风暴自存状态。必要时,还应对事故工况予以特殊考虑。

1) 设计载荷

设计载荷适用于对 FDPSO 结构进行屈服、屈曲和疲劳的结构整体有限元直接计算分析。

水动力在和直接计算预报应采用三维频域绕射理论通过对作用在物体湿表面上整个水压力的积分计算波浪载荷,计算模型的网格单元尺寸要保证足够的精度。

最好直接利用 FDPSO 实际运营海域中的各种海情的实测海浪谱来估算其载荷响应,但这样做往往难以实现,因此通常是采用已归纳出来的、具有一定波浪特征参数的各种海浪谱表达式来进行分析。

在具体计算预报过程中,推荐按照表 8-1 要求进行计算。

2) 结构基本设计要求

(1) 构件尺寸设计

① 主要构件的尺寸应按本指南的规定确定。如构件仅承受局部载荷,且不是 FDPSO 主框架的有效组成部分,则其尺寸确定可参考中国船级社《钢质海船入级规范》相关适用部分的要求。

表 8－1　推荐的 FDPSO 载荷分析方法

结构屈服、屈曲计算分析		疲劳计算分析（谱分析方法）
迁　移	在位作业	
波浪环境：北大西洋海况	波浪环境：作业地点海况	
设计寿命：25 年	强风暴环境条件重现期：至少 100 年	如预计 FDPSO 在全生命周期中极少进行迁航，疲劳计算分析过程中可忽略迁移状态的影响
短峰波扩散（推荐）：$\cos^2$（主浪向角$\pm90°$）	短峰波扩散（推荐）：N. A. ①	特定场地作业状态计算使用的作业地点的波浪散布图所基于的观察周期应尽量长，至少大于 1 年
波浪谱（推荐）：PM 谱	波浪谱（推荐）：特定波浪谱②	

注：① 计算作业状态的水动力响应时，不推荐使用短峰波。
　　② 如没有相对更适合的波浪谱，一般可采用 JONSWAP 谱。

② 按规定计算的构件尺寸为规范要求的最小结构尺寸，其强度还应满足总体强度要求。

（2）细部结构设计

① 对于某些构件的结点连接形式，除非特别注明设计成铰接点，否则在结构分析中对其结点的约束程度应加以适当考虑。结点连接的细部设计应确保所连接的构件之间的应力能合理传递，并尽量减少应力集中。

必要时还应考虑以下细部构造。

a. 剪切腹板，在结点处连续，通过腹板中的剪力在构件间传递拉、压载荷。

b. 结点的扩大和过渡，以降低应力水平和/或最大限度减少应力集中。

c. 增厚结点、采用高强度钢或两者并用，且具有良好的可焊性，以减少高应力水平的影响。

d. 肘板或其他辅助的过渡构件，其上的扇形孔及其端部连接应尽量减少高应力集中。

② 为防止板材可能产生的层状撕裂，在关键结点处应尽量避免在板厚方向传递较大拉应力。如无法避免，应采用符合中国船级社《材料与焊接规范》中规定的 Z 向钢材。

3）设计评估

（1）屈服校核

① 应按最不利的应力/应力组合值确定构件的设计应力。

② 平台主要结构在所有载荷组合工况下的屈服强度和屈曲强度应按本节规定进行校核。

（2）屈曲校核

FDPSO 结构的屈曲强度评估可参见中国船级社《海洋工程结构物屈曲强度评估指

南》的相关要求。

（3）疲劳校核

FDPSO 结构的疲劳强度评估可参见中国船级社《海洋工程结构物疲劳强度评估指南》的相关要求。

（4）碰撞分析

① 碰撞分析基于以下假定：

a. 假设 FDPSO 遭受一艘 5 000 t 的供应船撞击。

b. FDPSO 可能遭受供应船侧面、艏部、艉部撞击的所有部位都应考虑碰撞影响，撞击区域的垂直深度取决于供应船的型深和吃水以及撞击瞬间速度。

c. 碰撞一般只会引起局部破坏。

d. 如果碰撞撑杆通常会引起撑杆及连接点（如 K 节点）的完全断裂，可假定这些构件的破坏不会影响其他结构。

② 碰撞载荷主要由供应船的动能决定，动能由船的质量、水动力上附连水的质量、碰撞时瞬时速度决定。由于碰撞情况不同，碰撞后会保留一部分动能，另外动能将转化为平台/船舶的应变能。碰撞通常会引起平台/船舶的塑性变形或者结构破坏。平台/船舶转化的应变能由力—变形关系来估计。平台变形后应能满足的总体完整性和稳性的要求。

8.4.3　钻井系统设计

1）钻井系统功能

钻井系统主要功能：海上钻井作业、海上完井作业、海上修井作业，以及海上特殊设备的安装作业（例如水下管汇、水下采油树等）。

2）钻井系统选型原则和组成

FDPSO 的钻井系统的主要性能参数、安装/拆卸方案和水下设备选择方案等，可根据油田开发方案和 FDPSO 整体功能定位来选取和确定。

FDPSO 的钻井系统应具有深水浮式钻机的所有配置和功能，钻机系统主要包括：井架及附属设备系统、提升系统、旋转系统、管子处理系统、高压泥浆系统、低压泥浆系统、防喷器/采油树运送系统、升沉补偿、泥浆配置及净化系统、散料存储及输送系统、司钻控制系统、钻台及附属设备、井控系统、固井系统、试油设备、测井设备、录井设备、ROV 等。

3）钻井系统的设备布置

钻井系统的设备和与钻井作业相关的工作区域的布置应实现下列目标。

① 人员和作业安全。

② 危险区和非危险区相互隔离。

③ 燃料源和引火源尽可能相互远离。

④ 将油气泄漏至环境的可能性降至最低。

⑤ 减少可燃气体和液体扩散的可能，便于将积聚的可燃气体和液体除去。

⑥ 减小将油气引燃的可能性。

⑦ 减轻火灾和爆炸的后果。

⑧ 防止火灾的扩散和设备损坏。

⑨ 提供足够的逃生通道和设施。

⑩ 便于采取应急响应措施。

⑪ 防止人员、设备（水上设备和水下设备）和设备收到落物打击。

⑫ 防止在钻井作业中关键系统、子系统、设备和/或部件受到损坏。

⑬ 设备的布置应提供足够的检验通道和维修空间。

⑭ 位于危险区内的设备应符合与其所在区域类别相适应的防爆要求，这些要求详见 IMO MODU Code 第 6 章。

⑮ 设备的布置图中应标明所有设备、生活区、机器处所、罐/柜、井架、井口/月池、火炬和放空口、逃生通道、逃生设备、进风口、围蔽处所的开口和所有的防火墙。

4）安全原则

钻井系统的设计应尽量减小对人员、设施和环境的风险，并符合下列原则。

① 单一故障或误操作不应危及人员安全、财产安全和环境。

② 所有的设备应配有适用的仪表，用以显示必要的安全操作、控制和应急操作的信息。

③ 在可能的情况下，通过安全设计提供进一步的保护措施以避免和防止可能的风险。

④ 针对可能危及安全的系统和设备，应设有防止超载、超压、超温和超速的措施或保护装置。

⑤ 系统和设备应能在其设计寿命期间具有其既定的功能。

5）钻井系统选型设计

钻井系统选型设计首先应确定钻机主要参数、钻机的类型，并针对主要设备进行选型设计。

（1）钻机主要参数

钻机主要参数包括作业水深、最大钩载、名义钻井深度。

（2）钻机类型

目前用于深水钻完井的钻机类型有：交流变频钻机、液压钻机、DMPT 钻机。

（3）主要设备类型

① 井架类型。

深水钻机井架有四种类型：单井架、一个半井架、双井架（主辅井架）、双井架（双主井架）。现代作业水深超过 7 500 ft（1 ft＝30.48 cm）的钻井平台上主要采用双井架和一个半井架的配置,作业水深 5 000 ft 以下的钻井平台一般采用单井架。

如果 FDPSO 以钻井功能为主,延长测试和生产功能为辅,则建议采用一个半井架或双井架钻机。如果以生产功能为主,需要长期进行生产作业,则可采用单井架钻机。

② 钻柱升沉补偿装置。

深水钻机必须配备升沉补偿系统以补偿钻柱随钻井平台的运动。根据补偿机构安装位置的不同,钻柱升沉补偿又分为游车型升沉补偿、天车型升沉补偿、绞车型补偿。目前深水钻机用的升沉补偿主要有天车型主动升沉补偿、绞车型补偿(主动补偿绞车)两种方式,它们均具有较好的补偿精度。

③ 隔水管张紧系统。

隔水管张力器有导向钢丝绳型和无导向绳(DAT 液压缸型)两大类。导向钢丝绳型的张力器安装在月池内(钻台下方),占用月池的空间较多。无导向绳悬挂在月池下,利于平台的稳性,占用空间较少,但是这种布置方式需要较大的钻井月池的开口,而且费用较高。

④ 隔水管。

隔水管单根长度范围一般为 50~90 ft。采用较短尺寸隔水管会增加隔水管的数量,降低隔水管起下速度。采用较长尺寸隔水管能够减少隔水管接头数量,提高隔水管起下效率,但同时要增加隔水管处理设备能力,立放时会提高平台重心,对稳性不利。目前较多深水钻机采用 75 ft 长隔水管。

(4) 钻机设备选型设计

FDPSO 上的钻机设备(钻井绞车、顶驱、转盘、泥浆泵、井架、天车、游车、管子处理系统、隔水管、防喷器等)与半潜式钻井平台或钻井船上配置的钻机设备一样,因此 FDPSO 钻机的选型设计可参考半潜式钻井平台/钻井船上的深水钻机主要设备的选型设计。

8.4.4　工艺处理系统设计

一般要求

生产工艺系统的设计主要依赖于特定油田的油藏参数,如果 FDPSO 的整个生命周期只用在一个油田上,工艺系统的设计就比较容易,按照普通 FPSO 的工艺系统设计即可。

如果 FDPSO 像移动式钻井船那样移来移去,一个油田开发完了之后再进入另一个油田作业,则要对原有的工艺系统进行改造或完全拆除重新设计。预先设计一个能适用于所有油田开发生产的生产工艺系统是难以做到的。

生产工艺设备的具体布置可详见中国船级社《海上油气处理系统规范》第 3 章第 2 节的相关规定。

在 FDPSO 的总体布置时要考虑到为将来新装设备留有足够的空间。

（1）原油处理系统

FDPSO 上的原油处理系统的设计应符合中国船级社《海上油气处理系统规范》第 5 章的相关要求。

（2）天然气处理系统

FDPSO 如果用于开发气田,则要满足中国船级社《海上油气处理系统规范》第 5 章的相关规定。

天然气如果要用做燃料,其原料气的处理要求则要符合中国船级社《海上油气处理系统规范》第 6 章第 10 节的要求。

天然气燃料供应系统的安全要求（例如布置、控制、防爆等）应符合中国船级社《海上浮式装置入级规范》第 5 篇第 3 章第 5 节的相关要求。

（3）生产水处理系统

生产水的排放标准根据 MARPOL 公约的规定,要符合 FDPSO 所在海域沿岸国的要求,如果 FDPSO 要在世界范围内作业,在设计时要注意按较严的标准进行设计,如果不知其他国家的要求,则按 0.0015% 排放标准,这样可以在任何水域进行作业。

生产水处理系统的详细要求请见中国船级社《海上油气处理系统规范》第 5 章的相关规定。

（4）工艺安全系统

工艺安全系统是工艺设计首先要考虑的问题,中国船级社《海上油气处理系统规范》对工艺安全做出了比较详细的规定,设计时要遵循该规范的相应规定。

8.4.5　辅助系统设计

钻井系统和油气生产主工艺系统是 FDPSO 上的主系统,FDPSO 上其余生产辅助工艺系统、公用系统等均为辅助系统。主系统应与辅助系统采用一体化设计。

（1）生产辅助工艺系统

主要包括泄压系统、应急减压系统、火炬和冷放空系统、开闭排系统、化学药剂注入系统。

中国船级社 2014 版的《海上油气处理系统规范》对泄压系统、应急减压系统、火炬和冷放空系统、开闭排系统、化学药剂注入系统都做出了详细的规定,FDPSO 上辅助工艺系统的设计应遵循该规范的相关要求。

（2）公用系统

为钻井、油气生产主工艺和辅助工艺服务的系统,主要包括:

① 柴油系统（或燃油系统）。

② 天然气燃料系统。

③ 原油燃料系统。

④ 直升机燃料系统。

⑤ 滑油系统。

⑥ 液压系统。

⑦ 压缩空气系统。

⑧ 锅炉给水、排水与凝水系统。

⑨ 淡水供应系统。

⑩ 海水系统。

⑪ 废气排放系统。

⑫ 舱柜透气系统。

⑬ 舱柜溢流系统。

⑭ 舱柜测量系统。

⑮ 开式排放系统。

⑯ 水消防系统。

⑰ 气体灭火系统。

⑱ 泡沫灭火系统。

⑲ 喷水、喷淋、喷雾系统。

⑳ 惰性气体系统。

㉑ 舱底系统。

㉒ 压载系统。

中国船级社 2014 版的《海上浮式装置入级规范》第 5 篇对公用系统中的设备和管系做出了详尽的规定,FDPSO 上的公用系统的设计应遵循该规范的相关要求。

8.5 展　望

虽然 FDPSO 具有强大的功能,但是目前世界上仅有一艘 FDPSO 建成服役。主要有如下原因:

① 现有的 FDPSO 为船型,采用多点系泊的方式,环境适用性较窄,仅适合环境条件很好的西非海域,对于南海、墨西哥湾、北海等海域均不适合,因此限制了 FDPSO 的推广应用。

② 对于深水大规模的油田开发,FDPSO 和现有成熟的开发模式比较,优势并不突出。

③ 深水油田的作业者更趋向于采用成熟的开发模式,以避免一些未知的风险。

④ FDPSO 更适合油田早期开发(提前投产)或者延长测试,特别对于深水油田滚动开发具有很好的效果,但是目前国际上较少采用这种方式。

⑤ FDPSO 更适合租赁模式,但是由于未形成规模效应,因此卖方缺少动力建造更多的 FDPSO,而用户缺乏可选择的 FDPSO,因此阻碍了这种模式的推广应用。

虽然到目前为止世界上只有一座 FDPSO 投入使用,但是 FDPSO 仍然有其他开发模式不具备的优点,特别是在深水滚动开发,FDPSO 能够做到早期投产见效益,降低油田开发初期投资费用和经济风险,因此在未来仍然有很好的应用前景。

未来 FDPSO 的主要发展方向如下:

① 建造能够适应更恶劣环境的 FDPSO(例如半潜式、八角形等类型),并且发展相应的穿梭油轮与之匹配。

② 将 SRV、TLD 等新技术落实到 FDPSO 的设计建造中,提高深水钻井采油作业的安全性。

③ 发展钻井装备的搬迁模式,以降低钻井作业费用。

④ 发展 FDPSO 的租赁模式,建造适用不同油田参数的 FDPSO。

第9章　深水油气田开发典型事故与应急救援装备和技术

深水油气田开发具有水深、离岸远、自然环境恶劣、人员设施集中、作业地层风险高等特点,一旦发生事故易产生连锁效应,应急救援难度极大,处置不当将会造成人员伤亡、环境污染等重大生产安全事故及外交争端。近年来国内外发生多起海洋深水油气开采作业事故,造成了重大损失。在深海油气开采过程中,井喷等重大事故的预防不可忽略,一旦发生,经济损失、环境污染、社会问题等影响极其深远。

国际上针对深海井控和应急救援,已从监管机构、法律法规体系、标准规范、应急救援技术各方面做了大量的改革和加强,已初步形成了水下应急封井救援体系。

本章列举、分析了一些深水油气田开发中的典型事故案例,介绍了深水油气田开发工程应急救援的装备和技术。

9.1 深水油气田开发典型事故案例

9.1.1 井喷事故案例——"深水地平线"事故

Macondo 井位于墨西哥湾密西西比峡谷 252 区块,作业水深 1 500 m,油气藏深度在海床下超过 4 000 m。由英国石油公司担任钻井作业者,瑞士越洋钻探公司作为钻井承包商负责钻井作业。2010 年 4 月 20 日,越洋钻探公司的"深水地平线"(Deepwater Horizon)钻井平台在作业时发生事故,大量油气从井筒溢出,引起钻井平台的火灾和爆炸,并最终导致钻井平台沉没。整个事故损失惨重,历时 87 天,有 11 人失踪,17 人受伤,大量原油泄漏到海洋中,造成了巨大的环境污染。

图 9-1 所示为"深水地平线"半潜式平台事故现场照片。该平台发生事故的过程、救援及分析如下。

(1) Macondo 的井身结构

Macondo 井的井身结构如图 9-2 所示。

(2) "深水地平线"的防喷器

"深水地平线"平台上配置的水下防喷器组(blowout preventer,BOP)为美国喀麦隆公司(Cameron)的产品。BOP 最顶部的是 2 个万能防喷器,还包含 5 套金属闸板防喷器:全封闭剪切闸板被设计用来在应急情况下通过剪切 BOP 内的钻杆来封井。司钻能在钻台通过手动激活,也可通过遥控潜器(remote operated vehicles,ROV)或者通过自动的应急"自动剪切系统"进行激活。套管剪切闸板被设计来剪切套管,3 套钻杆闸板用来密封钻杆。主要技术参数如下:

图 9‑1 "深水地平线"半潜式平台事故

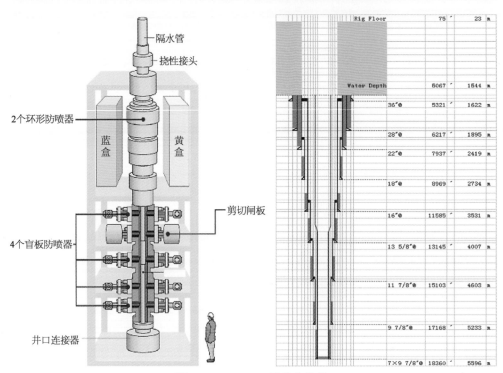

图 9‑2 Macondo 的井身结构

① 2 个 Cameron TL 型,47.625 cm$\left(18\dfrac{3}{4}\text{ in}\right)$、压力等级 103.4 MPa(15 000 psi)的双闸板防喷器;

② 1 个 Cameron TL 型,47.625 cm$\left(18\dfrac{3}{4}\text{ in}\right)$、压力等级 103.4 MPa(15 000 psi)的双闸板防喷器;

③ 1 个 Cameron DWHC, 47. 625 cm $\left(18\dfrac{3}{4}\text{ in}\right)$、压力等级 103. 4 MPa(15 000 psi)的井口连接器；

④ 2 个 Cameron DL 型, 47. 625 cm $\left(18\dfrac{3}{4}\text{ in}\right)$、压力等级 68. 9 MPa(10 000 psi)的万能防喷器；

⑤ 1 个 Cameron HC, 47. 625 cm $\left(18\dfrac{3}{4}\text{ in}\right)$、压力等级 68. 9 MPa(10 000 psi)的连接器。

此外还包括压井阻流管线控制阀门、BOP 组液压储能器、ROV 界面控制面板等。压井阻流管线阀门包括 4 个 7. 78 cm $\left(3\dfrac{1}{16}\text{ in}\right)$、103. 4 MPa(15 000 psi)带故障自关阀液压伺服机构的双体闸板阀。这些阀门用来与 BOP 闸板组相连接的隔离压井阻流管线。BOP 组的 8 个 360 L(80 gal)、34. 5 MPa(5 000 psi)储能器主要用于盲板剪切闸板(blind shear ram，BSR)和套板剪切闸板(casing shear ram，CSR)的 3 项紧急作业(自动剪切、自动模式功能、应急解脱)，如图 9 - 1 所示。储能瓶也用于正常的高压 BSR 和 CSR 关闭作业。这些储能器存储液压流体的压力为 34. 5 MPa(5 000 psi)，其压力是靠安装在 LMRP 上的水下控制盒通过刚性导管来对其进行补给。通过人工设置液压伺服机构，将 BSR 和高压 CSR 的最大作业压力减小至 27. 6 MPa(4 000 psi)。ROV 界面控制面板位于 BOP 系统上，以便 ROV 操作选择 BOP 功能。

"深水地平线"的水下防喷器控制系统配置了电液控制系统、电控制系统、声呐控制系统、应急解脱装置、ROV 紧急关断系统。"深水地平线"平台 BOP 系统作业由 Cameron "Mark II"电液 MUX 控制系统控制。

(3) 事故经过

2010 年 4 月 20 日,工作人员对 Macondo 井进行一系列的负压试压,为临时弃井做准备。在正式试压中,钻井作业人员将不断增加井筒套管和密封总成内压,以确定相关设备完好无损。相对而言,负压试压则是减少井筒里的压力,以模仿深水地平线平台撤离后的井况。在进行负压试压时,如果井筒内压力升高,或者有流体涌出井口,那就意味着井的可靠性有问题(有流体侵入井内)。如果发生泄漏则比较危险(可能是在套管和水泥密封的某个位置发生了损坏),需要进行补救工作以重建井的完整性。

当天钻井作业人员对套管的正压试压是成功的。中午,钻井作业人员开始向井筒下入钻杆为晚上的负压试压做准备。下午 5 点,钻井作业人员包括队长 Wyman Wheeler 开始进行负压试压。当井筒泄压后,队员关闭检查钻杆内的压力是否能够保持稳定,发现压力反复回流。公司代表 Don Vidrine 要求进行另一次负压试压,通过压井管线把压力降为零,但是钻杆里面的压力仍然呈上升趋势。根据 BP 公司目击者 Anderson 所述,他以前遇到过这种情况,并把这种异常读数解释为"呼吸效应"。无论是否因为这种原因,现场决定没有流体从敞开的压井管线里面流出就可认为负压试压已经取得成功,可以继续完成剩下的临时弃井作业程序。在认定负压试压成功之后,钻井队员准备在井深 900 m 的位置打水泥塞。钻井队员重新打开防喷器,开始把海水灌注到钻杆里替换来自隔水管的钻井液和隔离液。当隔离液在地面出现的时候,停泵对隔离液进行检查是否能直接排海。21:15,队员们开始排放隔离液。21:20,井喷发生,钻井液从井架上喷射出来,但不一会儿就停止了。突然,钻井液又从液气分离器中涌出。烟雾迅速充满了整个甲板并引起了爆炸。然后是平台电力中断,平台再次发生爆炸。4月21 日凌晨 1:30,平台在二次爆炸后开始倾斜并旋转。收到求救信号的工作船抵达并对平台进行喷淋灭火。凌晨 2:50,平台已经旋转了 180°,其动态定位系统失效,平台从原井位移动了近 500 m。3:15,当美国海岸警卫队切割机到现场时,平台倾斜更严重了。

4 月 21 日上午,BP 部署水下机器人 ROV 到水下防喷器,计划关闭井口,但是未能成功。到 4 月 26 日,进一步投入多台 ROV 尝试关闭水下防喷器,但是均未能成功。ROV 显示防喷器可能有物体卡住。图 9-3 所示为通过 ROV 关闭 BOP 的示意。

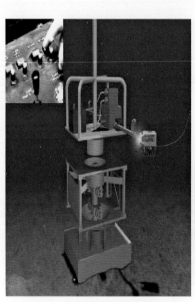

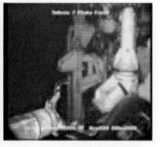

失事平台上使用的防喷器

ROV显示防喷器可能有物体卡住

水下防喷器组合　　　　ROV正在启动BOP控制系统　　　　失事平台上使用的防喷器

图 9-3　通过 ROV 关闭 BOP

在尝试关闭 BOP 失败后,BP 的顶部压井小组立即开展工作。顶部压井法在 5 月26 日下午开始实施,在连续三天进行三次独立的尝试期间,BP 每天泵入超过 10 万桶钻井液并泵入大量的堵漏物质。每一次尝试过程中,井内压力开始下降,随后压力平稳不再下降,也就意味着顶部压井法不再起作用。在第三次尝试失败后,BP 停止了该方法,顶部压井法也宣告失败。顶部压井法失败后,救援井成为完全压井最可能的方式。

5 月 29 日,BP 宣布将试图剪切 BOP 上部隔水管并安装一个集油设备"控油罩",

并连接新隔水管至水面的 Discoverer Enterprise 钻井船。BP 在 6 月 1 日开始安装这个设备,将"控油罩"运到位并在 6 月 3 日晚上 23:30 进行功能测试。6 月 8 日,Discoverer Enterprise 钻井船每天收集将近 15 000 桶油。BP 还开发了一个系统将油气经过 BOP 上的阻流管线引至地面。BP 给 Q4000(参与顶部压井法的一个钻井平台)配备集油设备,6 月 16 日后,Q4000 可以每天燃烧 10 000 桶油。图 9 - 4 所示为 Discoverer Enterprise 和 Q4000 收集原油场面,每天处理 25 000 桶油。

图 9 - 4　Discoverer Enterprise 和 Q4000 收集原油

7 月 9 日,BP 开始安装压井装置,从隔水管顶部移除封井器以后,ROV 打开了连接在深水地平线 BOP 组顶端的隔水管破损管线,移除破损管线,寻找 BOP 组的内部钻杆,滑移封井器到位,用螺栓与 BOP 连接。直至 7 月 12 日,BP 完成了安装封井帽。7 月 15 日下午开始进行井的完整性测试。BP 在 8 月 3 日开始静态压井,井口压力在开始之前略有增加,到晚上静态压井成功。此后 BP 开始固井作业。8 月 8 日,固井作业结束,试压结束。

BP 在 5 月初开始钻探第一个救援井,并与 Macondo 井连通,通过救援井向事故油井注入水泥,从而永久封固井喷储层。9 月 19 日,井喷 152 天之后,事故井完成彻底封堵。

(4) 事故原因分析

① 客观因素:井内压力过高导致防喷器失效,平台爆炸导致应急解脱系统失效。

钻井人员在事故当天晚上 21:41 关闭了一个万能防喷器,在 21:46 关闭了一个变径闸板防喷器。但是,由于溢流速度太高,万能防喷器或变径闸板防喷器均没有将井封住。第一次爆炸后,钻井人员试图启动平台的应急解脱系统,但未成功。主控面板 EDS 按钮操作解脱 BOP,虽然仪表指示灯亮,但是 BOP 却一直没有解脱。很可能在第一次爆炸的时候损坏了 BOP 控制管缆。

② 设备因素:BOP 应急系统失效。

在平台和 BOP 的动力、通信、液压连接中断后,BOP 的自动模式功能(自动制动系统)应该关闭全封闭剪切闸板。故障可能是由于维护不到位造成的。事故之后测试控制事故自动制动系统的两个备用控制盒,一个显示电池电量不足,另外一个电磁阀有缺陷。

③ 人员因素:错误的判断和操作。

井喷时,钻井人员应将流体放喷至舷外。这虽然不能从根本上阻止爆炸,但是可以减少油气点燃风险。钻井人员也应该关闭全封闭闸板进行关井。放喷至舷外或关闭全封闭剪切闸板可能不会阻止爆炸,但是可以为救援争取更多的时间,从而减少事故影响。

以下是钻井人员为什么没有采取措施的解释:

a. 可能没有认识到严重性,看起来溢流不严重。

b. 没有足够响应时间,爆炸发生在大约钻井液涌出钻台后 6~8 min。

c. 钻井人员没有适当培训如何应对这样的紧急情况。

在事后呈交美国总统的事故调查报告中,提到了"深水地平线"事故对防喷器标准、法规的影响,例如"深水地平线"防喷器的压力表精度为 ±400 psi,这个精度妨碍了估计溢流流量、进行储层建模、计划井控操作的能力。此外,缺乏合适的手段来确认防喷器在何种工况下已经关闭。

因此,要求深水 BOP 的配置标准应有所改变,即 BOP 组应配备有传感器或其他工具来获得准确的反馈信息,例如提高压力表精度和安装传感器测量反馈防喷器闸板的位置等。

9.1.2 操作因素引起的典型事故案例

1) P-36 平台沉没(图 9-5)

巴西石油公司在里约热内卢州坎普斯湾海上油田作业的 P-36 号平台在爆炸后经

图 9-5 P-36 号平台事故

救援无效,于 2001 年 3 月 20 日沉没。该平台由于应急排水舱过压导致其结构破裂,废油舱结构破裂,可燃气体泄漏引发爆炸,平台进水倾斜,随后沉没,造成溢油。

P-36 号平台是 2001 年 3 月 15 日凌晨发生爆炸的,2 人当场死亡,1 人重伤,9 人失踪。随后,巴西石油公司展开了紧急救援,除从平台安全撤出 151 人外,还集中巴西国内外有关专家商讨对策,并雇用潜水员向平台舱内灌注氮气和压缩空气,曾使平台停止下沉,倾斜度也从 25°减小到 23°。但因气候条件不好,风大浪高,救援工作被迫中断。20 日凌晨,平台再次下沉,虽经奋力抢救,但最终未能遏止平台沉没。

P-36 号平台是巴西最大的海上平台,也是世界上最大的半潜式海上平台之一。耗资 3.56 亿美元修建的这座平台长 112 m、高 119 m,相当于一栋 40 层高的大楼,重达 31 400 t。平台于 1999 年 1 月建成,2000 年 3 月投入使用。根据设计方案,使用寿命为 19 年,能开采 1 360 m 深的海底石油。设计生产能力为日产原油 18 万桶、天然气 7 500 万 m^3。

P-36 号平台上储存有 150 万升原油,随着平台倾覆下沉,原油开始泄漏。至 20 日中午 12:00,出事地点海面上漂浮的石油已达 6 000 L。巴西石油公司动用 26 艘船只在出事海域布防 3.2 万 m 的海上围油栏及其他防止原油扩散的设备。由于风高浪急,布防工作进展不顺。

P-36 号平台爆炸下沉事故给巴西石油公司带来的直接经济损失至少达 10 亿美元,仅停产一项每天就损失 300 万美元。

2) Thunder Horse 平台倾斜(图 9-6)

2005 年 7 月 12 日,BP 公司证实,该公司位于墨西哥深水湾密西西比峡谷 778 区块的 Thunder horse 平台,在 Dannis 飓风经过后发生 20°~30°的倾斜。发生事故时该油田正处于建设期间,尚未开始油气生产,平台上的人员已经在飓风到达之前撤离,未发现有油料和有毒物质的泄漏,飓风未损坏该区块的海底管线,但有少量油田管线受损和底层平台的围栏丢失。

事故原因为一个关键阀门失效,压载水集流到几个舱室。

图 9-6　Thunder Horse 平台倾斜

9.1.3 恶劣天气引起的典型事故案例

1) 多个半潜式平台因飓风系泊断裂漂移

2005 年的飓风导致墨西哥湾多个半潜式平台系泊缆断裂,平台漂移数十海里。Deepwater Nautilus 平台系泊缆断裂漂移 130 km,Jim Thompson 平台系泊缆断裂漂移 27 km,Glomar Arctic - I 平台漂移到浅水区,Ocean Voyager 走锚漂移约 15 km (9 mile),PSS Chemul 漂移后撞到桥上(图 9 - 7)。

图 9 - 7　PSS Chemul 漂移后撞到桥上

2) Typhoon TLP 事故(图 9 - 8)

2005 年,Typhoon TLP 因飓风导致某个角的张力腿从固定孔(张力腿 Porch)中弹出,稳性不足,导致平台倾覆,该平台现已废弃。TLP 分为传统式、伸张式、海之星和 MOSES 等几种形式。发生事故的 Typhoon TLP 为海之星 TLP,自此次事故后,再没有油公司采用海之星 TLP。

这次事故让工业界改进了 TLP 的设计,在张力腿固定孔(张力腿 Porch)中增加卡销,防止张力腿弹出。

3) Mars TLP 事故(图 9 - 9)

2005 年卡特里娜飓风导致 Mars TLP 的井架倒塌,造成上部模块的部分设备和结构损坏,同时上浪导致部分结构损坏。经过修复后,该平台于 2006 年复产。

图 9 - 8 Typhoon TLP 事故

(a)   (b)

(c)

图 9 - 9 Mars TLP 平台事故

（a）事故前的 Mars TLP；（b）事故后的 Mars TLP；（c）修复后的 Mars TLP

9.1.4 操作因素＋恶劣天气引起的典型事故案例——Big Foot TLP 安装事故

Big Foot TLP(图 9-10)位于墨西哥湾,是全球作业水深最深(约 1 524 m)的 TLP。2015 年 5 月 29 日—6 月 4 日,在进行 TLP 平台与张力腿连接的安装作业期间,16 根张力腿的其中 9 根张力腿由于失去浮力受损并沉入海底,由于张力腿受损,TLP 平台(组块＋船体)回拖到锚地,经过重新评估和安装,推迟 3 年,即 2018 年重新投产。

图 9-10 Big Foot TLP 示意图

该 TLP 为延伸式张力腿平台(ETLP),主要由 4 个圆柱状的立柱连接浮箱,立柱顶部与船体连接的井口区专门支撑网架。该 TLP 共设有 16 根 91.44 cm(36 in)的张力腿,每个立柱有 4 根张力腿,每根张力腿与对应的海底的单桩基础进行连接。该 TLP 船体排水量居在役 ETLP 之最,居墨西哥湾在役 TLP 第二(Mars BTLP 排第一),在役平台中水深最深。

据了解,Big Foot TLP 的 16 根桩和张力腿于 2015 年 1 月左右完成,但由于 Big Foot 油田存在持续的环流,2015 年 1 月—4 月的油田海况不满足 TLP 与张力腿连接的安装要求,因此 5 月前该 TLP 平台一直在锚地等待合适的安装窗口。2015 年 5 月中下旬,Big Foot TLP 拖航出海,抵达油田后准备择机与预安装在海底的张力腿进行连接作业。5 月下旬,安装承包商经过评估认为有足够的安装时间窗口,在业主代表同意后,开始进行 TLP 浮托前的所有准备工作。除 ROV 对张力腿进行调查外,还有一个重要的工作就是在 TLP 连接前需由 ROV 把张力腿之间的牵索剪掉以便使张力腿恢复至原来位置状态。ROV 切割完张力腿的牵索后,发现有强大的环流抵达油田,无法进行 TLP 平台与张力腿的连接安装作业,决定暂停 TLP 连接作业。5 月 29 日—31 日间,发现水面上漂浮 3 个张力腿的临时支持浮筒,初步判断为 3 根张力腿上的临时浮筒脱落,这 3 根张力腿失去支撑浮力,之后作业者决定将 Big Foot TLP 回拖至锚地。通过 ROV 水下检查,6 月 1 日得知 16 根张力腿中的 6 根张力腿已沉入海底;6 月 4 日 ROV 又发现了另外 3 根张力腿沉入海底,一共有 9 根张力腿受损并沉入海底。

该事故导致油田投产推迟 3 年,并且需要重新制造张力腿、重新安装,给业主造成了重大经济损失。

9.2　深水油气田开发工程应急救援装备和技术

深水油气田开发工程应急救援主要提供现场支持、提供海底操作、协助井口封盖、收集和重新将流体通过管缆系统输送到海面工作船、溢油响应、灭火、钻机移动、支持服务、人员及货物转移等功能。

1) 海面支持船舶

在发生深水油气田井喷或其他需要应急救援的事故后,现场可能会遇到复杂的情况,会需要不同功能的海面支持船舶,比如应急响应救援船(emergency response and rescue vessel,ERRV)、应急救援多功能工程船(multi-purpose support vessel,MSV)、专业环保船、海面储油装置/储油驳船等。

图 9-11、图 9-12 所示为应急响应救援船,应急响应救援船主要用于钻井井喷失控应急救援。功能包括支持和应急救援响应、溢油响应、灭火、钻机移动及支持服务、人员及货物转移等。国外已经建有多艘 ERRV 和 MSV,英国北海成立了应急响应救援船协会,制定了相关标准。英国北海成立的应急响应救援船协会建有 ERRV 数据库"ProMarine",主要是在英国大陆架使用,包括 ERRV 设备参数、功能及部署地点等信息,数据库目前保存有 151 个 ERRV 数据。

除了上述钻井井喷失控应急救援船之外,还有其他功能的应急救援船,这些功能主

图 9-11　应急响应救援船 Ocean Swan

图 9-12　应急响应救援船 ESVAGT

要包括：溢油回收及垃圾清除、海上溢油围控布设、拖带围油栏、喷洒浮油分散剂、消防灭火、人员搜救等。比如"中油应急 202"配备高性能雷达和两门消防炮,泡沫舱容积满足 30 min 灭火需要;另外,专业环保船"海洋石油 252""海洋石油 253"参加了大连溢油回收,收油效率显著,已得到实战检验。我国一些海面支持船在配有溢油监测雷达,能够实时监控溢油污染带,可指挥其他船舶协同作业;环保船配备有专用的溢油监测雷达,能主动监测海面溢油;"海洋石油 252""海洋石油 253"为国内首次采用两侧内置式收油机,极大地提高了溢油应急响应的速度与效率,油污回收能力达到 $2 \times 100 \ \mathrm{m^3/h}$,回收舱容 $550 \ \mathrm{m^3}$,收油能力强,反应速度快,保证溢油回收不受油的黏度与厚度的影响,并解决了海上测试井液接收和反输问题,同时兼具消防、救生、现场守护等功能,对溢油应急能力建设是极大的提升,将溢油应急事故的处置提升到了一个新的高度。

海面支持船舶中还会用到海面储油装置/储油驳船。当遇到高压的深水油气田时,仅仅依靠钻完井的封井系统不一定能将井喷控制住,油井不能被关闭,这时候需要通过应急封井回收系统将使海底封井装置能够收集并重新将油气通过临时管缆系统输送到海面支持船上。这时候,海上的支持船舶可以为 FPSO、生产测试船、储油轮等提供各种必要的支持,有时甚至需要提前在储油船上建造预处理模块,快速部署和安装。

2)海底操控工具及技术

在发生海底井喷等应急救援事故后,封井是最关键也是最难的技术。一方面需要理想的封井装置及技术;另外一方面,海底的观察和完成相关操作也是救援成功的关键。

水下液压动力单元是提供海底操作的临时动力站,是重要的动力来源,为钻完井人员进行相关切割、连接和封堵提供动力,为相关临时工程设施的安装、连接提供动力。

海底部署/运行工具比如潜水器和水下机器人也是重要的海底操控工具,可进行井位和海底监测,及时掌握作业环境风险,对于潜水员不便下潜的深水区域,有些操作需要由 ROV 来完成。ROV 在应急救援中的诸多功能和作用与在深水油气开发、钻探等方面发挥的作用类似,只是需要根据现场油气封堵和回流等的需要进行操控。

应急救援中使用的 ROV 也是来源于油气开发和钻探活动配备的设备,它在深水油气资源开发和钻探中是非常重要的支撑工具。ROV 可以突破深水屏障,进入深、冷、暗、环境复杂多变的海底作业,可以完成深水油气装备的建设、监测、控制、维护及生产过程的安全保障等许多工作;在深水油气开发、生产的整个过程中,需要不同类型、不同功能、具有不同作业能力的多种水下机器人轮流作业。水下机器人可以在海洋油气钻探、开采作业中发挥其实时监测、监控、检查、修复等作用,还可以安装较复杂的海底设备,监测、控制井口的流量、压力,观测析出气体和防止井喷,利用海底成套设备把各处的油井连接成为一体,检查海底管道等。

3)海底管缆及配套技术

深水油气田一旦发生井喷等应急救援事故,除了需要第一时间封盖井口之外,还需要及时处理油污、搭建临时的水下油气输送管缆以及预防生成水合物影响操作和输送。因此,海底管缆及配套系统也是深水油气应急救援的重要组成部分,比如海底分散剂和水合物抑制剂传输系统、水下液压动力单元、管线、立管、脐带缆、管汇等。

在井喷事故发生后,溢油的快速处理能为海面作业人员和溢油的加强降解创造一个安全的作业环境,可以在海底井口附近喷洒溢油分散剂,海底溢油分散剂工具包包括分散剂的喷洒臂、相关的管汇和鹅颈管、残损清理设备(切割、抓钩、拖拉工具)等。

井喷事故发生后还需要快速移除破损管线和装置,建立海底电缆临时连接,搭建临时的软管、管汇等油气输送管路,相关管线与封井装置连接,从而将溢出的油气通过这些临时管线系统输送到海面的油气临时处理和存储装置,完成对井喷等溢油事故的临时控制,为后面进一步完全解决事故争取时间,并将危害降低到最小。在封井操作中,防止水合物的生成也是成功的关键之一,因为一旦形成水合物,会造成水合物对封盖装置的操作,并导致封堵不严等;另外,临时的海底管线系统也需要防止水合物生成造成堵塞等。通过甲醇等水合物抑制剂传输系统可以防止水合物生成。

9.3 深水钻完井井喷应急救援装备和技术

针对井喷导致平台翻沉这一最恶劣的深水钻井井喷失控应急救援工况,应急救援核心装备应包括:水下清障切割系统、水下井口溢油封堵系统、水下井口消油剂注入系统等以及其配套支持技术体系。

针对平台翻沉后复杂的井下工况,目前行业已组建了3家应急救援系统:MWCC公司的水下油井封井系统(Marine Well Containment System 和 MWCS)、Helix公司快速响应系统(Helix Fast Response System,HFRS)和 Wild 井控公司的油井封井回收系统。与仅仅聚焦于井喷预防的装备不同,油井应急封井回收系统更侧重于失控井的处置,一套典型海上油井封井回收系统主要功能包括:封闭井口,输送溢油分散剂和水合物抑制剂,油气收集、传输、处理、储存和卸载等。

1) MWCC 公司水下应急封井回收系统

MWCS 系统,由埃克森美孚(Exxon Mobil)、雪佛龙(Chevron)、壳牌公司(Shell)和康菲石油公司(ConocoPhillips)等组建而成,是一套应对水下井喷失控的快速反应系统。

MWCS 系统包括数艘油气收集船只和一整套水下封井回收设备,类似于英国石油公司在"深水地平线"钻井平台爆炸倾覆后反复试验开发出来的一套系统,可以收集并控制海面以下 3 000 m 深处每日至多 10 万桶石油的泄漏。MWCS 系统如图 9-13 所示,设计一个封井器密封井喷井并收集从井喷井中流出的油气,而不增加井口压力避免进一步损坏井筒完整性。

一套海上油井封井回收系统包括:

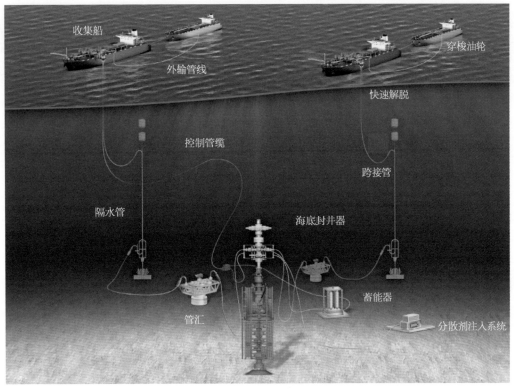

图 9‑13　MWCS 系统示意图

① 海底系统封井装置、海底工具包（比如损毁设备切割和拆卸）、海底分散剂和水合物抑制剂传输系统、水下液压动力单元、海底部署/运行工具。

② 管线、立管、脐带缆、管汇。

③ 模块化的收集船或收集船只。

④ 模块化舷或干舷。

海底井口附近溢油分散剂的应用也是系统一部分作业，为海面作业人员和溢油的加强降解创造一个安全的作业环境，海底溢油分散剂工具包括分散剂的喷洒臂、相关的管汇和鹅颈管、残损清理设备（切割、抓钩、拖拉工具）等，以达到能与 BOP 连接。

如果油井不能被关闭，封盖组块能够收集和重新将流体通过隔水管和柔性跨接管输送到海面工作船。海面工作船为 FPSO、生产测试船，或者是储油轮。海面工作船通常提前预建处理模块，有些设备在事故发生后由 MWCC 提供，可进行快速部署安装。

2）Helix 公司快速响应系统

Helix 公司参与了 BP Macondo 事故中应急救援的顶部压井、应急封井、溢油回收等作业。事故后 Helix 在此基础上组建一套全方位、快速封井回收系统 HFRS，如图 9‑14 所示。墨西哥湾的 Anadarko、ENI、Statoil、Walter 等 24 个深水能源公司与 Helix 公司签订了应急救援服务合同。

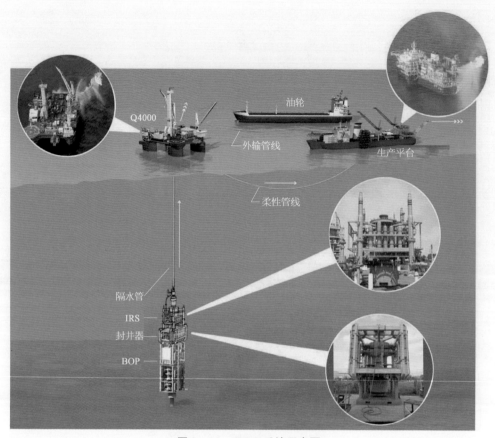

图 9 - 14　HFRS 系统示意图

如图 9 - 14 所示,Helix 快速响应系统包括:

① 海面支持船,如 Q4000 平台、生产储油轮 HP - 1、存储驳船 HOS。

② 水中回收管柱,由 16.83 cm$\left(6\dfrac{5}{8}\text{ in}\right)$ Q125 套管组成的管柱。

③ 水下应急封井装置,由封井装置 CAPPINGSTACK 和 IRS 组成。

Helix 快速响应系统的作业流程:

① 动用飞机和 ROV 船进行井位和海底监测,确定作业环境风险。

② 动用专用的船只用连续油管喷洒溢油分散剂。

③ 动员专门的救援船只和 ROV 进行杂物清理,移除隔水管,确保能够垂直操作 LMRP。

④ 动员专用的应急船只进行井口控制系统修理作业,包括安装液压站、回接装置甲醇、移除破损管线和装置、连接海底电缆。

⑤ 用 Q4000 平台 LMRP 回收作业。

⑥ 用 Q4000 平台进行井口封盖作业,用 16.83 cm$\left(6\dfrac{5}{8}\text{ in}\right)$钻柱下入水下应急封井

装置,启动防喷器盲板。

⑦ 用 Q4000 平台进行压井作业。

⑧ 循环和收集作业,采用平台 Q4000、生产储油轮 HP - 1、存储驳船 HOS 共 3 个船将从井筒返出的油气处理回收,如图 9 - 15 所示。

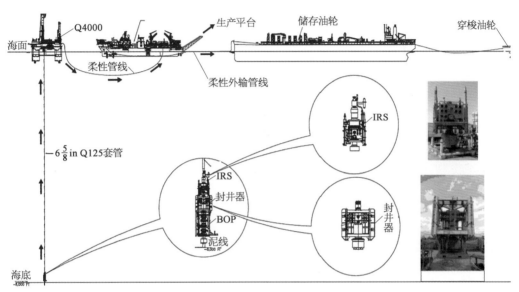

图 9 - 15　循环和收集作业

3) 我国深水钻完井井喷应急系统情况

与 HFRS 系统相比,MWCS 系统更为复杂,应急处理能力更高,两套系统的主要性能参数如表 9 - 1 所示。

表 9 - 1　HFRS 与 MWCS 性能参数对比表

参　　数	MWCS 系统	HFRS 系统
设计水深/m	150～3 000	150～3 000
封井装置设计关井井口压力/MPa(psi)	102(15 000)	102(15 000)
流体处理能力/BPD	100 000	60 000
气体处理能力/MMCFD	200	80

目前我国不具备这些设备,全球深水应急救援资源均由欧美国家掌握。一旦出现深水井喷事故,我国只能依赖国外井控应急机构救援,资源动员至少需要 3 个月,费用十分高昂,如果遇到国外装备和技术封锁,便束手无策,任由事故恶化,完全失控。随着国家深海战略的逐步实施,中国海油也逐步加快了对中国海域深水油气资源的勘探开发速度,尤其是南海资源,深水井、高温高压井等高风险作业逐年增多,建设我国深水井

控应急救援能力迫在眉睫。

深水钻完井井喷应急救援装备和技术分析如下。

1）井口清障

井口周围存在着大量的障碍物，一旦发生井喷，大量障碍物严重阻碍应急工作有效开展，需要清障切割装备将井口周围钢结构和损坏井口等障碍物清理完毕，为后续工作奠定基础。典型的井口清障工具包括大剪刀和金刚石线锯等，如图 9-16 所示。

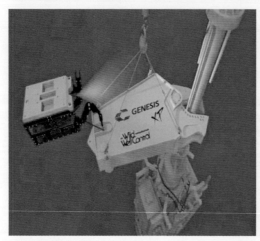

图 9-16　典型的井口清障工具

2）重建井口

在事故井口上重新安装井控装备对井内流体重新控制，以实现后续压井作业。陆地和浅水井口重建主要采用钢丝绳加压牵引技术和井口应急连接技术。对于深水水下井口井喷井口重建来说，一套完整、全面、敏捷的井下控制装置对于水下作业的安全和效率都起着至关重要的作用。2010 年墨西哥湾"深水地平线"平台事故，英国石油公司 BP 使用了世界上第一套水下应急封井装置，到目前为止，针对平台翻沉后复杂的井下工况处理，国外已研发出 16 套应急救援系统。这些系统中最关键的设备是水下井口应急封井装置，作为水下封井回收系统中最核心的装备，用于控制水下井口正常开启，其主要功能有：关井，并作为井筒接口将井筒的流体输送到海面出口，通过海面作业船向井筒输入流体，提供井筒干预手段。封井装置被看作是水下采油树和 BOP 组合，各公司研发的封井装置结构形式都不大相同。典型水下应急封井装置如图 9-17 所示，主要元件包括：井口连接器、闸阀、节流阀、闸板、重入连接器、ROV 面板、框架、转化接头、连接管线等。

API 于 2014 年发布《API RP 17W 水下应急封井装置推荐做法》，从水下封井装置设计、制造、使用的要求，包括装置类型、界面描述、系统设计和功能要求、加工制造，装置的部署、使用、操作参数及后勤支持，设备存放、维护和测试要求等方面做出了规定。

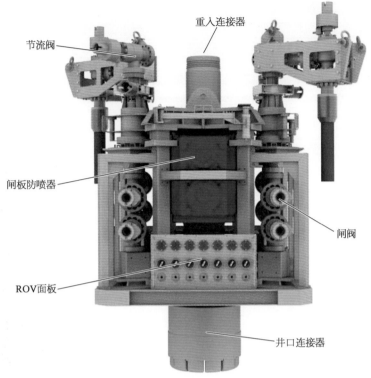

重入连接器

节流阀

闸板防喷器

闸阀

ROV面板

井口连接器

图 9‑17　水下应急封井装置示意图

标准附件 A 给出了水下应急作业程序,附件 B 给出一个操作典型案例,包括装置部署和关井和回收操作等。ISO 也制定出《ISO 15544—2010　海上生产装置—应急响应的要求和指南》,对生产期间的应急封井提出了要求。

野外井控公司(WWCI)有 40 余年的常规井控及水下井控经验,针对深水推出了WellCONTAINED 水下控制解决方案,协助作业者进行预防、准备、响应和恢复深水井控相关的作业活动,可为全球深水井控事故的预防和响应提供真正的整体解决方案。

WellCONTAINED 水下解决方案由以下各部分组成:源头控制应急响应计划;技术规划、演习/训练和响应支持;完整的全球响应设备套装;救援井设计和模拟压井;消防和井控;事件指挥体系和应急响应演习;井控演习。

WWCI 公司标准的 WellCONTAINED 方案系统设计:水深级别 3 000 m、关井压力 103.4 MPa(15 000 psi)、双机械封隔,并可用 ROV 操作实现所有功能。此外,模块化设计便于采用现成的货运飞机实现快速全球部署,无论是在阿伯丁还是新加坡,均可部署该系统实现 100% 的操作。经第三方认证,系统随时处于备战状态。WellCONTAINED 响应装置的应用范围从最初响应的井控事件管理到应急封井装置组合。

3)压井技术

在钻井过程中如果井底液柱压力小于地层压力,地层流体就会流入井筒,称之为井涌。井涌发生后如果井口控制不当或者井口装置完整性出现问题,流体不受控制地喷涌出来,就发展成井喷,进一步会恶化成井喷失控、爆炸着火事故。井喷事故的处理关键是恢复井底压力平衡,通过压井设备注入重钻井液以及控制井口回压来平衡地层压力,控制井喷事故,恢复正常作业。压井装备和技术储备对于井控事故应急抢险是不可或缺的。

国内现有海上压井相关能力如下:

① 井控压井设备操作技术;

② 常规压井方法压井参数设计和施工;

③ 非常规压井方法压井参数设计和施工;

④ 冷冻暂堵、带压开孔、带压起下钻等新型井控处置技术;

⑤ 压井过程复杂险情(钻杆刺漏)处置技术;

⑥ 依据国内外井控案例事故、知名井控应急机构、井控专家、井控应急资源等大数据库提供压井技术支持。

4) 救援井

救援井通常是为抢救某一口发生井喷、着火的井而设计施工的定向井,救援井与失控井具有一定距离,在设计连通点救援井和失控井井眼相交,并从救援井内注入高密度钻井液压井,从而控制失控井。世界上第一口救援井是 1934 年在德国克萨斯康罗油田钻成的,我国目前在海上还没有钻过救援井。救援井作为彻底解决井喷失控最有效的方案,在多次海上井喷事故处理中得到成功应用,BP 墨西哥湾"深水地平线"事故共钻 2 口救援井,最终彻底解决地层流体溢出风险,典型救援井如图 9 - 18 所示。

英国 O&G UK 于 2012 年颁布了《水下救援井设计指南》,给出了救援井数量、井位优选、井下连通作业、压井、弃井等海上救援井设计作业的关键技术,以及复杂救援井的要求、装备可用性和后勤供给、项目计划等方面。

比如,UK 救援井井位选择要考虑如下因素:

① 受法律法规、保险、合同限制;

② 海底或海底地形及障碍物影响,通常考虑在经过井场调查的区域;

③ 海洋环境影响:风向、流向、海浪和冰期;

④ 事故平台火灾热辐射面积或者 H_2S 扩散范围;

⑤ 浅层地质风险,特别是浅层气、浅层水、天然气水合物等;

⑥ 定向井和测斜要求;

⑦ 使用钻机类型,应便于钻井装置就位、供应船停靠及直升机起降;如采用锚泊定位,需要考虑抛锚作业;

⑧ 若失控井位于井口平台,还需要考虑其他井眼干扰;

⑨ 宜使井眼轨迹简单且便于施工作业。

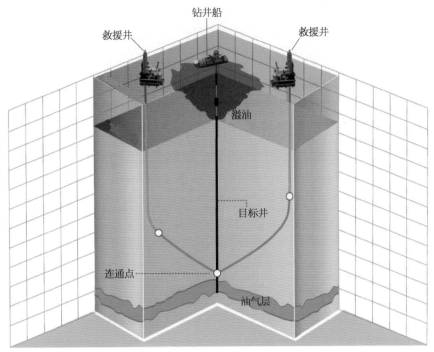

图 9‑18　典型海上救援井示意图

9.4　展　　望

我国深海油气开采重大事故防控技术与国外仍有巨大差距,且在南海开发过程中还面临台风等特有的风险与挑战,为进一步推动我国深海油气开采重大事故防控技术体系建立,建议从以下几方面开展深入技术研究工作:

(1) 开展深海油气开采重大安全事故演化灾变机理研究

围绕深海油气开发泄漏、燃爆、台风、井喷等重大生产、自然事故,通过揭示事故发生、危机发展、灾变转化的动态致灾过程,揭示深海油气开采泄漏、燃爆多灾源连锁风险及灾变演化机理、自然灾害下(台风)海洋油气开采系统损毁灾变演化机理。由此建立面向灾变关键因素的事故载荷与承载体动态耦合风险评估方法,并通过对灾变演化关键过程节点的安全屏障,构建深海油气开采重大事故灾变综合防控理论体系。

(2) 研制水下应急封井装置

水下应急封井装置是水下应急救援系统的关键装置,针对国内尚无水下井口应急抢险救援的相关技术与装备,安全生产面临严峻考验的问题,通过引进消化吸收国外先进技术及经验,建立系统分析模型,完善系统设计,深入开展配套设备研究,研制出我国首套水下应急封井装置并研究配套安装工艺技术,实现水下应急封井装置关键设备的国产化,提升我国海洋应急装备制造水平及应急控制救援能力。

(3)形成成套的深水救援井设计和作业技术

研制井下连通探测定位工具,开展海上救援井关键技术、工艺、工具研发及实钻试验,掌握救援井设计和作业关键技术,形成我国深海救援井技术和作业能力。

(4)搭建起我国深海油气开采事故应急救援平台

建立起即时获取事故信息的海洋油气开采事故(井喷失控)专业应急救援平台,实现现场监控、救援资源动态跟踪、救援过程辅助支持、决策及事故处置过程复演、后评估的实时在线高效应急救援平台。系统建成后还可用于正常生产过程中的重点项目(井)、高风险井的井喷预防、监控、专家在线支持等,为海上安全作业提供技术支持和保障,提高作业的安全性。

通过以上关键技术研究,将有助于建立和完善我国深海油气开采重大事故防控技术体系,有效从预防屏障和控制屏障两个方面预防和控制南海深海油气开采所面临的井喷及台风等重大事故的发生。建议我国以"建设一套应急技术体系、一批应急专用装备和一支井控应急队伍"为总体目标,继续深入开展深海油气开发重大事故防控技术研究,形成我国深海油气开采重大事故应急救援能力,提升国家海洋(深海)油气开采事故防控和应急救援能力。

参 考 文 献

［1］ 《海洋石油工程设计指南》编委会. 海洋石油工程设计指南. 第 12 册：海洋石油工程深水油气田开发技术［M］. 北京：石油工业出版社，2011.

［2］ 谢彬，张爱霞，段梦兰. 中国南海深水油气田开发工程模式及平台选型［J］. 石油学报，2007，28(1)，115 - 118.

［3］ 白建辉，单连政，易成高，等. 深海天然气田开发工程模式探讨［J］. 天然气与石油，2015，33(3)：79 - 82.

［4］ 谢彬，谢文会，喻西崇. 海上浮式液化天然气生产装置及关键技术［M］. 中国石化出版社，2016.

［5］ YU Xichong，XIE Bin. Floating liquid natural gas(FLNG) liquefaction process analysis for South China Sea deep water gas field［C］// The 25th International Ocean and Polar Engineering Conference，2015.

［6］ Bouffaron P，Perrigault T. Methane hydrates, truths and perspectives［J］. International Journal of Energy, Information and Communication，2013，4(4)：24 - 32.

［7］ 周守为. 南中国海深水开发的挑战与机遇［J］. 高科技与产业化，2008，4(12)：20 - 23.

［8］ 姜伟. 中国海洋石油深水钻完井技术［J］. 石油钻采工艺，2015，37(1)：1 - 4.

［9］ 路保平，李国华. 西非深水钻井完井关键技术［J］. 石油钻探技术，2013，41(3)：1 - 6.

［10］ S Rocha L A，Junqueira P，ROQUE J L. Overcoming deep and ultra deepwater drilling challenges［C］. OTC15233，2003.

［11］ Shaughnessy J，DAUGHERTY W，GRAFF R，et al. More ultra-deepwater drilling problems［C］. SPE105792，2007.

［12］ 刘正礼，胡伟杰. 南海深水钻完井技术挑战及对策［J］. 石油钻采工艺，2015，37(1)：8 - 12.

［13］ Eaton B E. The equation for geopressure prediction from well logs［C］//Fall Meeting of the Society of Petroleum Engineers of AIME，1975.

［14］ Shaker S S. A New Approach to Pore Pressure Predictions：Generation,

Expulsion, and Retention Trio—Case Histories from the Gulf of Mexico[J], 2015.

[15] Badri M A, Sayers C, Hussein R A, et al. Pore Pressure Prediction Data Using Seismic Velocities and Log Data in the Offshore Nile Delta, Egypt [J]. Advances in Applied Mathematics, 2001, 49(2): 111-133.

[16] Dutta N. Geopressure Detection Using Reflection Seismic Data and Rock Physics Principles: Methodology and Case Histories From Deepwater Tertiary Clastics Basins[C]// SPE Asia Pacific Oil and Gas Conference and Exhibition, 2002.

[17] Marland C N, Nicholas S M, Cox W, et al. Pressure Prediction and Drilling Challenges in a Deepwater Subsalt Well from Offshore Nova Scotia, Canada [J]. Spe Drilling & Completion, 2007, 22(3): 227-236.

[18] Khazanehdari J. Pore Pressure Prediction Challenges in the Middle East Region [M]. Society of Petroleum Engineers, 2012.

[19] Soleymani H, Seyedali S, Riahi M A. Pore pressure prediction using seismic inversion and velocity analysis[C]// Middle East Geosciences Conference, Geo, 2010.

[20] O'Connor S A, Nadirov R, Swarbrick R, et al. Pore Pressure Prediction in the Caspian and Kazakhstan Regions: Taking a Geological Approach[C]// Kazgeo, 2012.

[21] Brown J P, Fox A, Sliz K, et al. Pre-Drill and Real-Time Pore Pressure Prediction: Lessons from a Sub-Salt, Deep Water Wildcat Well, Red Sea, KSA [C]// SPE Middle East Oil & Gas Show and Conference, 2015.

[22] Edwards A, Courel R, Bianchi N, et al. Pore Pressure Modelling in Data Limited Areas — A Case Study from a Deepwater Block, Offshore Rakhine Basin, Myanmar[C]// Eage Conference and Exhibition, 2017.

[23] 蔡军.基于三维地质建模的地层压力预测方法及应用研究[D].北京:中国石油大学,2011.

[24] 叶志,樊洪海,张国斌,等.长沙岭构造带三维地层压力计算方法及分布规律[J].石油钻采工艺,2013,35(1):51-56.

[25] 杨雄文,周英操,方世良,等.国内窄窗口钻井技术应用对策分析与实践[J].石油矿场机械,2010,39(8):7-11.

[26] 张良万.建南地区克服窄安全密度窗口的钻井技术[J].天然气技术,2010,4(5):58-61.

[27] Kabir C S, Hasan A R, Kouba G E, et al. Determining circulating fluid

temperature in drilling, workover, well-control operations[J]. SPE Drilling & Completion, 1996, 11(2): 74 - 79.

[28] RORNERO J, TOUBOUL E. Temperature prediction for deepwater wells: A field validated methodology[C]. SPE 49056, 1998.

[29] EIRIK K A, AADNOY B S. Optimization of mud temperature and fluid models in offshore applications[C]. SPE 56939, 1999.

[30] 管志川. 温度和压力对深水钻井油基钻井液液柱压力的影响[J]. 中国石油大学学报(自然科学版), 2003, 28(4): 48 - 52.

[31] WANG Zhi yuan, SUN Bao jiang. Annular multiphase flow behavior during deep water drilling and the effect of hydrate phase transition[J]. Petroleum Science, 2009, 6(1): 57 - 63.

[32] 董艳秋. 深海采油平台波浪载荷及响应[M]. 天津: 天津大学出版社, 2005.

[33] 许骞, 许鉴冲. 关于深海平台发展现状与趋势[J]. 当代化工研究, 2016, 7: 90 - 91.

[34] 张辉, 王慧琴, 王宝毅. 国外 SPAR 平台现状与发展趋势[J]. 石油工程建设, 2011, 37(Z1): 1 - 6.

[35] 刘军鹏, 段梦兰, 罗晓兰, 等. 深水浮式平台选择方法及其在目标油气田的应用[J]. 石油矿场机械, 2011, 40(12): 70 - 75.

[36] 程兵, 杨思明, 巴砚, 等. TLP 平台上部模块总体布置探索[J]. 中国海洋平台, 2014, 29(4): 21 - 24.

[37] 冯加果, 谢彬, 王春升, 等. 南海海域张力腿平台总体和局部结构强度分析[J]. 船海工程, 2017, 46(5): 170 - 174.

[38] 王世圣, 谢彬, 曾恒一, 等. 3 000 米深水半潜式钻井平台运动性能研究[J]. 中国海上油气, 2007, 19(4): 277 - 280.

[39] 王忠畅, 高静坤, 谢彬, 等. 张力腿平台总体尺度规划研究[J]. 中国海上油气, 2007, 19(3): 200 - 207.

[40] ABS. ABS Rules for building and classing mobile offshore drilling units: part 3—Hull construction & Equipment [S]. Houston: American Bureau of Shipping, 2012.

[41] ABS. ABS Rules for building and classing mobile offshore drilling units: part 3, chapter 3, Appendix 2[S]. Houston: American Bureau of Shipping, 2006.

[42] 中国船级社. 海上移动平台入级与建造规范 2016[S]. 北京: 中国船级社, 2016.

[43] 王世圣, 谢彬, 冯玮, 等. 两种典型深水半潜式钻井平台运动特性和波浪载荷的计算分析[J]. 中国海上油气, 2008, 20(5): 249 - 252.

[44] 刘海霞, 肖熙. 半潜式平台结构强度分析中的波浪载荷计算[J]. 中国海洋平台,

2003,18(2)：1－4.

[45] 刘刚,郑云龙.等,BINGO 9000 半潜式钻井平台疲劳强度分析[J]. 船舶力学,
2002,6(4)：54－63.

[46] 余建星,胡云昌,等.半潜式海洋平台整体结构的三维可靠性分析[J]. 中国造船,
1995,129：41－50.

[47] 谢文会,谢彬. 深水半潜式钻井平台典型节点谱疲劳分析[J]. 中国海洋平台,
2009,24(5)：28－33.

[48] 唐恺,朱仁传,缪国平,等.时域分析波浪中浮体运动的时延函数计算[J]. 上海交
通大学学报,2013,47(2)：300－306.

[49] 韩旭亮,段文洋.时域匹配直接边界元方法及其数值特性[J]. 哈尔滨工程大学学
报,2013,34(7)：837－843.

[50] 戴遗山,段文洋. 船舶在波浪中运动的势流理论[M]. 北京：国防工业出版社,
2008.

[51] 唐友刚,张若瑜,刘利琴. 深海系泊系统动张力有限元计算[J]. 海洋工程,2009,
27(4)：10－22.

[52] 袁梦,范菊,缪国平,等. 系泊系统动力分析[J]. 水动力学研究与进展,2010,25
(3)：285-291.

[53] 杨建民,肖龙飞,盛振邦. 海洋工程水动力学试验研究[M]. 上海：上海交通大学
出版社,2008.

[54] 白勇,龚顺风,白强,等. 水下生产系统手册[M]. 哈尔滨：哈尔滨工程大学出版
社,2012.

[55] 李志刚,姜瑛,王立权,等. 水下油气生产系统基础[M]. 北京：科学出版社,2018.

[56] L Poldervaart, J Pollack. A Dry Tree FPDSO Unit for Brazilian Waters[J].
OTC 14256,2002.

[57] W David Harris, Harry J. Howard, Kenneth C. Hampshire, etc. PDPSO：
The New Reality, and a Game-changing Approach to Field Development and
Early Production System[C]. OTC 20482,2010.

[58] Harry J Howard, Kenneth C Hampshire, Jeffrey A Moore, etc. Azurite Field
Development：Lessons Learned From Industry's First PDPSO [C]. OTC
20484,2010.

[59] Kenneth C Hampshire, Byron J Eiermann, Mark P Andrews, etc. Azurite
Field Development：FDPSO Design and Integration Challenges [C]. OTC
20489,2010.

[60] Kenneth C Hampshire, J Greg Noles, Albert Kachich. Drilling from an
FDPSO：A Two-Stack Approach[C]. OTC 20491,2010.

［61］ Ralph K. Brezger，Wilsion Rodriguez，Jianlin Cai，etc. Flow Assurance Operability Challenges，and Artificial Lift for the Azurite Field Development［C］. OTC 20492，2010.

［62］ Ralph K. Brezger，Mike Estorffe，Kevin Cooper. Three Kings and One Castle — Operational Challenges of the Azurite FDPSO［C］. OTC 20496，2010.

［63］ 刘健,王世圣,殷志明.FDPSO 的应用模式分析［C］//第十届石油钻井院所长会议论文集,2010.

［64］ 刘健,谢彬,喻西崇,等.FDPSO 在深水油田开发中的应用浅析［C］//第十五届中国海洋工程学术讨论会论文集,2011.

［65］ 杜庆贵,冯玮,时忠民.半潜式生产平台发展现状及应用浅析［J］.石油矿场机械,2015(10)：72-78.

［66］ Ghani O A A，Kamruzaman M Z，Sulaima M F，et al. An Engineering Ethics Case Study Review：Petrobras P-36 Accident［J］. ENGINEERING SCIENCES，2014，3(6)：46-50.

［67］ Simon Todd，Dan Replogle. Thunder Horseand At-lantis：The Development and Operation of Twin Gi-antsin the Deep Water Gulf of Mexico［C］//Houston：Offshore Technology Conference，2010.

［68］ 冯加果,刘小燕,谢文会,等.半潜式平台系泊断裂瞬态漂移过程的稳性分析与探讨［J］.中国海洋平台,2015,30(3)：81-88.

［69］ Jiaguo FENG，etc. A Conjoint Analysis of the Stability and Time-Domain Analysis on Floating Platform During Mooring Line Breaking［C］//ASME 2019 38th International Conference on Ocean，Offshore and Arctic Engineering，2019.

［70］ 殷志明,张红生,周建良,等.深水钻井井喷事故情景构建及应急能力评估［J］.石油钻采工艺,2015,37(1)：166-171.

［71］ 李迅科,殷志明,刘健,等.深水钻井井喷失控水下应急封井回收系统［J］.海洋工程装备与技术,2014,1(V.1;No.1)：29-33.

［72］ 李迅科,周建良,李嗣贵,等.深海表层钻井动态压井装置的研制与应用试验［J］.中国海上油气,2013,25(6)：70-74.

［73］ Mauricio Madrid，Antony Matson. How Offshore Capping Stacks Work［J］. Journal of Petroleum Technology，2014,10(1)：25-27.

［74］ API RP 17W. Recommend Practice for Subsea Capping Stacks［S］. Washington DC：API，2014.

［75］ Stephen Rassenfoss. Deepwater spill control devices go global［J］. Journal of Petropeum Technology，2012.

［76］ E H Bruist. A New Approach in Relief Well Drilling［C］. SPE 3511，1972.

［77］ Ing. Rudi Rubiandini R S. Dynamic Killing Parameters Design in Undergroud Blowout Well［C］. SPE 115287，2008.

［78］ Dara Willians，MCS Kenny. Optimization of Drilling Riser Operability Envelopes for Harsh Environments［C］. OTC 20775，2010.

［79］ Harish Patel，Man Pham，Milton Korn，Paul Waters，Bibek Das，American Bureau of Shipping. "Safety Enhancement to Offshore Drilling Operations"［C］. OTC 22758，2011.

［80］ N Saglar，B Toleman，R Thethi，2H Offshore Inc. Frontier Deepwater Developments — The Impact on Riser Systems Design in Water Depths Greater than 3,000 m［C］. OTC‐25840‐MS，2015.

［81］ T Saruhashi，I Sawada，M kyo，E Miyazaki，Yamazaki，and T Yokoyama，Japan Agency for Marine-Earth Science and Technology，"Planning and Feedback for Deepwater Drilling Riser Operation in High Currents，Typhoons and Cold Front"［C］. OTC‐25182‐MS，2015.